住房和城乡建设部"十四五"规划教材
高等职业教育土建类专业"互联网十"数字化创新教材

混凝土结构施工

（建筑工程技术专业）

（第四版）

王军强　编著

中国建筑工业出版社

图书在版编目（CIP）数据

混凝土结构施工：建筑工程技术专业 / 王军强编著. -- 4版. -- 北京：中国建筑工业出版社，2024.2
住房和城乡建设部"十四五"规划教材 高等职业教育土建类专业"互联网＋"数字化创新教材
ISBN 978-7-112-29474-9

Ⅰ. ①混… Ⅱ. ①王… Ⅲ. ①混凝土施工－高等职业教育－教材 Ⅳ. ①TU755

中国国家版本馆CIP数据核字（2023）第248605号

本教材为住房和城乡建设部"十四五"规划教材，引导学生解决学习中的知识困惑与行动疑惑，知识的排序与建构与完成项目、任务的实际过程是一致的，符合工程的建设实际。教材编写基于项目建构，突出混凝土结构钢筋平法规则与钢筋排布能力的应用，对于培养学生的职业行动能力，提高学生的操作技能和职业迁移能力是非常有意义的。

基于工作过程，本教材给出5个学习情境，分别是：学习情境1—混凝土框架结构平法施工图与钢筋构造，学习情境2—混凝土剪力墙结构平法施工图与钢筋构造，学习情境3—混凝土结构钢筋分项工程，学习情境4—混凝土结构模板分项工程，学习情境5—混凝土结构混凝土分项工程。

本书既可作为高等职业院校建筑工程技术、工程监理、工程造价专业的教材用书，也可作为相关专业参考用书。

为更好地支持本课程的教学，我们向使用本书的教师免费提供教学课件，有需要者请与出版社联系，索取方式为：1. 邮箱 jckj@cabp.com.cn；2. 电话（010）58337285；3. 建工书院 http://edu.cabplink.com。

责任编辑：刘平平　李阳
责任校对：张惠雯

住房和城乡建设部"十四五"规划教材
高等职业教育土建类专业"互联网＋"数字化创新教材
混凝土结构施工
（建筑工程技术专业）
（第四版）
王军强　编著
*
中国建筑工业出版社出版、发行（北京海淀三里河路9号）
各地新华书店、建筑书店经销
北京红光制版公司制版
天津安泰印刷有限公司印刷
*
开本：787毫米×1092毫米　1/16　印张：17¾　字数：438千字
2025年2月第四版　　2025年2月第一次印刷
定价：**56.00元**（赠教师课件）
ISBN 978-7-112-29474-9
（41294）

版权所有　翻印必究
如有内容及印装质量问题，请联系本社读者服务中心退换
电话：(010) 58337283　　QQ：2885381756
（地址：北京海淀三里河路9号中国建筑工业出版社604室　邮政编码：100037）

出版说明

　　党和国家高度重视教材建设。2016年，中办国办印发了《关于加强和改进新形势下大中小学教材建设的意见》，提出要健全国家教材制度。2019年12月，教育部牵头制定了《普通高等学校教材管理办法》和《职业院校教材管理办法》，旨在全面加强党的领导，切实提高教材建设的科学化水平，打造精品教材。住房和城乡建设部历来重视土建类学科专业教材建设，从"九五"开始组织部级规划教材立项工作，经过近30年的不断建设，规划教材提升了住房和城乡建设行业教材质量和认可度，出版了一系列精品教材，有效促进了行业部门引导专业教育，推动了行业高质量发展。

　　为进一步加强高等教育、职业教育住房和城乡建设领域学科专业教材建设工作，提高住房和城乡建设行业人才培养质量，2020年12月，住房和城乡建设部办公厅印发《关于申报高等教育职业教育住房和城乡建设领域学科专业"十四五"规划教材的通知》（建办人函〔2020〕656号），开展了住房和城乡建设部"十四五"规划教材选题的申报工作。经过专家评审和部人事司审核，512项选题列入住房和城乡建设领域学科专业"十四五"规划教材（简称规划教材）。2021年9月，住房和城乡建设部印发了《高等教育职业教育住房和城乡建设领域学科专业"十四五"规划教材选题的通知》（建人函〔2021〕36号）。为做好"十四五"规划教材的编写、审核、出版等工作，《通知》要求：（1）规划教材的编著者应依据《住房和城乡建设领域学科专业"十四五"规划教材申请书》（简称《申请书》）中的立项目标、申报依据、工作安排及进度，按时编写出高质量的教材；（2）规划教材编著者所在单位应履行《申请书》中的学校保证计划实施的主要条件，支持编著者按计划完成书稿编写工作；（3）高等学校土建类专业课程教材与教学资源专家委员会、全国住房和城乡建设职业教育教学指导委员会、住房和城乡建设部中等职业教育专业指导委员会应做好规划教材的指导、协调和审稿等工作，保证编写质量；（4）规划教材出版单位应积极配合，做好编辑、出版、发行等工作；（5）规划教材封面和书脊应标注"住房和城乡建设部'十四五'规划教材"字样和统一标识；（6）规划教材应在"十四五"期间完成出版，逾期不能完成的，不再作为《住房和城乡建设领域学科专业"十四五"规划教材》。

　　住房和城乡建设领域学科专业"十四五"规划教材的特点：一是重点以修订教育部、住房和城乡建设部"十二五""十三五"规划教材为主；二是严格按照专业标准规范要求编写，体现新发展理念；三是系列教材具有明显特点，满足不同层次和类型的学校专业教学要求；四是配备了数字资源，适应现代化教学的要求。规划教材的出版凝聚了作者、主审及编辑的心血，得到了有关院校、出版单位的大力支持，教材建设管理过程有严格保障。希望广大院校及各专业师生在选用、使用过程中，对规划教材的编写、出版质量进行反馈，以促进规划教材建设质量不断提高。

住房和城乡建设部"十四五"规划教材办公室
2021 年 11 月

第四版前言

"混凝土结构施工"是建筑工程技术专业的核心课程。随着项目化课程、工作过程、结果导向类课程、微课、幕课等的出现,如何合理选用适合的教材,针对性的开发出相应的教材和配套课程资源,对于教师教学、学习者学习都是非常重要的。

混凝土主体结构施工,是以工程项目的形式呈现,然而建设中的项目,量大面广,施工周期长,如何结合职教新理念的发展引入典型项目,以项目为载体,采用任务驱动的行动导向模式学习,是教材编写的基本出发点。

以混凝土框架结构、混凝土剪力墙结构作为教学项目,采取拆分与建构的思路,将项目拆分为构件,通过拆分,形成碎片化任务,类似混凝土结构施工图的图元表述方式,如柱平法规则(墙平法规则)、梁平法规则、有梁楼板现浇板平法规则等,突出混凝土结构施工钢筋平法规则、钢筋排布规则和钢筋节点构造的应用。以任务为导向,将知识点、能力点相关联,采取在线学习与课堂教学相结合、翻转课堂等多种方式的课堂教学与学习模式,通过完成任务,习得知识,形成能力。

随着新的规范、标准、技术规程、图集的修订更新发布,相应地更新了课程的相应内容。特别是2020年之后,我国相继更新修订或新发布了《混凝土结构通用规范》GB 55008—2021、《建筑与市政地基基础通用规范》GB 55003—2021、《工程结构通用规范》GB 55001—2021、《施工脚手架通用规范》GB 55023—2022等;更新了《混凝土结构施工图平面整体表示方法制图规则和构造详图(现浇混凝土框架、剪力墙、梁、板)》22G101-1、《混凝土结构施工图平面整体表示方法制图规则和构造详图(现浇混凝土板式楼梯)》22G101-2、《混凝土结构施工图平面整体表示方法制图规则和构造详图(独立基础、条形基础、筏形基础及桩基承台)》22G101-3和《混凝土结构施工钢筋排布规则与构造详图》18G901-1、18G901-2、18G901-3等平法图集。教材结合新的规范、标准、规程、图集,对教材内容进行了全面更新和修订。

学习情境1混凝土框架结构平法施工图与钢筋构造,以混凝土框架结构为项目载体,拆分为混凝土梁平法施工图与钢筋构造、混凝土柱平法施工图与钢筋构造、有梁楼板平法施工图与钢筋构造、现浇板式楼梯平法施工图与钢筋构造。突出混凝土框架结构平法规则、钢筋排布规则和钢筋节点构造的应用学习。

学习情境2混凝土剪力墙结构平法施工图与钢筋构造，以混凝土剪力墙结构为项目载体，拆分为剪力墙墙身平法施工图与钢筋构造、剪力墙墙柱平法施工图与钢筋构造、剪力墙墙梁平法施工图与钢筋构造、剪力墙洞口平法施工图与钢筋构造。突出剪力墙结构平法规则、钢筋排布规则和钢筋节点构造的应用学习。

学习情境3、4、5基于混凝土结构施工的建造过程，以混凝土主体结构施工为对象，拆分为钢筋分项工程、模板分项工程和混凝土分项工程。结合新的规范、规程、图集进行了全面修订，补充了规范和规程的新要求，对于大体积混凝土在主体结构中的应用进行了完善，内容更新符合混凝土结构施工技术发展的需要，满足现场对技术人员的岗位能力和知识需求。

编写过程中，采用结构拆分与建构的思想，尝试将项目拆分为构件，构件通过节点构造进行组合。通过拆分，将完整的项目拆分为典型的任务，细化到微课的粒度，并基于此进行教材内容的组织。教材内容基于项目，来源于项目，施工中项目是变化的，图纸是变化的，组织施工的人员、条件也可能是变化的。在变化的诸元中，不变的是方法。教材在项目拆分中，就是想尝试拆分与组合的原序关系，建构一种基于项目引领，任务驱动，微课导学，数字化再现服务的学习模式，最后的目的是培养学习者混凝土结构施工的综合能力，比较关键的是混凝土结构中钢筋平法规则、钢筋节点构造、钢筋排布规则的应用。

编写过程中，引用了规范、标准、图集中最新的一些做法，结合企业对施工技术管理人员从事混凝土主体结构施工的岗位职责、能力和知识的综合需求，简化了混凝土结构施工的知识要点，优化了学习任务，补充了规范、规程、图集更新的知识点，对书中不当和错误之处做了比较全面的订正，但由于时间仓促，难免存在缺点和疏漏之处，敬请读者批评指正。

第三版前言

  混凝土结构施工是全国高职示范院校建筑工程技术专业的核心课程。课程的建设是发展变化的，同样教材的建设应适应课程培养目标、技术发展、培养对象等的变化，关注课程内涵建设。随着项目化课程、工作过程课程、微课、慕课等的出现，如何合理选用适合的教材，针对性地开发出相应的课程资源，对于教师教学、学习者学习都是非常重要的。

  混凝土主体结构施工，是以项目的形式呈现，然而建设中的项目，量大面广，施工周期长，如何引入典型的项目，以项目为载体，采用任务驱动的模式学习，是教材编写的基本出发点。

  采用混凝土框架结构、混凝土剪力墙结构作为教学项目，采取拆分与建构的思路，将项目拆分为构件，通过拆分，形成碎片化任务，类似混凝土结构施工图的图元表述方式，如柱平法规则（墙平法规则）、梁平法规则、有梁楼板现浇板平法规则等，突出混凝土结构施工钢筋平法规则、钢筋排布规则和钢筋节点构造的应用。以任务为导向，将知识点、能力点相关联，采取在线学习与课堂教学相结合、翻转课堂等多种方式的课堂教学与学习模式，通过完成任务，习得知识，形成能力。

  随着新的规范、标准、技术规程、图集的修订更新发布，相应地更新了课程的相应内容。

  学习情境1混凝土框架结构平法施工图与钢筋构造，以混凝土框架结构为项目载体，拆分为混凝土梁平法施工图与钢筋构造、混凝土柱平法施工图与钢筋构造、有梁楼板平法施工图与钢筋构造、现浇板式楼梯平法施工图与钢筋构造。突出混凝土框架结构平法规则、钢筋排布规则和钢筋节点构造的应用学习。

  学习情境2混凝土剪力墙结构平法施工图与钢筋构造，以混凝土剪力墙结构为项目载体，拆分为剪力墙墙身平法施工图与钢筋构造、剪力墙墙柱平法施工图与钢筋构造、剪力墙墙梁平法施工图与钢筋构造、剪力墙洞口平法施工图与钢筋构造。突出剪力墙结构平法规则、钢筋排布规则和钢筋节点构造的应用学习。

  学习情境3混凝土结构工程计量，进一步深化钢筋排布规则和钢筋节点构造的应用，通过1图1表，实现任务学习。1图就是结构构件和钢筋做法的图示，1表就是清单量的编制，实现定性到定量的过渡，培养钢筋节点构造和钢筋排布规则的应用能力，培养混凝土结构施工的核心岗位能力。

学习情境 4~6 基于混凝土结构施工的建造过程，结合新的规范、规程、图集进行了全面修订，补充了规范和规程的新要求，对于大体积混凝土在主体结构中的应用进行了完善，内容更新符合混凝土结构施工技术发展的需要，满足现场对技术人员的岗位能力和知识需求。

编写过程中，采用结构拆分与建构的思想，尝试将项目拆分为构件，构件通过节点构造进行组合。通过拆分，将完整的项目拆分为典型的任务，细化到微课的粒度，并基于此进行教材内容的组织。教材内容基于项目，来源于项目，施工中项目是变化的，图纸是变化的，组织施工的人员、条件也可能是变化的。在变化的诸元中，不变的是方法。教材在项目拆分中，就是想尝试拆分与组合的原序关系，建构一种基于项目引领，任务驱动，微课导学，数字化再现服务的学习模式，最后的目的是培养学习者混凝土结构施工的综合能力，比较关键的是混凝土结构中钢筋平法规则、钢筋节点构造、钢筋排布规则的应用。

编写过程中，引用了规范、标准、图集中最新的一些做法，结合企业对施工技术管理人员从事混凝土主体结构施工的岗位职责、能力和知识的综合需求，简化了混凝土结构施工的知识要点，优化了学习任务，补充了规范、规程、图集更新的知识点，对书中不当和错误之处做了比较全面的订正，但由于时间仓促，难免存在缺点和疏漏之处，敬请读者批评指正。

第二版前言

混凝土结构施工是全国高职示范院校建筑工程技术专业的核心课程，2007年开始教学改革试点，经过3年的教学实践与探索，2010年在中国建筑工业出版社出版了《混凝土结构施工》和《混凝土结构施工—工作单》配套工学结合教材。该套教材以建筑工程中混凝土结构主体的施工过程为导向，以钢筋混凝土框架结构、剪力墙结构施工的任务为载体，以分部、分项工程作为情境，作为教学单元设计基础，以建筑工程施工技术管理人员的岗位标准作为课程构建标准，以行动导向进行教学设计、组织、实施与评价，形成"围绕项目，突出任务，解决问题，形成能力"的教学做合一的教材模式，受到同行、企业、学生的一致欢迎。

教材的建设应适应混凝土结构施工新技术、标准、规范、规程、工法等的变化，会随着社会进步、技术发展、观念更新、管理技术的进步等的变化而变化。2010年之后，我国相继更新修订了《混凝土结构设计规范》GB 50010—2010、《建筑抗震设计规范》GB 50011—2010、《高层混凝土结构技术规程》JGJ 3—2010、《混凝土强度检验评定标准》GBT 50107—2010、《混凝土结构工程施工规范》GB 50666—2011等规范、规程和标准；更新了《混凝土结构施工图平面整体表示方法制图规则和构造详图（现浇混凝土框架、剪力墙、梁、板）》11G101-1、《混凝土结构施工图平面整体表示方法制图规则和构造详图（现浇混凝土板式楼梯）》11G101-2，《混凝土结构施工图平面整体表示方法制图规则和构造详图（独立基础、条形基础、筏形基础及桩基承台）》11G101-3等平法图集。基于此，结合新的规范、标准、规程、图集，对第一版中的内容进行了相应更新和修订。

学习情境1和学习情境2主要结合新修订的规范和图集进行全面修订，钢筋的锚固和节点构造做法变化比较大，充实了剪力墙结构钢筋节点构造的做法和相应内容，该部分内容设置重点是通过钢筋的构造做法学习来熟练掌握结构图纸的识读，能掌握图纸交底和会审的岗位工作。

学习情境3、4、5、6基于混凝土结构施工的建造过程，结合新的规范、规程进行了全面修订，补充了规范和规程的新要求，对于大体积混凝土在主体结构中的应用进行了完善，内容更新符合混凝土结构施工的技术发展需要，满足现场对技术人员的岗位能力和知识需求。

基于混凝土主体结构的建造过程，本套资料给出6个学习情境，分别是：学习情境1—混凝土结构施工图的识读与交底，学习情境2—混凝土结构工程计量，学习情境3—混凝土结构模板分项工程，学习情境4—混凝土结构钢筋分项工程，学习情境5—混凝土结构混凝土分项工程，学习情境6—混凝土结构预应力分项工程。

修订过程中，结合企业对施工技术管理人员从事混凝土主体结构施工的岗位职责、能力和知识的综合需求，简化了混凝土结构施工的知识要点，优化了学习任务，补充了规范、规程、图集更新的知识点，增加了建造师混凝土结构施工方面的知识点，对书中不当和错误之处做了全面订正，但由于时间仓促，难免存在缺点和疏漏之处，敬请读者批评指正。

第一版前言

建筑工程主体结构按分部分项工程可以划分混凝土结构、劲性钢（管）混凝土结构、砌体结构、钢结构、木结构、网架和索膜结构。混凝土结构在建筑工程中占有重要份额，按体系可以分为框架结构、剪力墙结构、框架—剪力墙结构、筒体结构等，按用途几乎覆盖建筑的所有领域。混凝土结构的分项工程包括模板、钢筋、混凝土，预应力、现浇以及装配式结构。

混凝土结构的施工量大面广，施工产品大多呈现出单一性、特殊性、不重复性，技术比较复杂，施工周期长。需要完成钢筋工程、模板工程、混凝土工程、脚手架工程等一系列工程任务，涉及施工技术、施工工艺、材料、结构与构造、工程计量与计价、力学、安全与环保、工程识图、工程经济等多方面的知识。

以混凝土框架结构、剪力墙结构施工作为项目载体，以完成项目的实际工作过程作为课程开发的导向，以混凝土结构的分项工程作为学习情境，基于完成情境中的任务进行教学单元分解和建构，并据此进行教学设计、组织、实施与评价。混凝土结构施工的课程内容来源于工程实际—混凝土框架结构施工、剪力墙结构施工，以完成实际项目的任务为课程内容的载体。课程标准与施工员职业行动能力实现零距离对接。教学实施基于学习情境，以学生为中心，提倡分组、团队学习，采取行动导向教学，教中学、做中学。教学评价以过程评价为核心，兼顾学生自评、小组交互评价与行业评价。

根据上述思路，完成混凝土结构施工课程的开发，共包括2本教材。《混凝土结构施工—工作单》提供基本的学习情境、项目、工作任务，给出完成项目、任务需要的职业能力、知识、态度等，并对学习的结果进行考核评价—学习情境评价表。《混凝土结构施工》是学习手册，引导学生解决学习中的知识困惑与行动疑惑，知识的排序与建构与完成项目、任务的实际过程是一致的，符合工程的建设实际。两本书配套学习，结合软硬件环境配套，能很好地实现工学结合，体现建筑工程施工工作本位的思想，对于培养学生的职业行动能力，提高学生的操作技能和职业迁移能力是非常有意义的。

《混凝土结构施工》包括6个学习情境。

学习情境1—混凝土结构施工图的识读与交底，培养学生的结构识图与技术交底能力，为工程施工做好准备。

学习情境 2—混凝土结构工程计量，培养学生的工程计量、工料准备等方面的能力。

学习情境 3—混凝土结构模板分项工程，使学生具备模板与脚手架工程施工的专项组织与施工管理能力。

学习情境 4—混凝土结构钢筋分项工程，使学生具备钢筋工程施工的专项组织与施工管理能力，会进行钢筋施工方案的编写。

学习情境 5—混凝土结构混凝土分项工程，使学生具备混凝土工程施工的专项组织与施工管理能力，会进行混凝土施工方案的编写。

学习情境 6—混凝土结构预应力分项工程，使学生具备预应力工程施工的专项组织与施工管理能力，会进行预应力工程施工方案的编写。

通过六部分的学习，使学生能根据混凝土结构施工图纸，学会结构识图，能进行工程计量，编制施工专项和主体施工方案，组织分项施工，进行质量自查和验收评定，组织资料和工程交接，会编写安全环境和工作保护措施，最终具备完成混凝土结构主体施工任务的职业行动能力，达到施工员技术管理岗位的岗位要求。

《混凝土结构施工—工作单》以混凝土框架结构、剪力墙结构作为教学项目，以完成项目的具体任务作为任务载体，基于完成项目的过程为导向，进行教学转换和设计，共开发出 6 个学习情境，每个情境给出具体任务，并给出学习情境评价表供教学自评、互评时使用，具体为：

学习情境 1—混凝土结构施工图的识读与交底，提供了 5 个综合任务：

综合任务一：梁柱平法结构图识读训练

综合任务二：混凝土楼面与屋面板的平法识读训练

综合任务三：板式楼梯结构施工图识读

综合任务四：框架结构图纸的整体识读实训

综合任务五：剪力墙识读训练

学习情境 2—混凝土结构工程计量，提供了 4 个综合任务：

综合任务一：梁、柱、板钢筋计量

综合任务二：框架结构钢筋工程计量

综合任务三：剪力墙钢筋计量

综合任务四：楼梯钢筋计量

学习情境 3—混凝土结构模板分项工程，提供了 2 个综合任务：

综合任务一：模板工程训练

综合任务二：脚手架工程训练

学习情境 4—混凝土结构钢筋分项工程，提供了 4 个综合任务：

综合任务一：钢筋进场验收与管理

综合任务二：钢筋下料、加工、绑扎、安装实训

综合任务三：编制混凝土框架结构钢筋绑扎技术交底记录

综合任务四：编制混凝土结构钢筋专项施工方案

学习情境 5—混凝土结构混凝土分项工程，提供了 3 个综合任务：

综合任务一：混凝土原材料检测与施工配合比确定

综合任务二：混凝土施工过程模拟实训

综合任务三：混凝土施工技术交底记录的编制

学习情境 6—混凝土结构预应力分项工程，提供了 3 个任务：

综合任务一：预应力钢筋混凝土原材料检验

综合任务二：识读预应力施工图，编写施工工艺流程

综合任务三：预应力混凝土专项施工方案编写

工学结合课程的开发是个系统工程，涉及学校、企业、社会、政府等诸多部门，需要工程技术人员、管理人员、教师、学生等的协作参与，需要政策、资金、软硬件建设等的支持配套，而课程也时刻处于动态与发展过程之中，会随着技术进步、社会发展、观念更新等的变化而变化，因此课程的开发需要时刻更新并不断进步。

本书在编写过程中得到江苏省建筑职教集团、龙信建设集团有限公司以及徐州建筑职业技术学院的领导、技术人员和有关同志的支持和帮助，课程团队和企业兼职教师为本书的定位及素材的选取做了大量工作，在此一并致谢！限于编者水平，加之时间仓促，书中难免存在一些缺点以及错漏之处，欢迎读者批评指正。

目 录

学习情境 1 混凝土框架结构平法施工图与钢筋构造 1
  1.1 混凝土框架结构拆分 2
  1.2 梁平法施工图与钢筋构造 4
  1.3 柱平法施工图与钢筋构造 35
  1.4 有梁楼盖平法施工图制图规则与钢筋构造 60
  1.5 现浇混凝土板式楼梯施工图与钢筋构造 91

学习情境 2 混凝土剪力墙结构平法施工图与钢筋构造 105
  2.1 认识剪力墙 106
  2.2 剪力墙平法制图规则和识图 110
  2.3 剪力墙平法施工图的主要内容和识读步骤 121
  2.4 剪力墙钢筋排布规则和钢筋构造 122
  2.5 剪力墙图上作业 145
  2.6 剪力墙平法施工图与钢筋构造任务 149

学习情境 3 混凝土结构钢筋分项工程 165
  3.1 钢筋质量检验 166
  3.2 钢筋加工 168
  3.3 钢筋连接 174
  3.4 钢筋安装 185

学习情境 4 混凝土结构模板分项工程 193
  4.1 模板工程材料 194
  4.2 模板安装与验收要求 195
  4.3 模板拆除 204
  4.4 模板设计 207

4.5 模板用量计算 ·· 218

学习情境 5　混凝土结构混凝土分项工程 ·· 221
5.1 混凝土的性能 ·· 222
5.2 混凝土施工 ·· 226
5.3 现浇混凝土结构分项工程质量检验 ·· 245
5.4 混凝土结构过程控制质量检查和实体质量检查 ································· 253
5.5 大体积混凝土工程 ·· 255

参考文献 ·· 265

学习情境 1

混凝土框架结构平法施工图与钢筋构造

Chapter 01

1.1 混凝土框架结构拆分

混凝土框架结构施工图，根据平法规则可以拆分为基础施工图、柱平法施工图、梁平法施工图、楼盖平法施工图、楼梯平法施工图等部分。

混凝土框架结构上部主体结构根据结构构件组成可以拆分为梁、柱、板和楼梯四部分。

梁可以分为楼面框架梁、屋面框架梁、非框架梁、悬挑梁、宽扁梁、井字梁等及其对应的钢筋节点构造。

柱可以划分为角柱、中柱、边柱，相应的节点构造包括柱纵向钢筋在基础中构造、柱身纵向钢筋连接构造、变截面位置纵向钢筋构造、柱顶纵向钢筋构造等。

板包括有梁楼板和无梁楼板，重点学习有梁楼板，钢筋节点构造包括板在端部支座的锚固构造和中间支座锚固构造。

楼梯主要学习现浇混凝土板式楼梯。板式楼梯梯段部分实际就是一块单向板，一块带坡度的单向板。

通过混凝土框架结构的拆分，将结构分解为构件，通过节点构造的关联，将构件组合成结构。学习的重点集中在结构施工图平法规则和钢筋节点构造的应用。施工实践中变化的是设计的蓝图和图纸，相对不变的是结构的平法规则和节点构造（图1.1.1～图1.1.8）。

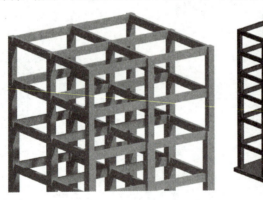

图 1.1.1 框架结构

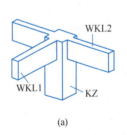
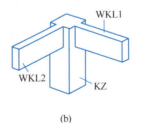
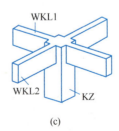

(a)   (b)   (c)

图 1.1.2 顶层框架柱节点

(a) 顶层框架边节点；(b) 顶层框架角节点；(c) 顶层框架中间节点

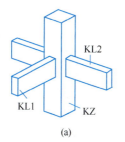 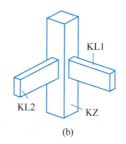 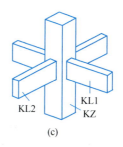

图 1.1.3 中间层框架柱节点

（a）中间层框架边节点；（b）中间层框架角节点；（c）中间层框架中间节点

 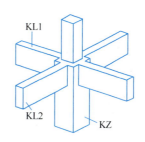

图 1.1.4 框架柱变截面位置

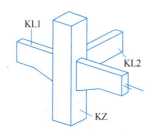 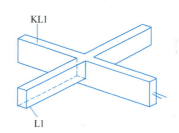

图 1.1.5 框架梁竖向加腋   图 1.1.6 主次梁

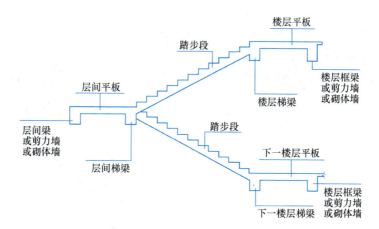

图 1.1.7 板式楼梯组成示意

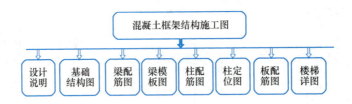

图 1.1.8 混凝土框架结构施工图拆分示意

1.2 梁平法施工图与钢筋构造

1.2.1 梁平法施工图识读与施工

框架梁钢筋构造与施工图识读

任务：现浇混凝土框架、剪力墙、梁板识读（图 1.2.1）：

(1) 看图说明梁钢筋的组成；

(2) 看图说明钢筋的位置关系。

问题：

梁平面注写方式包括集中标注和原位标注两种，施工时，原位标注取值优先。

1. 梁集中标注（图 1.2.2）

梁集中标注内容有五项必注值及一项选注值，集中标注的内容有：梁编号、梁截面尺寸、梁箍筋、梁上部通长筋或架立筋、梁侧面纵向构造钢筋或受扭钢筋、梁顶面标高高差。

（1）梁编号

梁编号由梁类型代号、序号、跨数及是否带悬挑代号几项组成，符合表 1.2.1 的规定。

图 1.2.1 框架梁钢筋构造示意

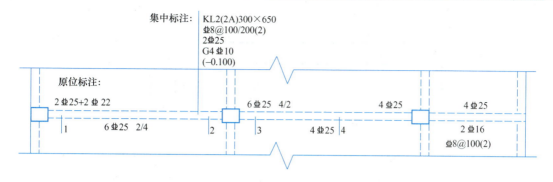

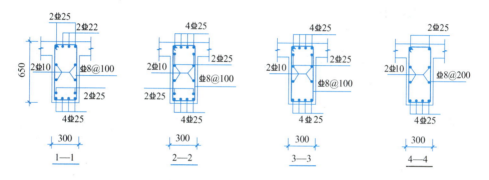

图 1.2.2 梁集中标注示例

梁 编 号　　　　　　　　　　　　　　　　　　表 1.2.1

梁类型	代号	序号	跨数及是否带悬挑
楼层框架梁	KL	××	××、××A、××B
屋面框架梁	WKL	××	××、××A、××B
框支梁	KZL	××	××、××A、××B
非框架梁	L	××	××、××A、××B
悬挑梁	XL	××	××、××A、××B
井字梁	JZL	××	××、××A、××B

例：KL7（5A）表面第 7 号框架梁，5 跨，一端有悬挑。

L9（7B）表面第 9 号非框架梁，7 跨，两端有悬挑。

非框架梁上部纵筋为充分利用钢筋强度时，在梁编号后加"g"。Lg9（5）表示第 9 号非框架梁，5 跨，端支座上部纵筋为充分利用钢筋抗拉强度。

（2）梁截面尺寸

梁截面尺寸，矩形截面梁用 $b \times h$ 表示，加腋梁用 $b \times h$ Y$c_1 \times c_2$，其中 c_1 为腋长，c_2 为腋高，当悬挑梁根部和端部高度不同时，用斜线分隔根部与端部的高度值，即为 $b \times h_1/h_2$。

问题：看图 1.2.3 说明梁截面尺寸 300×700 Y500×250 的含义，并画图示意。300×700 表示：梁截面宽 300mm 高度为 700mm。Y500×250 表示：梁根部腋长为 500mm 腋高为 250mm。

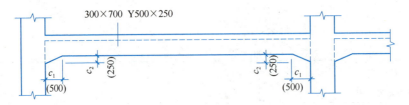

图 1.2.3 加腋梁

看图 1.2.4 说明梁截面尺寸 300×700/500 的含义,并画图示意。

300×700/500 表示:梁根部截面高度 700mm,端部截面高度 500mm。300×700/500 集中标注一般用于纯悬挑梁。

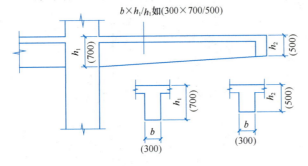

图 1.2.4 变截面悬挑梁

（3）梁箍筋

梁箍筋,包括钢筋级别、直径、加密区与非加密区间距及肢数,当存在不同间距需要用斜线"/"分隔,箍筋肢数写在括号内。

例:Φ8@100/200（4）,表示箍筋为一级圆钢筋、直径为Φ8,加密区箍筋间距为 100mm,非加密区箍筋间距为 200mm,箍筋为 4 肢箍。

例:18Φ12@150(4)/200(2),表示箍筋为一级钢筋,直径为Φ12,梁的两端各有 18 个四肢箍,间距为 150mm,梁的跨中箍筋间距为 200mm,双肢箍。此种表示方法一般用于抗震结构中的非框架梁、悬挑梁、井字梁。

箍筋加密区长度取决于结构抗震等级和构件类型,根据 22G101-1 的有关规定采用。例如,对于二至四级抗震等级框架梁,梁两端箍筋加密区长度取 $1.5h_b$（h_b 为梁截面高度）和 500 的较大值如图 1.2.5 所示。

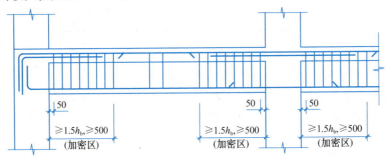

图 1.2.5 梁箍筋加密示意（抗震等级二～四级）

根据图 1.2.5,画出箍筋布置图。

第一根箍筋布置距柱边距离为多少?

结合施工图,给定梁平法施工图,选取一个轴线,计算各段梁箍筋加密区长度和非加密区长度各为多少。

学习情境 1　混凝土框架结构平法施工图与钢筋构造

(4) 梁上部通长筋或架立筋

梁上部通长筋或架立筋配置：所注钢筋规格与根数应根据结构受力要求及箍筋肢数等构造要求而定。

通长筋可为相同或不同直径采用搭接连接、机械连接或对焊连接的钢筋。当同排钢筋中既有通长筋又有架立筋时，应用加号"＋"将通长筋或架立筋相连。注写时须将角部纵筋写在加号的前面，架立筋写在加号后面的括号内，以示不同直径及与通长筋的区别。当全部采用架立筋时，则将其写入括号内。

梁跨中顶部架立筋的根数，注写时须加括号，以示与通长筋的区别。

例：2Φ22＋(4Φ12)用于六肢箍，其中2Φ22为通长筋，位于角部，4Φ12为架立筋。

2Φ22＋(2Φ12)用于四肢箍。

当梁的上部纵筋和下部纵筋为全跨相同，且多数跨配筋相同时，此项可加注下部纵筋的配筋值，用分号"；"将上部与下部纵筋的配筋值分隔开来，少数跨不同者采用原位标注处理。

例：3Φ22；4Φ20表示上部配置3Φ22的通长筋，下部配置4Φ20的通长筋。

梁顶面标高高差，该项为选注值。当梁顶面高于所在结构层的楼面时，其标高高差为正值，反之为负值。

例：某结构层的楼面标高为44.950m，当某梁的梁顶标高高差注写为(－0.050m)时，即表明该梁的梁顶面标高相对于44.950m低0.050m。

(5) 梁侧面纵向构造钢筋、梁侧面纵向受扭钢筋

1) 梁侧面纵向构造钢筋配置：当梁腹板高度大于等于450mm时，须配置纵向构造钢筋。此项标注值以大写字母G打头，对称配置在梁的两个侧面，梁侧面纵向构造钢筋的搭接和锚固值可取为$15d$。

梁侧面纵向构造钢筋原位标注，格式同集中标注。当在"集中标注"中进行注写时，为全梁设置。当在"原位标注"中进行注写时，为当前跨设置。

例：G4Φ12，表示梁的两个侧面共配置4Φ12的纵向钢筋，每侧配置2Φ12。

例：G4Φ12在梁的第三跨上进行原位标注侧面构造钢筋。

对于本例的原位标注可能有以下几种解释：

①如果集中标注的侧面构造钢筋是G4Φ10，则在第三跨上配置的构造钢筋G4Φ12，而在其他跨的构造钢筋依然是G4Φ10。

②还有一种解释是：如果集中标注的侧面钢筋（通常把梁的侧面钢筋叫做"腰筋"）是侧面抗扭钢筋N4Φ16，但是现在到了第三跨改变为侧面构造钢筋G4Φ12。

2) 梁侧面纵向受扭钢筋配置：

当梁侧面配置受扭钢筋时，此项标注值以大写字母N打头，对称配置在梁的两个侧面。受扭钢筋配置要满足梁侧面纵向构造钢筋的间距要求，且不重复配置纵向构造钢筋。梁侧面纵向受扭钢筋的搭接长度为l_l、l_{lE}。锚固方式同框架梁下部钢筋。

例：N6Φ22，表示梁的两个侧面共配置6Φ22的纵向钢筋，每侧各配置3Φ22。

图1.2.6表示KL1 (4)集中标注了构造钢筋G4Φ10，表示KL1一共有4跨，每跨都设置构造钢筋4Φ10；然而，KL1的第4跨原位标注抗扭钢筋N4Φ16，表示在第4跨

设置抗扭钢筋 4⊈16。

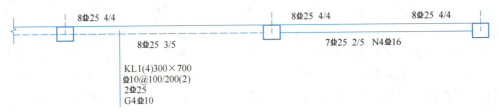

图 1.2.6 框架梁平法示意

梁侧面纵向构造钢筋沿梁截面高度的配置构造如图 1.2.7 所示，纵向构造钢筋间距 a ≤200mm。

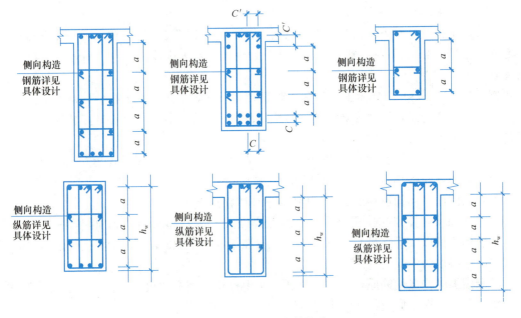

图 1.2.7 梁侧面钢筋构造

注：(1) 间距 a≤200mm 从现浇板底算起，当箍筋为多肢复合箍时，应采用大箍套小箍的形式。

(2) 当梁平法施工图中未注明侧面筋且梁的腹板高度 h_w≥450mm 时，按上图构造配筋（对 T 形梁 h_w＝梁高－板厚；对矩形截面梁 h_w＝有效高度；对工字形梁 h_w＝腹板净高）。

(3) 拉筋间距为框架梁非加密区或非框架梁所在跨箍筋间距的两倍。当梁宽≤350mm 时，拉筋直径为 6mm；当梁宽＞350mm 时，拉筋直径为 8mm；设有多排拉筋时上下排拉筋竖向错开设置。

(4) 箍筋及拉筋弯钩构造如图 1.2.7 所示。

(5) 梁纵筋净距：上纵筋 C'≥30 且≥1.5d'（d' 为上纵筋最大直径），下纵筋 C≥25 且≥d（d 为下纵筋最大直径）。

(6) 梁顶面标高高差为选注值，当梁顶面高于所在结构层楼面时，其标高高差为正值,反之为负值。

2. 梁原位标注

梁原位标注的内容包括:梁支座上部纵筋、梁下部纵筋、附加箍筋或吊筋,也即左支座和右支座上部纵筋的原位标注、上部跨中的原位标注、下部纵筋的原位标注。

(1) 梁支座上部纵筋

梁支座上部纵筋,该部位含通长筋在内的所有纵筋:

梁上部或下部纵向钢筋多于一排时,各排筋按从上往下的顺序用斜线"/"分开。

例:6Φ25 4/2,表示上一排纵筋为4Φ25,下一排纵筋为2Φ25。

同一排纵筋有两种直径时,则用加号"+"将两种直径的纵筋相连,注写时角部纵筋写在前面。

例:2Φ25+2Φ22,2Φ25放在角部,2Φ22放在中部。

梁中间支座两边的上部纵筋不同时,须在支座两边分别标注;支座两边的上部纵筋相同时,可仅在支座的一边标注。

梁跨中上部纵筋的原位标注:

我们在图纸上经常可以看到,在某跨梁的左右支座上没有做原位标注,而在跨中的上部进行了原位标注。下面,我们就介绍梁跨中上部纵筋的原位标注问题。其实,梁跨中上部纵筋原位标注的格式和左右支座上部纵筋原位标注是一样的。

当某跨梁的跨中上部进行了原位标注时,表示该跨梁的上部纵筋按原位标注的配筋值、从左支座到右支座贯通布置。如图1.2.8所示。

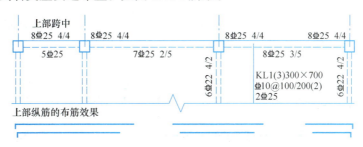

图1.2.8 梁原位标注(一)

跨中原位标注工程示例1:

框架梁或非框架梁悬挑端之所以要进行"跨中上部的原位标注",是因为梁悬挑端上部纵筋不在悬挑端的1/3跨度处截断,而是在悬挑端上部贯通。如图1.2.9所示。

跨中原位标注工程示例2:

当多跨框架梁的中间跨是短跨时(例如一个办公楼的走廊跨),这个跨度较短的中间跨上部纵筋的原位标注应该注写在跨中上部。如图1.2.10所示。

(2) 梁下部纵筋

梁下部纵向钢筋多于一排时,各排筋按从上往下的顺序用斜线"/"分开。

当同排纵筋有两种直径时,用加号"+"将两种直径的纵筋相连,注写时角筋写在前面;

当梁下部纵筋不全部伸入支座,将梁支座下部纵筋减少的数量写在括号内(图1.2.11)。

例:梁下部纵筋注写为2Φ25+3Φ22(-3)/5Φ25,则表示上排纵筋为2Φ25+3Φ22,

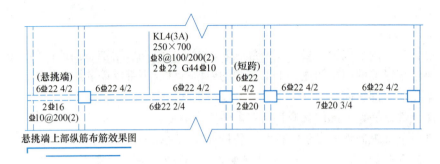

图 1.2.9 梁原位标注（二）

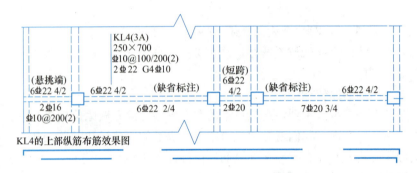

图 1.2.10 梁跨中原位标注

其中3⎵22不伸入支座，下一排纵筋为5⎵25，全部伸入支座。

不伸入支座的纵筋在距支座1/10跨度处截断，所以，不伸入支座的纵筋长度是本跨跨度的8/10。

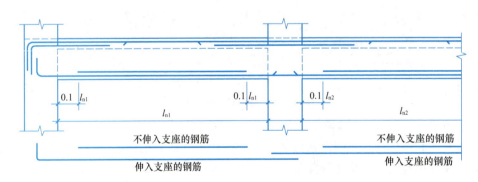

图 1.2.11 不伸入支座的底部钢筋标注

举例：6⎵25(—2)/4 表示上排纵筋为2⎵25且不伸入支座；下排钢筋为4⎵25全部伸入支座。

2⎵25+3⎵22(—3)/5⎵25 上排纵筋为2⎵25和3⎵22，其中3⎵22不伸入支座；下排钢筋为5⎵25全部伸入支座。

问题：根据平面注写方式，画出梁截面配筋图。

(3) 附加箍筋或吊筋

附加箍筋或吊筋，用线引注总配筋值（附加箍筋的肢数注写在括号内），附加箍筋或吊筋的尺寸应根据设计或构造详图，结合其所在位置的主梁和次梁的截面尺寸而定。

第一个附加箍筋在距次梁边沿50mm处开始布置，附加箍筋的间距为8d（d为附加箍筋的直径），附加箍筋的最大间距应小于等于正常箍筋的间距，当附加箍筋位于箍筋加密区时，附加箍筋的间距尚应小于等于100mm。

两根梁相交，主梁是次梁的支座，吊筋就设置在主梁上，吊筋的下底就托住次梁的下部纵筋，吊筋的斜筋是为了抵抗集中荷载引起的剪力。

吊筋的参考尺寸：

上部水平边长度＝20d（d为钢筋直径）

下底边长度＝次梁梁宽＋100mm

斜边垂直投影高度＝主梁梁高－2倍保护层厚度

斜边水平夹角：主梁梁高≤800mm时为45°，主梁梁高＞800mm时为60°。

3. 梁加腋钢筋（图1.2.12～图1.2.15）

问题：加腋钢筋的计算

当加腋的标注为300×700　Y500×250时，计算加腋钢筋的斜段长度。加腋钢筋为⏀25，混凝土强度等级为C25，抗震等级二级。

加腋钢筋的斜段长度只与"腋长"和"腋高"的尺寸有关。参图1.2.14，以腋长c_1和腋高c_2为直角边构成一个直角三角形，这个直角三角形的斜边构成加腋钢筋斜段的一部分，加腋钢筋斜段的另一部分就是插入梁内的l_{aE}这段长度。所以，加腋钢筋斜段长度的计算公式为：

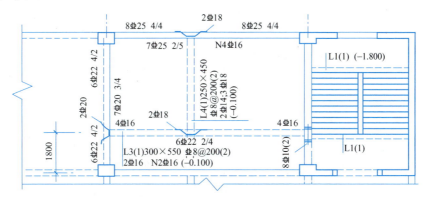

图1.2.12　梁附加钢筋标注

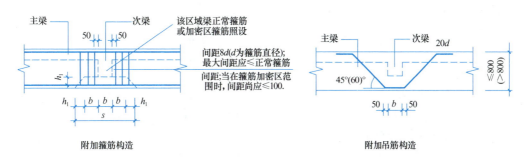

图1.2.13　梁附加钢筋

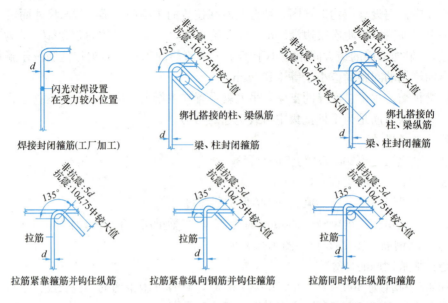

图 1.2.14 箍筋及拉筋构造要求（箍筋及拉筋构造）

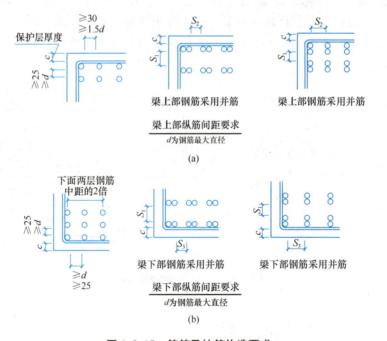

图 1.2.15 箍筋及拉筋构造要求
(a) 梁上部纵筋间距要求；(b) 梁下部纵筋间距要求

加腋钢筋斜段长度 $=\mathrm{sqrt}(c_1 \times c_1 + c_2 \times c_2) + l_{aE}$

其中的 sqrt( ) 是求平方根。图 1.2.16 是框架梁加腋构造。

看图 1.2.17 回答下列问题：

(1) 看图，说图，说明符号含义。

(2) 用截面法绘制梁配筋图。

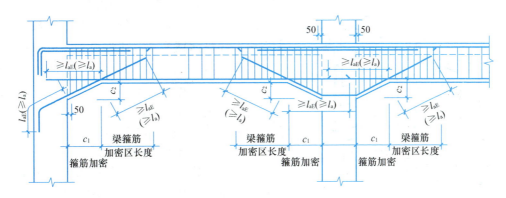

图1.2.16 梁加腋钢筋

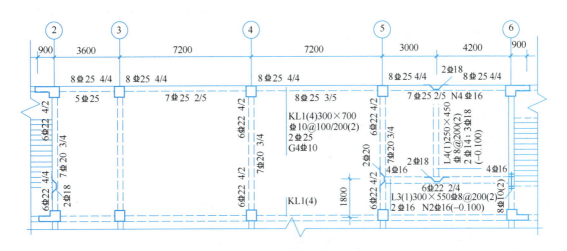

图1.2.17 梁平法标注目标任务

(3) 说明施工时集中标注和原位标注的优先关系。
(4) 集中标注的内容有哪些？
(5) 原位标注的内容有哪些？
(6) 标注梁加腋图。
(7) 箍筋和吊筋画法怎么表示？

1.2.2 框架梁钢筋构造

框架梁钢筋构造包括：楼层框架梁纵向钢筋构造、屋面框架梁纵向钢筋构造和梁箍筋构造。

1.2.2.1 楼层框架梁钢筋构造

楼层框架梁纵向钢筋包括上部纵筋、腰部纵筋（构造钢筋、抗扭钢筋）、下部纵筋。其构造包括端部支座做法和中间支座做法。框架梁三维节点如图1.2.18所示，纵向钢筋构造如图1.2.19所示。

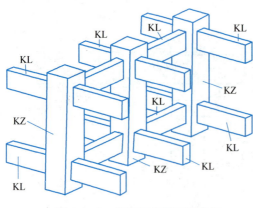

图 1.2.18 楼层框架梁三维节点

（1）框架梁上部钢筋构造

框架梁上部纵筋包括：上部通长筋、支座上部纵向钢筋（习惯称为支座负筋）和架立筋。

1）上部通长筋：

现行《建筑抗震设计规范》GB 50011 关于梁的纵向钢筋配置的要求：

沿梁全长顶面和底面的配筋，一、二级不应少于 2⌀14，且分别不应少于梁两端顶面和底面纵向钢筋中较大截面面积的 1/4，三、四级不应少于 2⌀12。

例如，一个框架梁 KL1 集中标注的上部通长筋为 2⌀22；支座原位标注为 4⌀25。

在梁支座截面上"左右两侧"的 2⌀25 支座负筋就是"与跨中直径不同的钢筋"。如何去理解这句话呢？首先，"跨中"的上部通长钢筋就是集中标注的"2⌀22"，这两根"上部通长钢筋"，到了支座附近，就不是 2⌀22，而变成了 2⌀25。这里需要说明的是：所谓"上部通长钢筋"并不一定是一根筋通到头，而可以是几根筋的"连续作用"在本例来说，这个"连续作用"的每一处都保证了大于等于 2⌀22，这就没有违背集中标注上部通长钢筋 2⌀22 的规定。

2）支座负筋延伸长度：

为方便施工，凡框架梁的所有支座和非框架梁的中间支座上部纵筋延伸长度，在标注构造详图中统一取值为：

第一排非通长筋（及与跨中直径不同的通长筋）从柱（梁）边延伸至 $l_n/3$ 位置；

第二排非通长筋（及与跨中直径不同的通长筋）从柱（梁）边延伸至 $l_n/4$ 位置；

l_n 取值规定为：对于端支座，l_n 为本跨净跨长，对于中间支座，l_n 为支座两边较大一跨的净跨值。$l_n = \max(l_{n1}, l_{n2})$

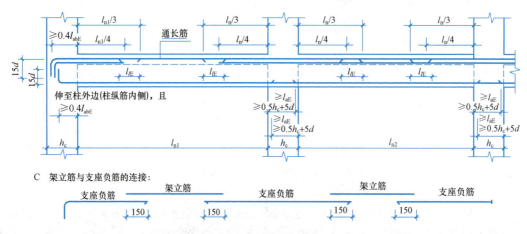

图 1.2.19 框架梁纵向钢筋构造

3) 框架梁架立筋的构造:

架立钢筋是梁的一种纵向构造钢筋。当梁顶面箍筋转角处无纵向受力钢筋时,应设置架立钢筋。架立钢筋的作用是形成钢筋骨架和承受温度收缩应力。架立筋的长度是逐跨计算的。每跨梁的架立筋长度计算公式为:

架立筋的长度＝梁的净跨长度－两端支座负筋的延伸长度＋150×2(搭接长度150mm)

下面我们以一个"等跨"梁为例说明"架立筋长度"的计算：由于第一排支座负筋伸出支座的长度为 $l_n/3$，意味着跨中"支座负筋够不着的地方"的长度也是 $l_n/3$，所以

架立筋的长度＝$l_n/3+150\times 2$

梁在什么情况下需要使用架立筋？架立筋的根数如何决定？

例：梁的箍筋是"四肢箍"时，集中标注的上部钢筋就不能标注为"2Φ25"这种形式，必须把"架立筋"也标注上，这时的上部纵筋应该标注成"2Φ25＋(2Φ12)"这种形式，圆括号里面的钢筋为架立筋。

架立筋的根数＝箍筋的肢数－上部通长筋的根数

举例：

抗震框架梁 KL2 为两跨梁，第一跨轴线跨度为 3000mm，第二跨轴线跨度为 4000mm，支座 KZ1 为 500mm×500mm，轴线居中，集中标注的箍筋为：Φ10@100/200（4）

集中标注的上部钢筋为：2Φ25＋(2Φ14)每跨梁左右支座的原位标注都是：4Φ25（混凝土强度等级 C25，二级抗震等级)计算 KL2 的架立筋。

这是一个不等跨的多跨框架梁，

第一跨净跨长度 $l_{n1}=3000-500=2500$mm

第二跨净跨长度 $l_{n2}=4000-500=3500$mm

$l_n=\max(l_{n1}, l_{n2})=\max(2500, 3500)=3500$mm

第一跨左支座负筋伸出长度为 $l_{n1}/3$，右支座负筋伸出长度为 $l_n/3$，所以第一跨架立筋长度为：架立筋长度＝$l_{n1}-l_{n1}/3-l_n/3+150\times 2=2500-\dfrac{2500}{3}-\dfrac{3500}{3}+150\times 2=800$mm

第二跨左支座负筋伸出长度为 $l_n/3$，右支座负筋伸出长度为 $l_{n2}/3$，所以第一跨架立筋长度为：架立筋长度＝$l_{n2}-l_n/3-l_{n2}/3+150\times 2=1467$mm

从箍筋的集中标注可以看出，KL1 为四肢箍，由于设置了上部通长筋位于梁箍筋的角部，所以在箍筋的中间要设置两根架立筋。

每跨的架立筋根数＝箍筋的肢数－上部通长筋的根数＝4－2＝2 根

(2) 框架梁下部钢筋构造

框架梁下部纵筋的配筋方式：基本上是"按跨布置"，即是在中间支座锚固(图1.2.20)。

集中标注的下部通长筋，基本上是"按跨布置"的。在满足钢筋定尺长度的前提下，可以把相邻两跨的下部纵筋作贯通筋处理。

当原位标注的下部纵筋，更是首先考虑"按跨布置"，当相邻两跨的下部纵筋直径相同，在不超过钢筋定尺长度的情况下，可以把它们作贯通筋处理。

(3) 楼层框架梁节点构造

1) 框架梁端支座的节点构造（框架梁中间层端节点)

关于纵向钢筋在端支座上的锚固 (图1.2.21) 有如下规定：

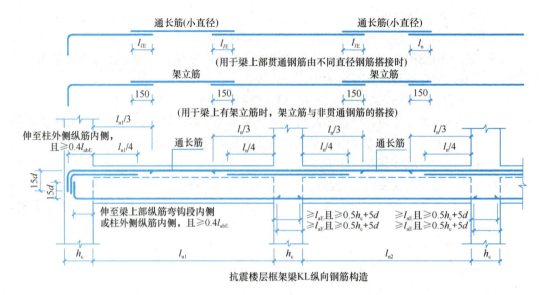

图 1.2.20　楼层框架梁纵向钢筋构造

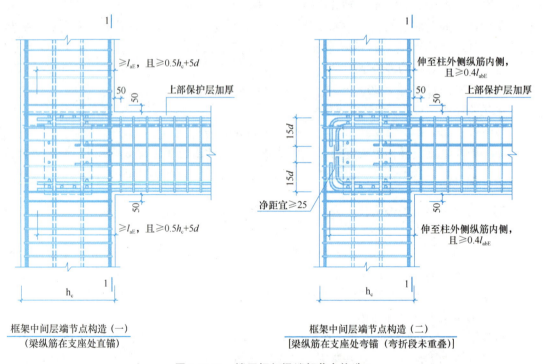

图 1.2.21　楼层框架梁端部节点构造

A. 上部纵筋和下部纵筋都要伸至柱外边（柱外侧纵筋内侧），弯折 $15d$，其弯折段之间要保持一定净距；

B. 上部纵筋和下部纵筋锚入柱内的直锚水平段均应 $\geqslant 0.4l_{abE}$；

C. 当柱宽度较大时，上部纵筋和下部纵筋伸入柱内的直锚长度 $\geqslant l_{aE}$ 且 $\geqslant 0.5h_c + 5d$ 时，不必进行弯锚。

当框架梁纵筋伸入柱中的直锚水平段长度≥l_{aE}且过柱中心线 $5d$ 的时候,梁纵筋就不要再往前伸到柱外侧了,而且不要弯 $15d$ 的直钩,采用直锚做法。

但是,当框架柱的宽度不足 l_{aE} 时,框架梁纵筋还是应当"伸至柱对边(柱纵筋内侧)",然后再比较直锚水平段长度是否≥$0.4l_{abE}$。

2)梁端支座锚固(框架中间层的端节点)

根据构件截面尺寸和锚固长度,采取直锚或弯锚。

当支座宽≥l_{aE} 且≥$0.5h_c+5d$,为直锚,取 $\max\{l_{aE},0.5h_c+5d\}$。

当支座宽＜l_{aE} 或＜$0.5h_c+5d$,为弯锚,

取 $\max\{l_{aE},支座宽度-保护层+15d\}$;$\max\{0.4l_{abE}+15d,(h_c-c-d_{箍}-D_{纵}-c_{间})+15d\}$。

式中　$D_{纵}$——柱纵向钢筋直径;

　　　$c_{间}$——钢筋间隔距离;

　　　h_c——柱截面尺寸;

　　　c——保护层厚度;

　　　$d_{箍}$——箍筋直径。

3)中间支座锚固(框架中间层的中间节点)

一般采取直锚形式,锚固长度,钢筋的中间支座锚固值=$\max\{l_{aE},0.5h_c+5d\}$。

4)楼层框架梁中间支座纵向钢筋构造

框架梁中间支座纵向钢筋构造见图 1.2.22。

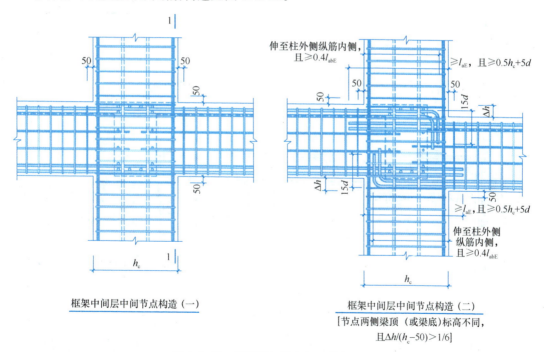

图 1.2.22　楼层框架梁中间层节点构造

1.2.2.2　屋面框架梁纵向钢筋构造(图 1.2.23~图 1.2.26)

做法 1:梁上部纵筋伸至柱边并向下弯折到梁底标高。

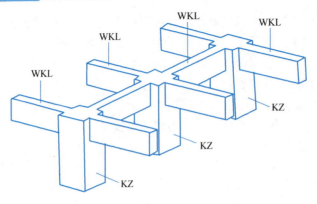

图 1.2.23 屋面框架梁节点构造

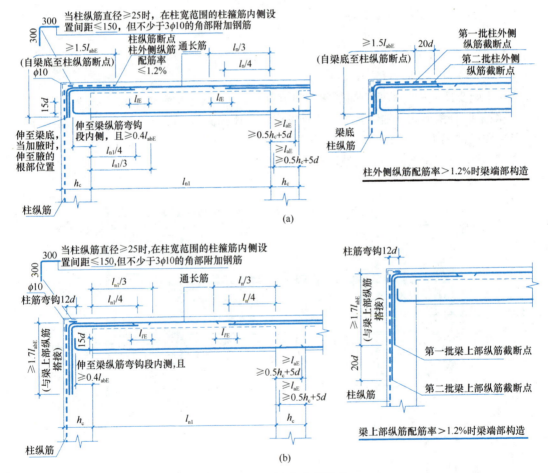

图 1.2.24 屋面框架梁构造

柱外侧纵向钢筋的相应部分弯入梁内作梁上部纵向钢筋使用，搭接接头可沿顶层端节点外侧及梁端顶部布置，搭接长度不应小于 $1.5l_{abE}$。

当柱外侧纵向钢筋的配筋率≥1.2%时，柱外侧纵向钢筋分两批截断，相应部分弯入梁内作梁上部纵向钢筋使用，搭接接头可沿顶层端节点外侧及梁端顶部布置，第一批搭接

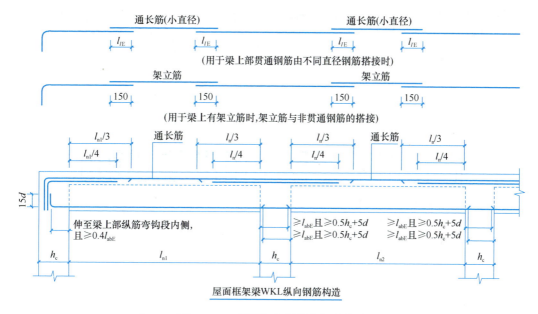

图 1.2.25 屋面框架梁纵向钢筋构造

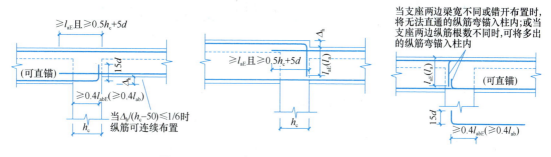

图 1.2.26 屋面框架梁中间支座纵向钢筋构造

长度不应小于 $1.5l_{abE}$，第二批搭接长度不应小于（$1.5l_{abE}+20d$）。将<1.2％配筋率的钢筋第一批截断，其余钢筋继续延伸 $20d$ 后第二批截断。

在柱宽范围内箍筋内侧设置角部附加钢筋，"直角状钢筋"边长各为 300mm，间距≤150mm，但不少于 3φ10。

做法 2：搭接区位于柱内，梁上部钢筋水平伸入柱边后竖直弯折入柱内，竖直段长度≥$1.7l_{abE}$，当梁内上部纵向钢筋配筋率>1.2％时，分两批截断，第二批在 $1.7l_{abE}$ 的基础上延长 $20d$ 后截断。

当梁柱配筋率较高时，顶层端节点处的梁上部纵向钢筋和柱外侧纵向钢筋的搭接连接也可沿柱外边设置，搭接长度不应小于 $1.7l_{abE}$。其中柱外侧纵向钢筋应伸至柱顶并向内弯折，弯折段的水平投影长度不宜小于 $12d$。

顶层梁中间节点（做法同中间层中间节点构造）

1.2.2.3 框架梁箍筋构造

框架梁箍筋构造（图 1.2.27、图 1.2.28）

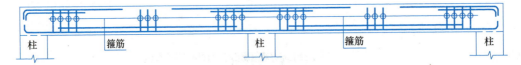

图 1.2.27　框架梁箍筋配置示意图

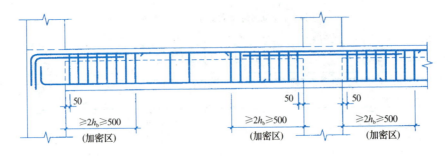

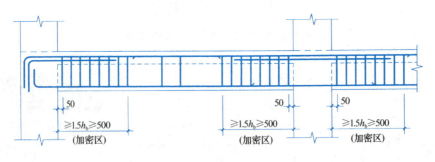

图 1.2.28　框架梁箍筋

(1) 一级抗震梁支座附近设箍筋加密区，其长度≥500mm 且≥$2h_b$（h_b 为梁截面高度）；

(2) 第一个箍筋在距支座边缘 50mm 处开始设置；

(3) 弧形梁沿中心线展开，箍筋间距沿凸面线量度；

(4) 当箍筋为多肢复合箍时，应采用大箍套小箍的形式。

二～四级抗震等级框架梁箍筋构造：

一级抗震等级和二～四级抗震等级 KL、WKL，箍筋构造是类似的，区别只在于箍筋加密区的长度略有不同而已（前者为 $2h_b$，后者为 $1.5h_b$）。

1.2.3　非框架梁钢筋构造

1. 非框架梁上部纵筋的延伸长度

1) 当端支座为柱、剪力墙、框支梁或深梁时，当充分利用钢筋的抗拉强度时，梁端部上部纵筋延伸长度取 $l_n/3$（l_n 为相邻左右两跨中跨度较大一跨的净跨值）；

2) 非框架梁端部支座，当设计按铰接时，取 $l_n/5$，梁端部上部纵筋取 $l_n/5$（l_n 为本跨的净跨值）；

3）中间支座，上部纵筋的延伸长度取 $l_n/3$（l_n 为左右相邻两跨的较大值）。

2. 非框架梁纵向钢筋的构造（图 1.2.29）

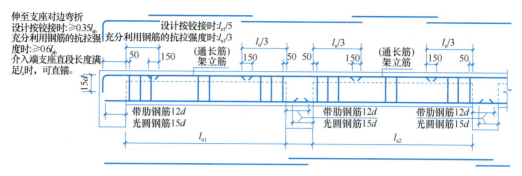

图 1.2.29 非框架梁钢筋构造

（1）非框架梁上部纵筋在端支座的锚固

上部纵筋伸入支座的直锚长度根据设计确定，当设计按铰接时：平直段伸至端支座对边向弯折，且平直段长度 $\geq 0.35l_{ab}$，弯折段长度 $12d$；当充分利用钢筋抗拉强度时：平直段长度 $\geq 0.6l_{ab}$，弯折段长度 $15d$。

（2）下部纵筋构造

1）带肋钢筋直锚长度为 $12d$，当为光面钢筋时，梁下部钢筋的直锚长度为 $15d$。

2）下部纵筋伸入支座长度不满足直锚 $12d$（$15d$）时，采取弯折锚固。带肋钢筋伸至支座对边弯折前平段长度 $\geq 7.5d$，光圆钢筋弯折前平段长应 $\geq 9d$。

（3）侧面抗扭纵筋

梁侧面抗扭纵筋锚固要求同梁下部纵筋做法，伸至支座对边弯折 $15d$，平段长度 $\geq 0.6l_{ab}$，见图 1.2.30。

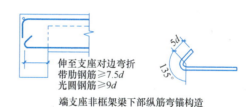

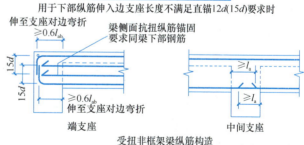

图 1.2.30 非框架梁纵筋构造

3. 非框架梁纵向钢筋的连接

（1）架立筋的搭接长度为 150mm。

（2）弧形非框架梁上部纵筋的搭接长度为 l_l（非抗震的搭接长度）。

非框架梁的箍筋：

（1）图集没有作为抗震构造要求的箍筋加密区。

（2）第一个箍筋在距支座边缘 50mm 处开始设置。

（3）弧形非框架梁的箍筋间距沿凸面线度量。

我们所说的"箍筋间距"，是指相邻两个箍筋的"箍筋垂直肢的间距"。如果我们在弧形梁中，以弧形梁中心线来度量箍筋间距的话，那么，在弧形梁的凹边线，其实际的箍筋间距比"设计箍筋间距"小（这是允许的），但是在弧形梁的凸边线，其实际的箍筋间距就比"设计箍筋间距"要大，这是不允许的。所以，弧形梁的箍筋间距沿凸面线度量，则解决了梁的任何地方的箍筋间距都不大于"设计箍筋间距"的要求。非框架梁端支座普遍按铰接设计，施工中将构造纵筋伸至支座中线后弯钩 $12d$ 即可实现。

1.2.4 悬挑梁钢筋构造

悬挑梁上部第一排纵筋延伸至梁端头并下弯，第二排延伸至 $3l/4$ 位置，l 为自柱（梁）边算起的悬挑净长。图 1.2.31 为悬挑梁端配筋构造。

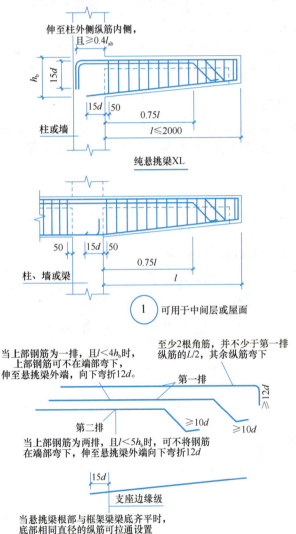

悬挑梁上部纵筋的配筋构造

纯悬挑梁（XL）和各类梁的悬挑端的主筋是上部纵筋。

（1）第一排上部纵筋，"至少两根角筋，并且不少于第一排纵筋的二分之一"的上部纵筋一直伸到悬挑梁端部，向下弯折 $12d$；当 $l<4h_b$ 时，上部第一排钢筋可不在端部弯下，伸至悬挑端，向下弯折 $12d$。

（2）当上部纵筋为两排，且 $l<5h_b$ 时，可不将钢筋在端部弯下，伸至悬挑梁外端向下弯折 $12d$。

（3）纯悬挑梁（XL）的上部纵筋在支座的锚固：图 1.2.31 为"伸至柱对边（柱纵筋内侧）且 $\geqslant 0.4l_{ab}$"。

当纯悬挑梁的纵向纵筋直锚长度 $\geqslant l_a$ 且 $\geqslant 0.5h_c+5d$ 时，可不必往下弯锚；当直锚伸至对边仍不足 l_a 时，则应采用弯锚做法；当直锚伸直对边仍不足 $0.4l_{ab}$ 时，则应采用较小直径的钢筋。

（4）纯悬挑梁和各类梁的悬挑端的下部纵筋在支座的锚固：其锚固长度当考虑竖向地震作用时，下部纵筋伸入支座长度为 l_{aE}（由设计明确）为 $15d$。

图 1.2.31 悬挑梁钢筋构造

1.2.5 框架扁梁钢筋构造与施工图识图

1. 框架扁梁平法

宽扁梁对于改善室内使用空间，提高建筑物净空有利。框架扁梁截面宽度大于截面高度,如框架扁梁截面尺寸"650×400"表示其截面宽为650mm,高为400mm。

框架扁梁平法注写规则同框架梁。

对于上部纵筋和下部纵筋,尚需注写未穿过柱截面的纵向钢筋根数,施工时采用相应的构造做法。

例：框架扁梁 KBL 图中标注 10⊕25（4）表示框架扁梁有 4 根纵向受力钢筋未穿过柱截面,柱两侧各两根,见图1.2.32。

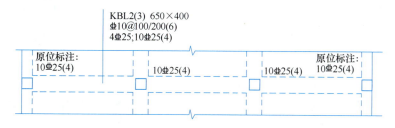

图 1.2.32　框架扁梁 KBL 注写示意图

框架扁梁节点核心区包括柱内核心区和柱外核心区两部分。框架扁梁节点核心代号为KBH。框架扁梁节点核心区钢筋注写包括柱外核心区竖向拉筋及节点核心区附加纵向钢筋,端部支座节点核心区尚需要注写附加 U 形箍筋。

柱外核心区竖向拉筋,注写其钢筋级别、直径;

端部支座节点核心区附加 U 形箍筋注写其级别、直径、根数。

框架扁梁节点核心区附加纵向钢筋,以 F 开头,注写其设置方向（X 向、Y 向）、层数、每层钢筋根数、钢筋级别、直径及未穿过节点核心区的纵向钢筋根数。

例：KBH1,⊕10,FX&Y2×7⊕14（4）,表示框架扁梁节点核心区,柱外核心区竖向拉筋为⊕10;沿梁 X 向、Y 向配置两层 7⊕14 附加纵向钢筋,每层有 4 根纵向钢筋未穿过柱截面,柱两侧各两根。附加纵向钢筋沿梁高度范围内均匀布置。如图1.2.33所示。

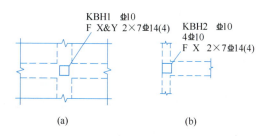

图 1.2.33　框架扁梁节点核心区附加钢筋注写示意

例：KBH2,⊕10,FX2×7⊕14（4）,表示框架扁梁端支座节点核心区,柱外核心区竖向拉筋为⊕10;附加 U 形箍筋共 4 道,柱两侧各 2 道。沿框架扁梁 X 向配置两层 7⊕14 附加纵向钢筋,有 4 根纵向钢筋未穿过柱截面,柱两侧各两根。附加纵向钢筋沿梁高度范围内均匀布置。如图1.2.33所示。

框架扁梁端支座节点,柱外核心区设置附加 U 形箍筋和竖向拉筋,在 U 形箍筋与位于柱外的梁纵向钢筋交叉位置均布置竖向拉筋。当布置方式与图集不一致时,以设计绘制详图为准。附加纵向钢筋与竖向拉筋相互绑扎。

2. 框架扁梁中柱节点

框架扁梁中柱节点构造做法如图 1.2.34 所示。

框架扁梁上部钢筋做法同框架梁。上部通长钢筋连接位置宜位于跨中净跨的 $l_n/3$ 范围内,非贯通纵筋延伸长度同框架梁。

框架扁梁下部纵筋做法,穿过柱截面的纵向钢筋可以在柱内锚固,未穿过柱截面的下部纵向钢筋应贯穿节点核心区。下部纵筋在节点区外连接时,连接位置宜避开箍筋加密区,并位于支座 $l_n/3$ 范围之内。

节点核心区附加纵向钢筋在柱及扁梁中锚固构造同框架扁梁纵向钢筋构造。

3. 框架扁梁边柱节点

框架扁梁边柱节点构造做法见图 1.2.35。

框架扁梁上部钢筋做法同框架梁。上部通长钢筋连接位置宜位于跨中净跨的 $l_n/3$ 范围内,非贯通纵筋延伸长度同框架梁。

框架扁梁下部纵筋做法,穿过柱截面的纵向钢筋可以在柱内锚固,未穿过柱截面的下部纵向钢筋应贯穿节点核心区。下部纵筋在节点区外连接时,连接位置宜避开箍筋加密区,并位于支座 $l_n/3$ 范围之内。

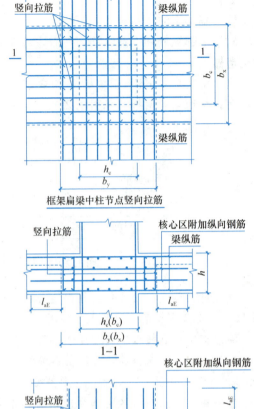

图 1.2.34 框架扁梁中柱节点构造

节点核心区附加纵向钢筋在柱及扁梁中锚固构造同框架扁梁纵向钢筋构造。

当 $h_c - b_s \geqslant 100$ 时,需要设置 U 形箍筋及拉筋。竖向拉筋同时勾住扁梁上下双向纵向钢筋,拉筋采用 135°弯钩,平直段长度为 $10d$。

4. 框架扁梁箍筋构造

框架扁梁箍筋构造如图 1.2.36 所示。框架扁梁加密区长度根据抗震等级选用,当为一级抗震等级时,取 max $(b+h_b, l_{aE}, 2.0h_b, 500)$;当为二~四级抗震等级时,取 max $(b+h_b, l_{aE}, 1.0h_b, 500)$,其中 b 为框架扁梁宽度,h_b 为框架扁梁截面高度。箍筋设置要求同框架梁。

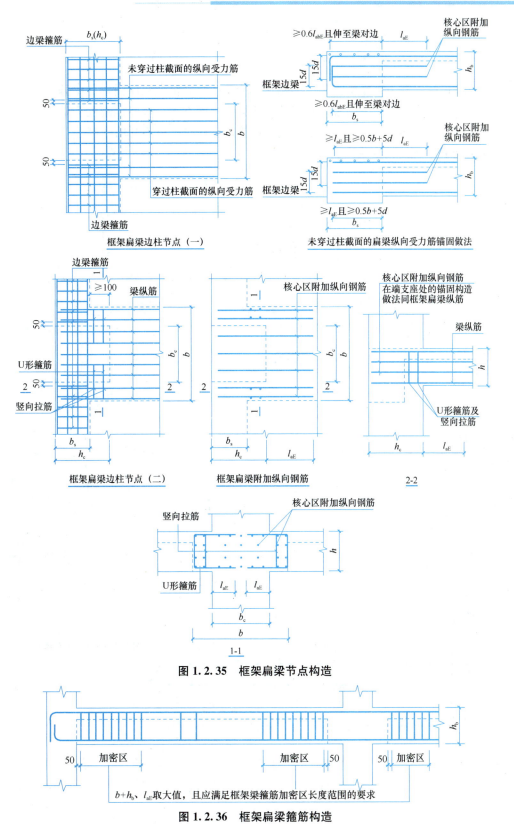

图 1.2.35 框架扁梁节点构造

图 1.2.36 框架扁梁箍筋构造

1.2.6 井字梁钢筋构造

井字梁板区周围为支座梁,井字梁端支座的构造弯矩符合双向板端支座分布规律,一般的房屋结构,作为井字梁的板区支座的框架梁线刚度不大,抗侧框刚度有限,不可能对井字梁端部实现刚性支承,只能实现半刚性铰接。设计时,更多利用铰接。

井字梁 JZL 配筋构造见图 1.2.37。

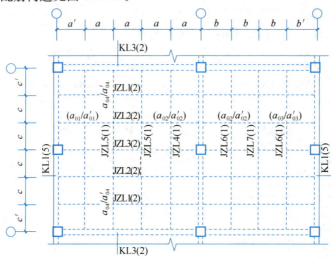

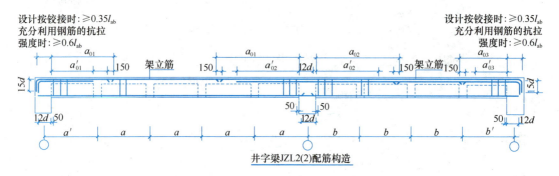

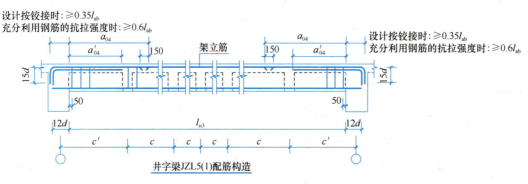

图 1.2.37 井字梁钢筋构造

(1) 上部纵筋锚入端支座的平段锚固长度根据设计确定。设计按铰接时：$\geqslant 0.35 l_{ab}$，充分利用钢筋抗拉强度时：$\geqslant 0.6 l_{ab}$，弯钩长 $15d$。

(2) 施工时，井字梁支座上部纵筋外伸长度的具体数值，梁的几何尺寸与配筋数值详见具体工程设计。另外，在纵横两个方向的井字梁相交位置，两根梁位于同一层面钢筋的上下交错关系以及两方向井字梁在该相交处的箍筋布置要求，亦详见具体工程说明。

(3) 架立筋与支座负筋的搭接长度为 $150mm$。

(4) 下部纵筋在端支座直锚 $12d$。

(5) 下部纵筋在中间支座直锚 $12d$。

(6) 从距支座边缘 $50mm$ 处开始布置第一个箍筋。

(7) 井字梁的集中标注和原位标注方法同非框架梁。

1.2.7 框支梁钢筋构造

在剪力墙底部设置偏心拉杆承受水平拉力，此偏心拉杆称为框支梁。

框支梁钢筋构造（图 1.2.38）：

(1) 框支梁第一排上部纵筋为通长筋。第二排上部纵筋在端支座附近断在 $l_{n1}/3$ 处，在中间支座附近断在 $l_n/3$ 处（l_{n1} 为本跨的跨度值，l_n 为相邻两跨的较大跨度值）。

(2) 框支梁上部纵筋伸入支座对边之后向下弯锚，通过梁底线后再下插 l_{aE}（l_a），其直锚水平段 $\geqslant 0.4 l_{abE}$（$0.4 l_{ab}$）。

(3) 框支梁侧面纵筋也是全梁贯通，在梁端部直锚长度 $\geqslant 0.4 l_{abE}$（$0.4 l_{ab}$）横向弯锚 $15d$。

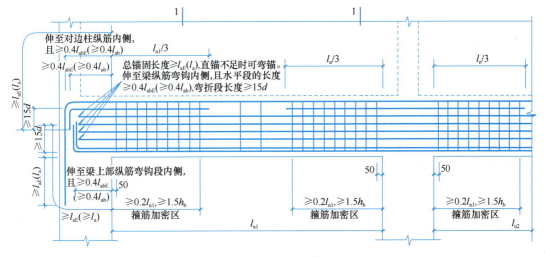

图 1.2.38 框支梁钢筋构造

(4) 框支梁下部纵筋在梁端部直锚长度 $\geqslant 0.4 l_{abE}$（$0.4 l_a$）向上弯锚 $15d$。

(5) 当框支梁的下部纵筋和侧面纵筋直锚长度 $\geqslant l_{aE}$（l_a）且 $0.5 h_c + 5d$ 时，可不必往上或水平弯锚。

(6) 框支梁箍筋加密区长度为 $\geqslant 0.2 l_n$ 且 $\geqslant 1.5 h_b$（h_b 为梁截面高，l_n 为净跨较大值）。

(7) 框支梁拉筋直径同箍筋，水平间距为非加密区箍筋间距的两倍，竖向沿梁高间距

<200mm，上下相邻两排拉筋错开设置。

(8) 梁纵向钢筋的连接宜采用机械连接接头。

1.2.8 框架梁箍筋（图 1.2.39）

框架梁箍筋加密区范围、箍筋最小直径、箍筋间距最大值，是现行《混凝土结构通用规范》GB 55008 的矩制性规定。若抗震等级二级，加密区长度取 $\max(1.5h_b, 500)$，箍筋最大间距取 $\min(h_b/4, 8d, 100)$，箍筋最小直径 8mm。h_b 为梁的高度，d 为纵筋直径。

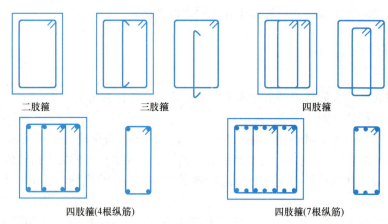

图 1.2.39 梁箍筋类型

1. 箍筋弯钩长度 l_w

弯钩为 135°：

抗震：$l_w = \max(11.9d, 75+1.9d)$，普通箍筋，$l_w = 6.9d$；

弯钩为 180°：

抗震：$l_w = \max(13.25d, 75+3.25d)$，普通箍筋，$l_w = 8.25d$；

弯钩为 90°：

抗震：$l_w = \max(10.5d, 75+0.5d)$，普通箍筋，$l_w = 5.5d$。

2. 箍筋长度计算

外箍筋长度

$$长度 = 箍筋外皮尺寸长度之和 + 2 \times l_w$$
$$= (B - 2c + H - 2c) \times 2 + 2l_w \ (c\ 为保护层厚度)$$

横向一字型箍筋长度：

$$长度 = B - 2c + 2 \times l_w (横向截面宽度)$$

纵向一字型箍筋长度：

$$长度 = H - 2c + 2 \times l_w (纵向截面高度)$$

内矩形截面箍筋：

如对于四肢箍筋长度计算（纵向钢筋上下部均为 4 根）

$$外箍筋长度 = (B - 2c + H - 2c) \times 2 + 2 \times l_w$$

内横向一字型箍筋长度：
$$长度 = B - 2c + 2 \times l_w (横向截面宽度)$$

内纵向矩形箍筋长度：

长度 $= (H - 2c) + [(B - 2c - 2d - D)/3 \times (1 + D)] \times 2 + 2 \times l_w$（横向截面宽度）

长度 = 箍筋外皮长度之和 $+ 2l_w$，若箍筋直径 $d \geqslant 8mm$，简化计算：

$$长度 = 箍筋外皮长度之和 + 24d$$
$$= (B - 2c + H - 2c) \times 2 + 24d \quad (d \geqslant 8)$$

3. 箍筋根数计算

框架梁： 箍筋根数 = [(加密区长度 − 50)/加密区间距 + 1] × 2
+ (非加密区长度/非加密区间距 − 1)

箍筋起步距离：距支座边缘 50mm 布第一道箍筋。

1.2.9 梁平法施工图与钢筋构造任务

条件：

（1）结构抗震等级二至四级，混凝土强度等级 C30～C50；

（2）环境类别二 a。

任务：

结合给定的梁平法施工图，应用钢筋平法规则和钢筋节点构造，进行钢筋图示（图 1.2.40～图 1.2.57）。

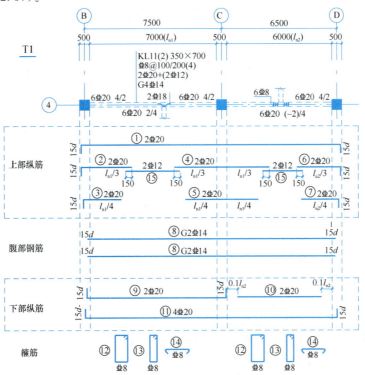

图 1.2.40 钢筋 7 线图示意

(1) 锚固长度确定；
(2) 锚固方式选择（直锚、弯锚）；
(3) 连接方式与延伸长度；
(4) 画7线图。

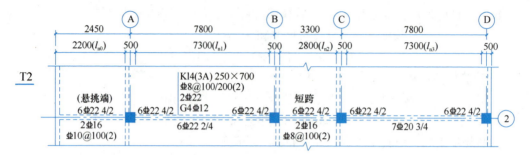

图 1.2.41 梁平法施工图

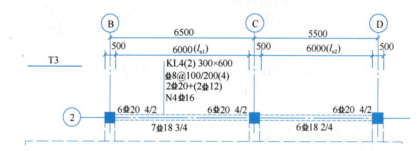

图 1.2.42 梁平法施工图

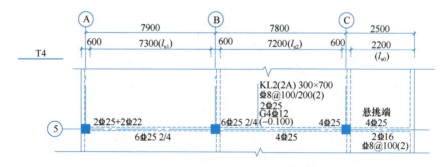

图 1.2.43 梁平法施工图

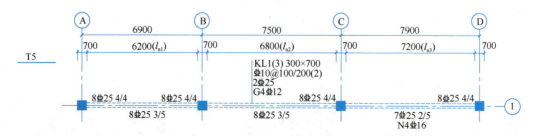

图 1.2.44 梁平法施工图

学习情境 1 混凝土框架结构平法施工图与钢筋构造

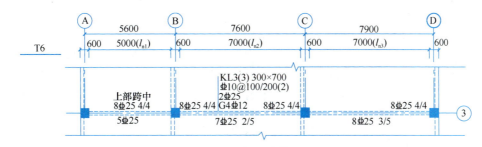

图 1.2.45 梁平法施工图

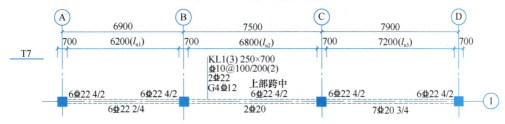

图 1.2.46 梁平法施工图

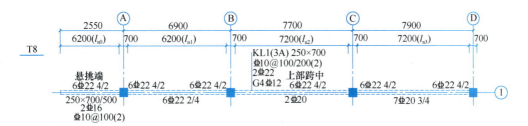

图 1.2.47 梁平法施工图

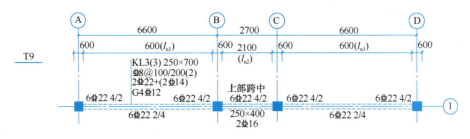

图 1.2.48 梁平法施工图

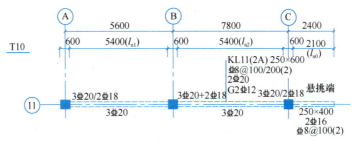

图 1.2.49 梁平法施工图

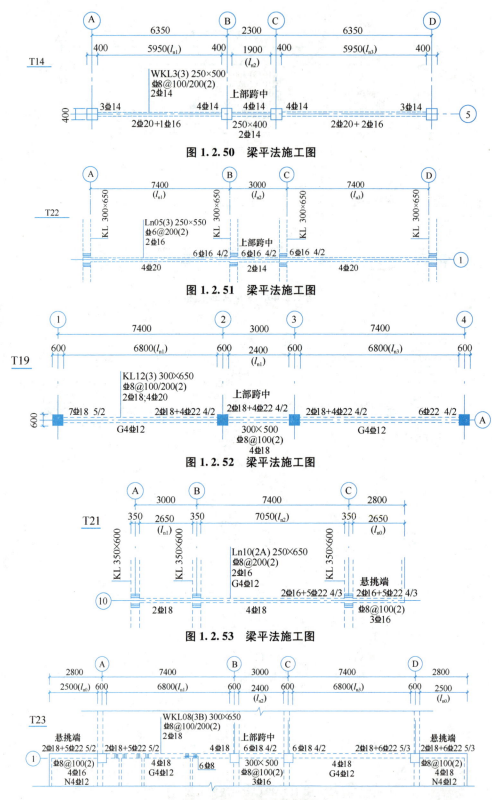

图1.2.50 梁平法施工图

图1.2.51 梁平法施工图

图1.2.52 梁平法施工图

图1.2.53 梁平法施工图

图1.2.54 梁平法施工图

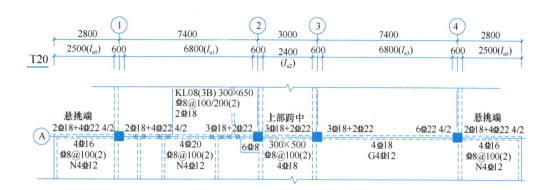

图1.2.55 梁平法施工图

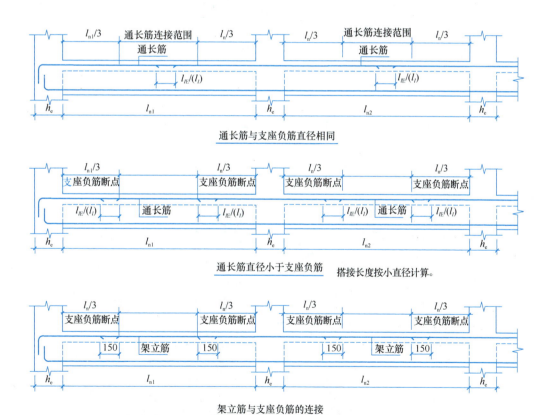

图1.2.56 框架梁上部纵向钢筋连接构造

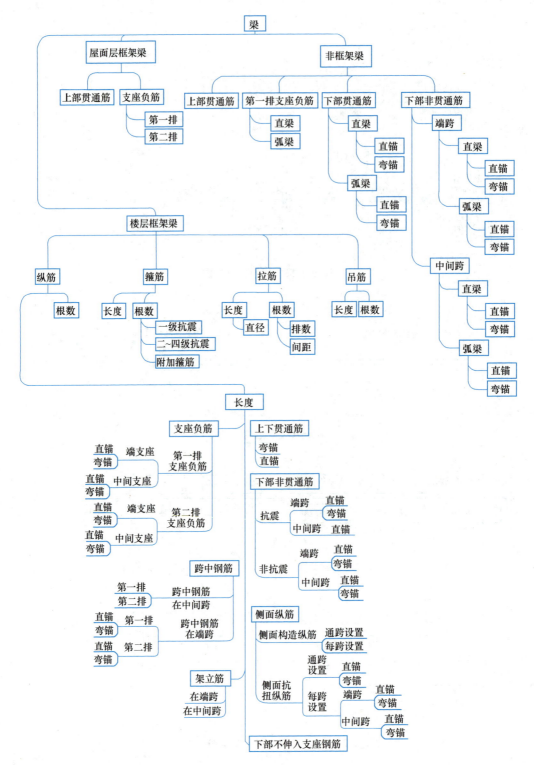

图 1.2.57 梁钢筋计算内容

1.3 柱平法施工图与钢筋构造

1.3.1 柱平法施工图制图规则

根据平法图集,柱平法施工图是在柱平面布置图上采用截面注写方式或列表注写方式来表达的施工图(图1.3.1)。

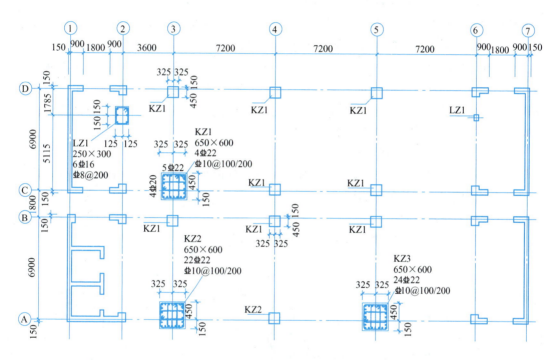

(19.470~37.470柱平法施工图)
图1.3.1 柱平法施工制图

(1)截面注写方式

截面注写方式系在分标准层绘制的柱平面布置图的柱截面上,分别在同一编号的柱中选择一个截面,以直接注写截面尺寸和配筋具体数值的方式表达柱平面施工图。

1)注写方式——是在分标准层绘制的柱(包括框架柱、框支柱、梁上柱、剪力墙上柱)平面布置图的柱截面上,分别在同一编号的柱中选择一个截面,以直接注写截面尺寸和配筋具体数值的方式来表达柱平面整体配筋。

2)编号——柱编号由代号和序号组成,并应符合表1.3.1的规定。例如KZ1表示框架柱1。

表1.3.1 柱编号

柱类号	代号	序号
框架柱	KZ	××
框支柱	KZZ	××
芯柱	XZ	××
梁上柱	LZ	××
剪力墙上柱	QZ	××
转换柱	ZHZ	××

然后从相同编号的柱中选择一个截面,按另一种比例原位放大绘制柱截面配筋图,并在各配筋图上继其编号后再注写截面尺寸 $b×h$(对于圆柱改为圆柱的直径 d)、角筋或全部纵筋(当纵筋采用同一种直径且能够图示清楚时)、箍筋的具体数值。在柱截面配筋图上标注截面与轴线关系 b_1、b_2、h_1、h_2 的具体数值。当纵筋采用两种直径时,须再注写截面各边中部纵筋的具体数值(对于采用对称配筋的矩形截面柱,可仅在一侧注写中部纵筋,对称边省略不注)。当在某些框架柱的一定高度范围内,在其内部的中心位置设置芯柱时,其标注方式详见平法标准图集有关规定。

3)注写箍筋——应包括钢筋种类代号、直径与间距。

4)同一编号——截面注写方式中,如柱的分段截面尺寸和配筋均相同,仅分段截面与轴线关系不同时,可将其编为同一柱号。但此时应在未画配筋的柱截面上注写该柱截面与轴线关系的具体尺寸。

抗震和非抗震柱纵向钢筋连接构造参照设计或构造图要求(图1.3.2)。

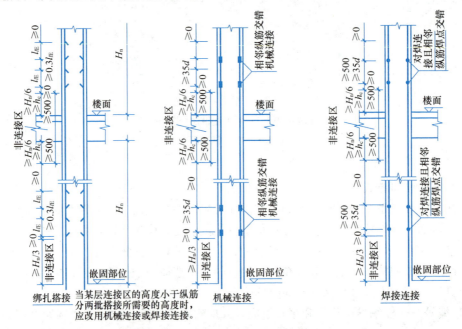

图1.3.2 抗震框架柱纵向钢筋构造

柱箍筋加密区范围：底层柱根加密 $H_n/3$，层间箍筋加密区范围如图1.3.3所示，满足三控 $\left(\dfrac{H_n}{6},\ h_c,\ 500\right)$ 的要求。

（2）列表注写方式

1）列表注写方式，就是在柱平面布置图上，先对柱进行编号，然后分别在同一编号的柱中选择一个（当柱截面与轴线关系不同时，需选几个）截面注写几何参数代号（b_1、b_2；h_1、h_2）；在柱表中注写柱号、柱起止标高、几何尺寸（含柱截面对轴线的情况）与配筋的具体数值，并配以各种柱截面形状及其箍筋类型图的方式，来表达柱平面整体配筋。

2）柱表应注写下列规定内容：

①柱的编号，如KZ1。

②起止标高，如，19.470～37.470。楼面标高、结构层高于相应结构层号，上部结构嵌固部位位置。

③截面尺寸——对于矩形柱注写柱截面尺寸 $b\times h$ 及与轴线关系的几何参数代号 b_1、b_2 和 h_1、h_2 的具体数值，须对应于各段柱分别注写。其中 $b=b_1+b_2$，$h=h_1+h_2$。对于圆柱改为圆柱的直径 d。

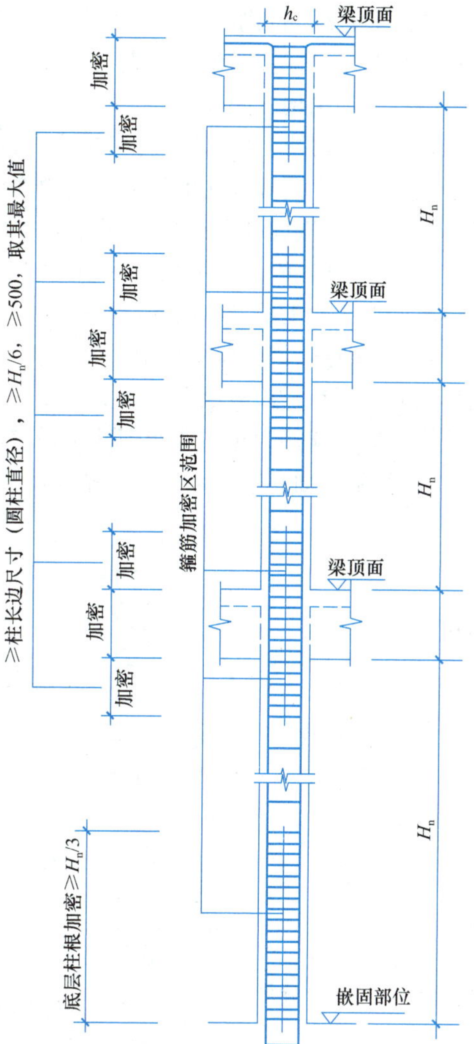

④纵筋——当柱的纵筋直径相同，各边根数也相同（包括矩形柱、圆柱），将纵筋注写在"全部纵筋"一栏中；除此之外，柱纵筋分为角筋、截面 b 边中部筋和 h 边中部筋三项分别注写（对于采用对称配筋的矩形柱，可仅注一侧中部筋）。

图1.3.3 柱箍筋加密区范围

⑤箍筋类型——在表中箍筋类型栏内注写箍筋类型及箍筋肢数。各种箍筋类型图以及箍筋复合的具体方式，根据具体工程由设计人员画在表的上部或图中的适当位置，并在其上标注与表中相应的 b、h 和编上类型号，见图1.3.4。

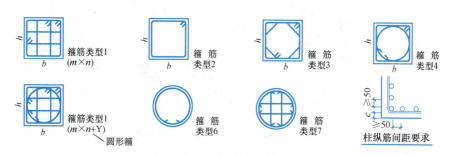

图1.3.4 箍筋类型

⑥箍筋直径和间距——在表中箍筋栏内注写箍筋，包括钢筋种类、直径和间距（间距表示方法及纵筋搭接时加密的表达同截面注写方式）。

(3) 上部结构嵌固部位

1) 嵌固部位是结构计算时底层柱计算长度的起始位置，22G101-1平法中要求竖向构件平法施工图中明确标注上部结构嵌固部位。

2) 框架柱嵌固部位在基础顶面时，无需注明。

3) 框架柱嵌固部位不在基础顶面时，在层高表嵌固部位标高下使用双细线注明，并在层高表下注明上部结构嵌固部位标高。

4) 框架柱嵌固部位不在地下室顶板，但仍需考虑地下室顶板对上部结构实际存在嵌固作用时，可在层高表地下室顶板标高下使用双细线注明，此时，首层柱端箍筋加密区长度范围及纵筋连接为止均按嵌固部位要求设置。

5) 基础顶面和嵌固部位的关系如图1.3.5所示。

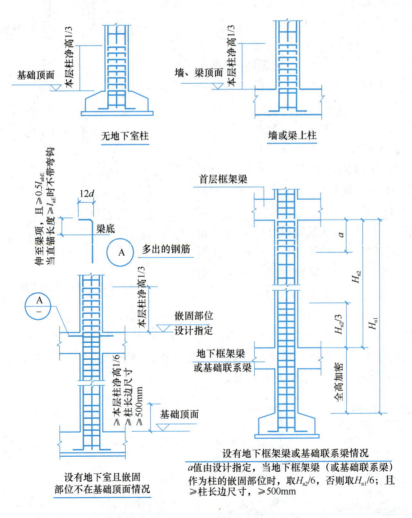

图 1.3.5　基础顶面和嵌固部位的关系

嵌固部位是结构计算时底层柱计算长度的起始位置，竖向构件在平法施工图中需要明确注明上部结构嵌固部位的位置。

基础顶面和嵌固部位关系如下：

1) 无地下室时嵌固部位一般为基础顶面，有时由于基础顶面至首层顶板高度较大，而设置了地下框架梁（或基础连系梁），箍筋加密区见图1.3.5。

2) 有地下室时，需要根据实际工程情况由设计指定嵌固部位。

3) 抗震设计的框架柱端应设置箍筋加密区，嵌固部位处柱下端1/3柱净高的范围内箍筋加密，高度大于其他层（1/3柱净高 $H_n/3$、柱截面长边尺寸 h_c、500mm 三者中的大值），是增强柱嵌固端抗剪能力和提高框架柱延性的构造措施，防止柱子地震时发生剪切破坏。

4) 当嵌固部位不在基础顶面时，按现行《建筑抗震设计规范》GB 50011 规定，地下一层柱截面每侧纵筋不应小于地上一层柱对应纵筋的1.1倍；并对梁端配筋也提出了相应要求。柱中多出纵筋不应伸至嵌固部位以上进行锚固。这是因为，作为上部结构的嵌固部位，框架柱底屈服、出现塑性铰时，要保证地下一层对应的框架柱不应屈服。

1.3.2 框架柱纵向钢筋构造

框架柱纵向钢筋构造包括柱纵向钢筋在基础中构造、柱身纵向钢筋连接构造、变截面位置处纵向钢筋构造和柱顶纵向钢筋构造四大类。其中，柱顶纵向钢筋构造包括中柱柱顶纵向钢筋构造和边柱、角柱柱顶纵向钢筋构造。

柱子的钢筋节点构造和做法，为柱子钢筋施工做法提供了依据。

1. 框架柱纵向钢筋在基础中构造

框架柱插筋的构造应该符合22G101-3标准图集。

（1）关于柱纵筋的基础插筋：

1) 柱插筋：

"插至基础板底部，支在底部钢筋上或伸至中间钢筋网片上，且直锚长度 $\geqslant 0.6l_{abE}$（$0.6l_{ab}$）且不少于 $20d$"，锚固长度从基础顶面算起。

2) 关于柱纵筋基础插筋的弯钩：

一般做法是：当柱纵筋伸入基础的直锚长度满足锚固长度 $l_{aE}(l_a)$ 的要求时，要求弯折长度 $\max(6d, 150)$；插至基础底部不足 $l_{aE}(l_a)$ 时，直段要 $\geqslant 0.6l_{abE}(0.6l_{ab})$ 且不少于 $20d$，弯钩长度为 $15d$。当锚固区保护层厚度 $\leqslant 5d$ 时，纵向钢筋满足直锚，所有纵筋应伸至下部钢筋网片上。

3) 当插筋部分保护层厚度小于 $5d$ 的部位应设置锚固区横向钢筋。

4) 锚固区横向箍筋应满足直径 $\geqslant d/4$（d 为插筋最大直径），间距 $\leqslant 10d$（d 为插筋最小直径）且 $\leqslant 100mm$ 的要求。而当锚固区保护层厚度 $>5d$ 时，纵向钢筋满足直锚，柱角部钢筋伸至基础底部或中间层钢筋网片上，其余纵筋从基础顶面下伸 l_{aE} 即可。

5) 当柱为轴心受压或小偏心受压，独立基础、条形基础高度不小于1200mm时，或当柱为大偏心受压，独立基础、条形基础高度不小于1400mm时，可仅将柱四角插筋伸至底板钢筋网上，其他钢筋满足锚固长度 l_{aE}（l_a）即可。

(2) 关于基础插筋的箍筋：

柱和墙插筋上的箍筋"间距≤500mm 且不少于两道矩形封闭箍筋（非复合箍）"。22G101-3 图集所要求的柱插筋上的箍筋为"矩形封闭箍筋（非复合箍）"，其意义在于：柱插筋上的箍筋是为了保证插筋的稳定，所以只需要外箍就足够了，不需要复合箍筋的内箍（图 1.3.6）。

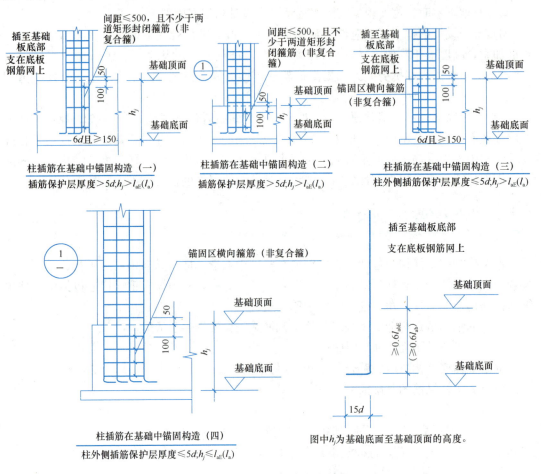

图 1.3.6　柱插筋构造

2. 框架柱 KZ 纵向钢筋连接构造

平法柱的节点构造图中，平法图集中"抗震 KZ 纵向钢筋连接构造"是平法柱节点构造的核心。在图 1.3.7 中，画出了柱纵筋绑扎搭接、机械连接和焊接连接三种连接方式，重点掌握柱纵筋机械连接和焊接连接的连接要求。

框架结构受力时为剪切型变形，框架柱上、下端弯矩量大且反弯点一般位于柱中部，因此，连接区在柱中部具有较高的安全度储备。

柱纵筋一般连接构造

(1) 机械连接：（例如现在常用的"直螺纹套筒接头"）接头错开距离≥35d。

(2) 焊接连接：接头错开距离≥35d 且≥500mm。

"焊接连接"就是常用的"电渣压力焊"或"闪光对焊"。现在不提倡"搭接焊"，因

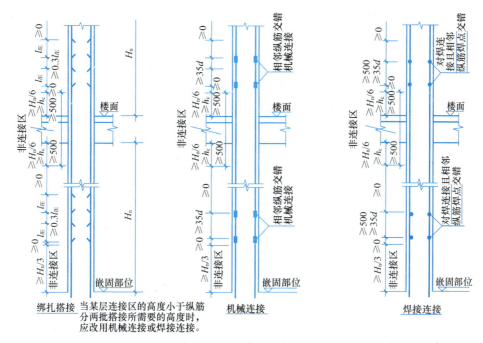

图 1.3.7 框架柱 KZ 纵向钢筋连接构造

为搭接焊造成上下纵向钢筋的轴心不能重合。即使可以把焊缝附近的钢筋弯折一下,但也很难保证上下纵筋的轴心在一条直线上。而且,弯折以后的焊缝区更加占空间,影响了柱纵筋的保护层和柱纵筋之间的净距。当柱纵筋直径大于 14mm 时,$35d$ 必定大于 500mm,抗震框架柱的纵向钢筋直径一般都比较大,所以按"$35d$"来处理焊接连接的接头错开距离是可行的。

(3) 绑扎搭接连接:

搭接长度 l_{lE}(l_{lE} 是抗震的绑扎搭接长度);接头错开的净距离 $\geqslant 0.3 l_{lE}$。

当层高较小时,绑扎搭接连接的做法还不可使用,钢筋绑扎搭接连接浪费材料,许多施工企业对绑扎搭接连接还有相当具体的规定。

(4) 柱纵筋的非连接区:

所谓"非连接区",就是柱纵筋不允许在这个区域之内进行连接。无论绑扎搭接连接、机械连接和焊接连接都要遵守这项规定。

1) 嵌固部位以上有一个"非连接区",其长度是 $\geqslant H_n/3$(H_n 是从基础顶面到顶板梁底的柱的净高)。

2) 楼层梁上下部位的范围形成一个"非连接区"其长度由三部分组成:梁底以下部分、梁中部分和梁顶以上部分。这三个部分构成一个完整的"柱纵筋非连接区"。

①梁底以下部分的非连接区长度:

为下面三个数的最大者,即所谓"三选一"取 $\max(H_n/6, h_c, 500)$。H_n 是所在楼层的柱净高,h_c 为柱截面长边尺寸,圆柱为截面直径。

②梁中部分的非连接区长度:就是梁的截面高度。

③梁顶以上部分的非连接区长度:

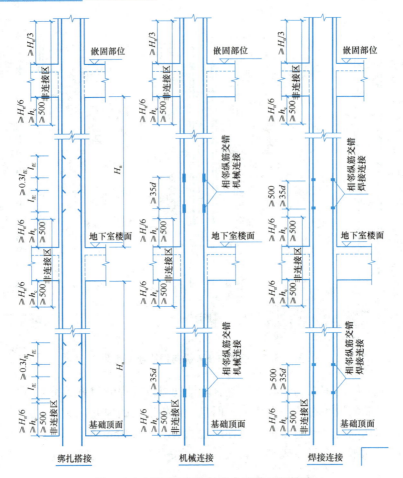

图 1.3.8 地下室框架柱纵向钢筋连接构造

为下面三个数的最大者：即所谓"三选一"，取 $\max(H_n/6, h_c, 500)$。

知道了柱纵筋非连接区的范围，就知道了柱纵筋切断点的位置。这个"切断点"可以选定在非连接区的边缘。柱纵筋的"切断点"就是下一楼层伸出的插筋与上一楼层柱纵筋的连接点。

柱纵筋的连接点还有下面的一些规定。

柱相邻纵向钢筋连接接头相互错开。在同一截面内钢筋接头面积百分率不应大于50%。柱纵向钢筋连接接头相互错开的距离与连接构造有关，可参见图 1.2.40 来定。机械连接接头错开距离 $\geqslant 35d$。焊接连接接头错开距离 $\geqslant 35d$ 且 $\geqslant 500\text{mm}$。绑扎搭接接头错开 $\geqslant l_{lE}$。

带地下室框架柱纵向钢筋构造见图 1.3.8，注意嵌固部位的位置变化，其他做法可参框架柱上部做法。

3. 柱顶纵向钢筋构造

（1）框架柱 KZ 边柱和角柱柱顶纵向钢筋构造

平法图集分别给出了抗震 KZ 的纵向钢筋构造做法。

图 1.3.9 中，柱外侧纵筋与梁上部纵筋在节点外侧弯折搭接构造。

边柱外侧纵筋伸入顶梁 $\geqslant 1.5 l_{abE}$，与梁上部纵筋搭接从梁底算起，伸至柱顶，然后弯

学习情境 1　混凝土框架结构平法施工图与钢筋构造

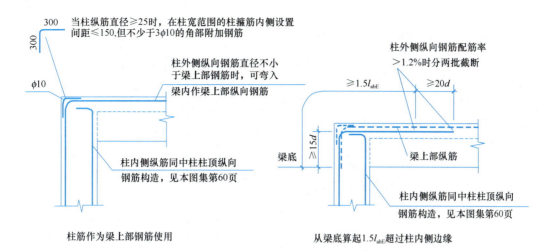

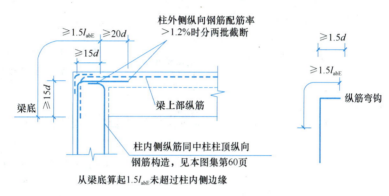

图 1.3.9　柱外侧纵筋与梁上部纵筋在节点外侧弯折搭接构造

折伸入梁内,竖段长度和水平弯折段长度$\geq 15l_{abE}$。过柱内侧边缘,若水平弯折后,未超过柱内侧时,水平弯折段长度应$\geq 15d$。

柱内侧纵筋:当直锚长度$\geq l_{aE}$时,伸至柱顶后截断;

当直锚长度$< l_{aE}$时,且当柱顶有不小于100mm厚的现浇板时,伸至柱顶后弯钩$12d$。

边柱外侧纵筋伸入顶梁,与梁上部纵筋弯折搭接梁上部纵筋与柱外侧纵筋连接,伸不到梁中的柱外侧纵筋全部伸入现浇板内当柱外侧纵筋配筋率$>1.2\%$时,分两批截断。

当柱外侧纵筋配筋率$>1.2\%$时,柱外侧纵筋伸入顶梁$\geq 1.5l_{abE}$后,分两批截断,断点距离$\geq 20d$(图1.3.10),当从梁底算起$1.5l_{abE}$未超过柱内侧边缘,纵筋弯钩(或弯折

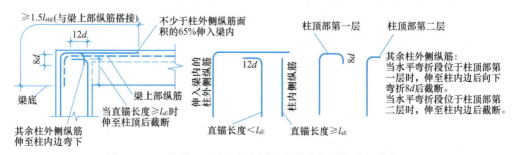

图 1.3.10　抗震 KZ 边柱和角柱柱顶纵向钢筋构造(节点 A)

段长度）取 $15d$。

屋面梁的上部纵筋下伸与边柱外侧纵筋搭接，其搭接的垂直长度$\geq 1.7l_{abE}$；边柱的外侧纵筋伸至柱顶后弯折 $12d$（图 1.3.11）。

当梁上部纵筋配筋率$>1.2\%$时，梁上部纵筋伸入边柱$\geq 1.7l_{abE}$后，分两批截断，断点距离$\geq 20d$（图 1.3.11）。（其余同上。）

（2）抗震 KZ 中柱柱顶纵向钢筋构造

关于抗震框架柱中柱柱顶纵向钢筋节点构造如图 1.3.12 所示。

节点 A：

当柱纵筋直锚长度$<l_{aE}$时，柱纵筋伸至柱顶后向内弯折 $12d$，且必须保证竖段长度$\geq 0.5l_{abE}$。柱纵筋在柱顶封闭，以便营造梁纵筋锚固所需空间。其中，柱纵筋弯钩应在梁纵筋之上。

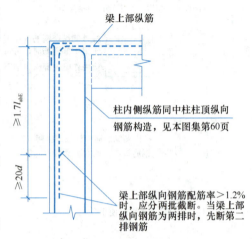

图 1.3.11 柱外侧纵筋与梁上部纵筋在柱顶外侧搭接构造

节点 B：

当柱纵筋直锚长度$<l_{aE}$，且顶层为现浇混凝土板，其强度等级$\geq$C20、板厚$\geq$100mm 时，柱纵筋伸至柱顶后向外弯折 $12d$，但必须保证柱纵筋的伸入梁内的长度$\geq 0.5l_{abE}$。该做法，柱顶纵筋弯折后未形成封闭构造，对梁纵筋有可能发生的向上位移约束不足。

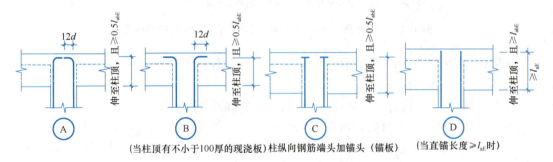

图 1.3.12 抗震 KZ 中柱柱顶纵向钢筋构造

节点 C：

柱纵向钢筋端头加锚头（锚板）做法。柱纵向钢筋伸至柱顶加锚头（锚板）做法，竖段锚固长度$\geq 0.5l_{abE}$。

节点 D：

当柱纵筋直锚长度$\geq l_{aE}$时，可以直锚伸至柱顶。

梁宽范围以外的柱纵筋伸至柱顶，90°弯钩，弯钩水平段长度$\geq 12d$。

4. 框架柱变截面位置纵向钢筋构造

框架柱变截面位置纵向钢筋构造见图 1.3.13。

抗震 KZ 柱变截面位置纵向钢筋构造：

描述"变截面"构造的其实就只有两个图：一个是讲述当"$\Delta/h_b \leq 1/6$"的情形下变

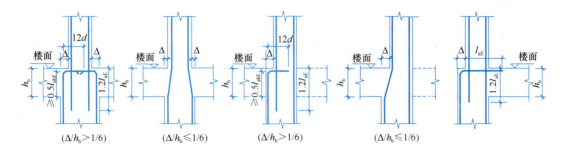

图 1.3.13 框架柱 KZ 变截面位置纵向钢筋构造

截面的做法，另一个是讲述当"$\Delta/h_b > 1/6$"的情形下变截面的做法。这里的 Δ 是上下柱同向侧面错台的宽度，h_b 是框架梁的截面高度。

（1）当"斜率比较小"（$\Delta/h_b \leq 1/6$）时：

柱纵筋的做法：可以由下柱弯折连续通到上柱。

（2）当"斜率较大"（$\Delta/h_b > 1/6$）时：

柱纵筋的做法：下柱纵筋伸至本层柱顶后，弯折 $12d$。此时须保证下柱纵筋直锚长度 $\geq 0.5l_{abE}$，上柱纵筋从梁顶伸入下柱锚固长度 $\geq 1.2l_{aE}$。

5. 框架柱上下层钢筋变化时钢筋连接构造

图 1.3.14 为抗震框架柱上下层钢筋变化时的钢筋连接构造做法。上柱比下柱多出的钢筋从梁顶往下伸入下一层连接，连接长度为 $1.2l_{aE}$。上柱较大直径钢筋的做法为，上柱较大直径钢筋伸入下一层钢筋非连接区与下一层较小直径钢筋进行搭接。下柱比上柱多出钢筋的做法为，下柱钢筋从梁底起算伸入上一层连接，连接长度为 $1.2l_{aE}$。下柱较大直径钢筋的做法为，下柱较大直径钢筋伸入上一层钢筋非连接区与上一层较小直径钢筋进行搭接。

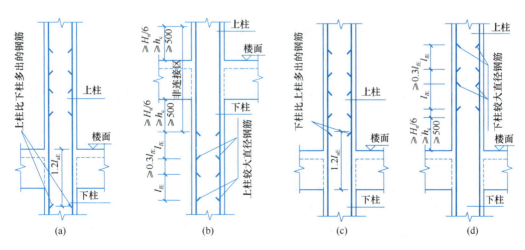

图 1.3.14 抗震框架柱上下层钢筋变化时的钢筋连接构造

（a）上柱比下柱多出的钢筋做法；（b）上柱较大直径钢筋做法；

（c）下柱比上柱多出钢筋做法；（d）下柱较大直径钢筋做法

6. 框架柱的箍筋

根据构造要求：当柱截面短边尺寸大于 400mm，且各边纵向钢筋多于 3 根时，或当截面短边尺寸不大于 400mm，但各边纵向钢筋多于 4 根时，应设置复合箍筋，箍筋类型见图 1.3.15。

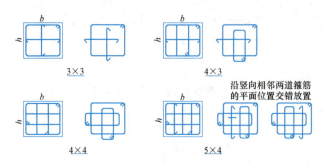

图 1.3.15 柱箍筋类型

(1) 设置复合箍筋要遵循下列原则：

1) 大箍套小箍：

矩形柱的箍筋，都是采用"大箍"里面套若干"小箍"的方式。如果是偶数肢数，则用几个两肢"小箍"来组合；如果是奇数肢数，则用几个两肢"小箍"再加上一个"拉筋"来组合。

2) 大箍加拉筋：

柱内复合箍可全部采用拉筋，拉筋须同时钩住纵向钢筋和外部封闭箍筋。

3) 内箍或拉筋的设置要满足"隔一拉一"：

设置内箍的肢或拉筋时，要满足对柱纵筋至少"隔一拉一"的要求。这就是说，不允许存在两根相邻的柱纵筋同时没有钩住箍筋的肢或拉筋的现象。

4) "对称性"原则：

柱 h 边上箍筋的肢或拉筋都应该在 h 边上对称分布。

同时，柱 b 边上箍筋的肢或拉筋都应该在 b 边上对称分布。

5) "内箍水平段最短"原则：

在考虑内箍的布置方案时，应该使内箍的水平段尽可能的最短（其目的是为了使内箍与外箍重合的长度为最短）。

6) 内箍尽量做成标准格式：

当柱复合箍筋存在多个内箍时，只要条件许可，这些内箍都尽量做成标准的格式，内箍尽量做成"等宽度"的形式，以便于施工。

7) 施工时纵横方向的内箍（小箍）要贴近大箍（外箍）放置：

柱复合箍筋在绑扎时，以大箍为基准；或者是纵向的小箍放在大箍上面、横向的小箍放在大箍下面；或者是纵向的小箍放在大箍下面、横向的小箍放在大箍上面（图集注 1：沿复合箍周边，箍筋局部重叠不宜多于两层，以复合箍筋最外围的封闭箍筋为基准，柱内的横向箍筋紧挨其设置在下或在上，柱内纵筋紧挨其设置在上或在下）。

判断箍筋做法的正确性和可行性,箍筋做法见图 1.3.16。

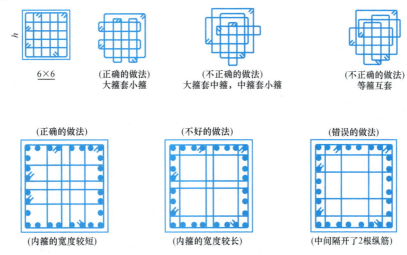

图 1.3.16 柱箍筋做法

(2) 箍筋加密区范围:

框架柱纵筋"非连接区",就是现在要讲的"箍筋加密区"。

1) 底层柱根加密区 $\geqslant H_n/3$ 是从基础顶面到顶板梁底的柱的净高。

2) 楼板梁上下部位的"箍筋加密区":即所谓"三选一"取 $\max(H_n/6, h_c, 500)$。H_n 是所在楼层的柱净高,h_c 为柱截面长边尺寸,圆柱为截面直径。

3) 再加上一个梁截面高度。

柱净高(包括因嵌砌填充墙等形成的柱净高)与柱截面长边尺寸或圆柱直径形成 $H_n/h_c \leqslant 4$ 的短柱,其箍筋沿柱全高加密。

(3) 框架柱箍筋根数的计算:

柱的每楼层"加密区-非加密区-加密区"的箍筋根数算法与梁不同。

对于梁来说,每跨的"加密区-非加密区-加密区"的箍筋根数算法是:在除以间距时要求小数进位以外,还要执行位于左右两端的加密区箍筋根数"加 1"和位于中间的非加密区箍筋根数"减 1"的算法(这是因为每跨梁都是独立配箍的)。

对于柱来说就不同了,每楼层"加密区-非加密区-加密区"的箍筋根数算法是:仅在除以间距时要求小数进位,不要执行对于加密区和非加密区箍筋根数"加 1"或"减 1"的做法(这是因为柱在各楼层的箍筋都是连续配箍的)。

在"范围/间距"的计算过程中,我们仍执行"有小数则进 1"的原则。

任务:楼层的层高 4.50m,抗震框架柱 KZ1 的截面尺寸为 750mm×700mm,柱箍筋加密区和非加密范围及箍筋排布构造如图 1.3.17 所示。

计算每层柱的箍筋根数,层高 H,梁高 h_b,净高 $H_n = H - h_b$。

柱子箍筋加密区范围包括:结构层底部楼板顶以上钢筋非连接区部分 $L_1 = \max(H_n/6, h_c, 500)$,结构层梁底以下钢筋非连接区部分 $L_2 = \max(H_n/6, h_c, 500)$,节点核心区部分(梁高部分)$L_3 = h_b$。

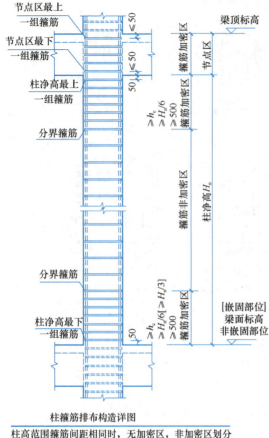

图 1.3.17 柱箍筋排布构造详图

结构层柱子箍筋非加密区范围为净高中间部分，即钢筋连接区部分，非加密区长度 L_4：

$L_4 = $ 本层层高 H − 框架梁截面高度 $h_b - 2 \times \max(H_n/6, h_c, 500)$

计算箍筋根数，一般的算式为：

$n = $（箍筋布置范围 − 起步距离）/ 箍筋间距 + 1

起步距离 Δ，也即第一道箍筋距离支座边缘的距离，如果设计明确有取值，按设计取值，如果没有，一般可以取 50mm。

对于某结构层来，按图，箍筋根数计算可以分为：加密区根数计算和非加密区根数计算。

上、下部分一端加密区根数为 n_1，则上下部分为 $n = 2 \times n_1$

$n_1 = (\max(H_n/6, h_c, 500) - 50)/$ 加密区间距 $s + 1$（遇到小数点进 1 取整，以下同）

节点核心区箍筋根数 n_3：

$n_3 = (h_b - 100)/$ 加密区间距 $s + 1$

非加密区箍筋根数 n_4

$n_4 = $（非加密区长度）/ 非加密区间距 $s - 1$

或者：$n_4 = $（非加密区长度 − $2s$）/ 非加密区间距 $s + 1$

1.3.3 剪力墙上柱 QZ 纵向钢筋构造

图集中介绍了抗震剪力墙上柱 QZ 与下层剪力墙的两种锚固构造（图 1.3.18）。

第一种方法：剪力墙上柱 QZ 与下层剪力墙重叠一层。

剪力墙顶面以上的"墙上柱"即框架柱，其纵筋构造同前面讲过的框架柱一样（可分为绑扎搭接、连接、机械连接和焊接连接）。因此，看这些构造图不必关注"墙上柱"部分，而只要注意框架柱（即"墙上柱"）的柱根是如何在剪力墙上进行锚固的。

第一种锚固方法，就是把上层框架柱的全部柱纵筋向下伸至下层剪力墙的楼面上，也就是与下层剪力墙重叠整整一个楼层。从外形上看，就好像"附墙柱"一样。在墙顶面标高以下锚固范围内的柱箍筋按上柱非加密区箍筋要求设置。

第二种方法：剪力墙上柱 QZ 的纵筋锚固在下层剪力墙的上部。

第二种做法与第一种做法不同，它不是和下层剪力墙重叠整个楼层，而只在下层剪力墙的上端进行锚固。

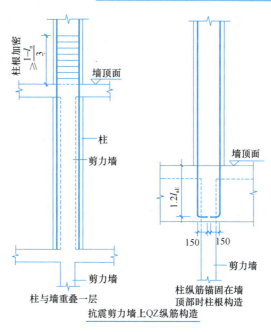

图 1.3.18 剪力墙上柱纵向钢筋构造

其做法要点是：锚入下层剪力墙上部，其直锚长度 $1.2l_{aE}$ 弯直钩，弯钩长度为 150mm。在墙顶面标高以下锚固范围内的柱箍筋按上柱非加密区箍筋要求设置。

1.3.4 梁上柱纵向钢筋构造

梁上柱是一种特殊的柱。它不是框架柱。框架柱是"生根"在地面以下的基础里的。

然而，梁上柱作为一种"半空中生出来的柱"，它不能生根在基础上，只能生根在"梁"上，所以称之为"梁上柱"。抗震梁上柱 LZ 纵向钢筋构造与设置部位见图 1.3.19。梁上柱既然以梁作为它的"基础"，这就决定了"梁上柱在梁上的锚固"同"框架柱在基础上的锚固"是类似的。

梁上柱在梁上的锚固构造（图 1.3.19a），其要点是：梁上柱 LZ 纵筋"坐底"并弯直

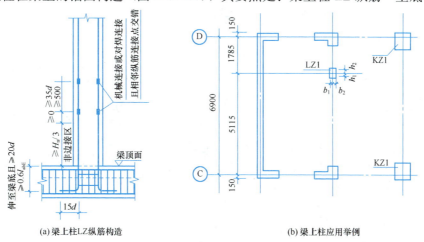

(a) 梁上柱LZ纵筋构造　　(b) 梁上柱应用举例

图 1.3.19 梁上柱示意图

钩 $15d$，要求直锚长度$\geqslant 0.6l_{abE}$，且$\geqslant 20d$。

柱插筋在梁内的部分只需设置两道柱箍筋（其作用是固定柱插筋）。

（注：所谓坐底就是"一脚掌踩到底"，柱纵筋的直钩"踩"在梁下部纵筋之上。）梁顶面以上的梁上柱纵筋构造同框架柱。

任务：结合结构施工图，选取 4 个不同的柱子，将柱截面平法施工图转换为列表注写方式，并绘制箍筋类型图。

1.3.5　框架柱箍筋

框架柱箍筋包括箍筋根数、箍筋长度两个主要问题，箍筋布置简图见图 1.3.20，计算见表 1.3.2。

1. 箍筋根数计算

箍筋根数＝加密区根数之和＋非加密区根数

加密区包括：节点区域、搭接区域、非连接区，非连接区即楼层节点上下区[max（楼层净高 $H_n/6$，500，柱截面长边尺寸）]。

柱子箍筋计算表　　　　　　　　　　　　　　　　表 1.3.2

钢筋部位及其名称	计 算 公 式	说　　明	附　图
柱箍筋根数	基础层 箍筋根数＝(基础高度－基础保护层)/500＋1(或－1 或 0)	间距$\leqslant 500$，且不少于 2 道	图 3.2.8
	底层或首层 箍筋根数 ＝[($H_n/3-50$)/间距＋1]＋搭接区域 $2.3l_{lE}$/间距＋节点高和节点下区域[h_b＋max($H_n/6$, h_c, 500)]/间距＋非加密区范围/间距－1	搭接区域 $2.3l_{lE}$/间距，间距取 min($5d$, 100, 加密区间距） 计算公式适用于绑扎连接，对于机械或焊接连接，如果设计没有明确说明，一般不需考虑搭接区域的加密，其他与绑扎连接同	
	中间层、顶层 箍筋根数＝[max($H_n/6$, h_c, 500)－50/间距＋1]＋搭接区域 $2.3l_{lE}$/加密间距＋节点高和节点下区[h_b＋max($H_n/6$, h_c, 500)]/间距＋非加密区范围/间距－1		
	对于柱子需要全高加密的情况，箍筋根数＝(层高－50－$2.3l_{lE}$)/间距＋1＋搭接区域 $2.3l_{lE}$/间距		
柱箍筋长度	柱子外箍筋长度 长度＝$(B-2c+H-2c)\times 2+\max(11.9d, 75+1.9d)\times 2$	按箍筋外皮计算箍筋长度 D—纵向钢筋直径； d—箍筋直径； B、H—柱子截面宽和高； c—保护层厚度	图 3.2.9 图 3.2.10 图 3.2.11
	柱子内横向箍筋长度 长度＝$(H-2c)+[(B-2c-D)/(B$ 临边纵筋根数－1)×间距数 $m+D]\times 2+2\times\max(11.9d, 75+1.9d)$		
	柱子内纵向箍筋长度 长度＝$(B-2c)+[(H-2c-D)/(H$ 临边纵筋根数－1)×间距数 $m+D]\times 2+2\times\max(11.9d, 75+1.9d)$		

柱箍筋加密区和非加密范围及箍筋排布构造如图 1.3.21 所示。

学习情境 1 混凝土框架结构平法施工图与钢筋构造

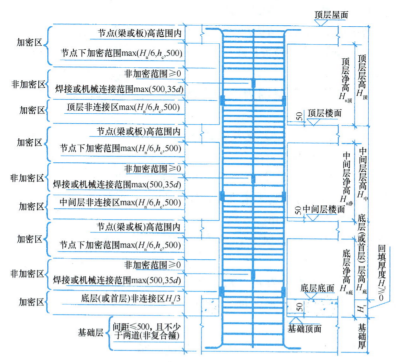

图 1.3.20 框架柱箍筋根数计算简图

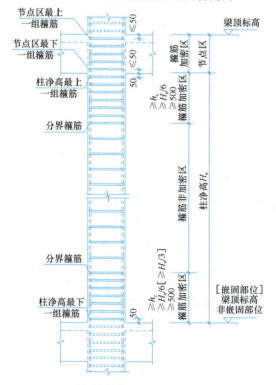

柱箍筋排布构造详图
柱高范围箍筋间距相同时，无加密区、非加密区划分

图 1.3.21 柱箍筋排布构造详图

计算每层柱的箍筋根数,层高 H,梁高 h_b,净高 $H_n=H-h_b$。

柱子箍筋加密区范围包括:结构层底部楼板顶以上钢筋非连接区部分 $L_1=\max(H_n/6, h_c, 500)$,结构层梁底以下钢筋非连接区部分 $L_2=\max(H_n/6, h_c, 500)$,节点核心区部分(梁高部分)$L_3=h_b$。

结构层柱子箍筋非加密区范围为净高中间部分,即钢筋连接区部分,非加密区长度 L_4:

$$L_4=本层层高 H-框架梁截面高度 h_b-2\times\max(H_n/6, h_c, 500)$$

计算箍筋根数,一般的算式为:

$$n=(箍筋布置范围-起步距离)/箍筋间距+1$$

起步距离 Δ,也即第一道箍筋距离支座边缘的距离,如果设计明确有取值,按设计取值,如果没有,一般可以取 50mm。

对于某结构层,按图,箍筋根数计算可以分为:加密区根数计算和非加密区根数计算。

上、下部分一端加密区根数为 n_1,则上下部分为 $n=2\times n_1$

$n_1=(\max(H_n/6, h_c, 500)-50)/加密区间距 s+1$(遇到小数点进1取整,以下同)

节点核心区箍筋根数 n_3:

$$n_3=(h_b-100)/加密区间距 s+1$$

非加密箍筋根数 n_4

$$n_4=(非加密区长度)/非加密区间距 s-1$$

或者: $n_4=(非加密区长度-2s)/非加密区间距 s+1$

例:某框架柱层高为 3.60m,KZ1 的截面尺寸为 700×600,箍筋标注为 $\phi10@100/200$,顶板的框架梁截面尺寸为 300×600。计算箍筋根数。

$$柱子净高 H_n=H-h_b=3600-600=3000$$

一端加密区长度: $\max(H_n/6, h_c, 500)=\max(3000/6, 700, 500)=700$

$n_1=(\max(H_n/6, h_c, 500)-50)/加密区间距 s=(700-50)/100+1=7.5$,取 8。

节点核心区箍筋根数 n_3:

$$n_3=(h_b-100)/加密区间距 s+1=(600-100)/100+1=6$$

非加密箍筋根数 n_4

$$n_4=(非加密区长度)/非加密区间距 s-1$$

$L_4=本层层高 H-框架梁截面高度 h_b-2\times\max(H_n/6, h_c, 500)$
$=3600-600-700\times2=1600$

$n_4=(非加密区长度)/非加密区间距 s-1=1600/200-1=7$

或者 $=(1600-2\times200)/200+1=7$

总根数 $=2\times n_1+n_3+n_4=2\times8+6+7=29$

2. 箍筋长度计算

参见图 1.3.23,箍筋长度计算见表 1.3.2,具体计算如下:

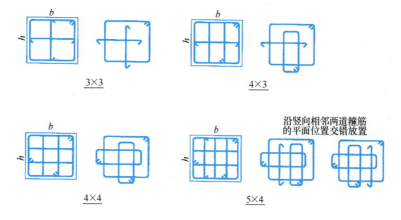

图 1.3.22　箍筋类型图

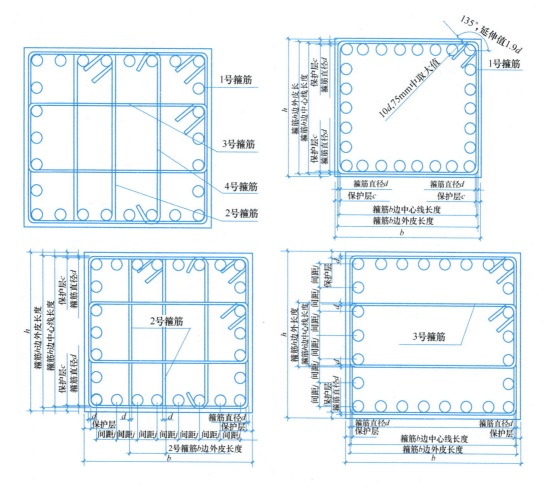

图 1.3.23　箍筋计算示意图

外箍筋长度：长度＝箍筋外皮尺寸长度之和＋2×l_w

横向一字型箍筋长度：

$$长度＝B－2×保护层＋2×l_w（横向截面宽度）$$

纵向一字型箍筋长度：

$$长度＝H－2×保护层＋2×l_w（纵向截面高度）$$

内矩形截面箍筋：

如 5×4 箍筋长度

$$外箍筋长度＝(B－2×保护层＋H－2×保护层)×2＋2×l_w$$

内横向矩形箍筋长度：

$$长度＝((B－2×保护层)＋(H－2×保护层－2d－D)/3×1＋D)×2＋2×l_w$$

内横向一字型箍筋长度：

$$长度＝B－2×保护层＋2×l_w（横向截面宽度）$$

内纵向矩形箍筋长度：

$$长度＝((H－2×保护层)＋(B－2×保护层－2d－D)/4×1＋D)×2＋2×l_w$$

如：1 号箍筋长 ＝ $(b－2c＋h－2c)×2＋24d$

2 号箍筋长 ＝ $(h－2c)×2＋[(b－2c－2d－D)/7＋D＋2d]×2＋24d$

3 号箍筋长 ＝ $(b－2c)×2＋\left[(h－2c－2d－D)\dfrac{2}{6}＋D＋2d\right]×2＋24d$

1.3.6 柱平法施工图与钢筋构造任务（图1.3.24～图1.3.33）

任务1：结合框架结构施工图，完成一根柱子钢筋的图示，并完成钢筋配料单的内容。

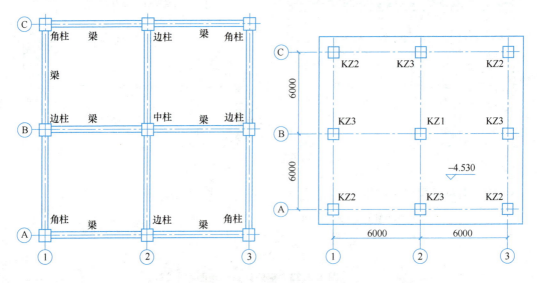

图1.3.24 抗震框架柱箍筋构造　　图1.3.25 柱平法识图实训任务

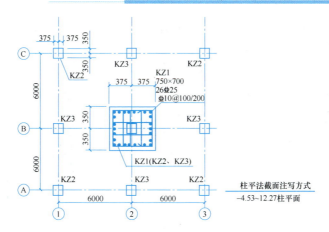

图1.3.26 柱平法识图实训任务

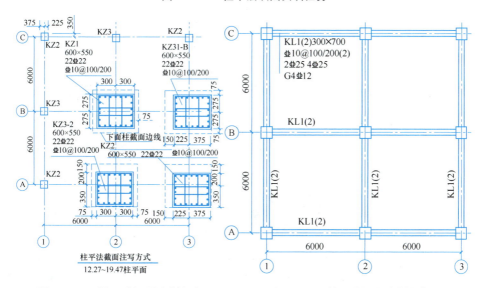

图1.3.27 柱平法识图实训任务　　图1.3.28 柱平法识图实训任务

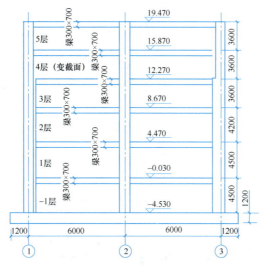

图1.3.29 柱平法识图实训任务

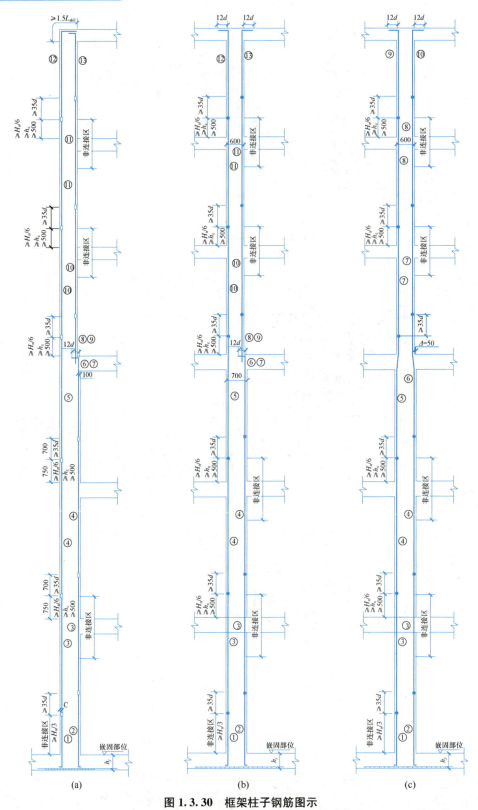

图 1.3.30 框架柱子钢筋图示
(a) 机械连接；(b) 焊接连接；(c) 焊接连接

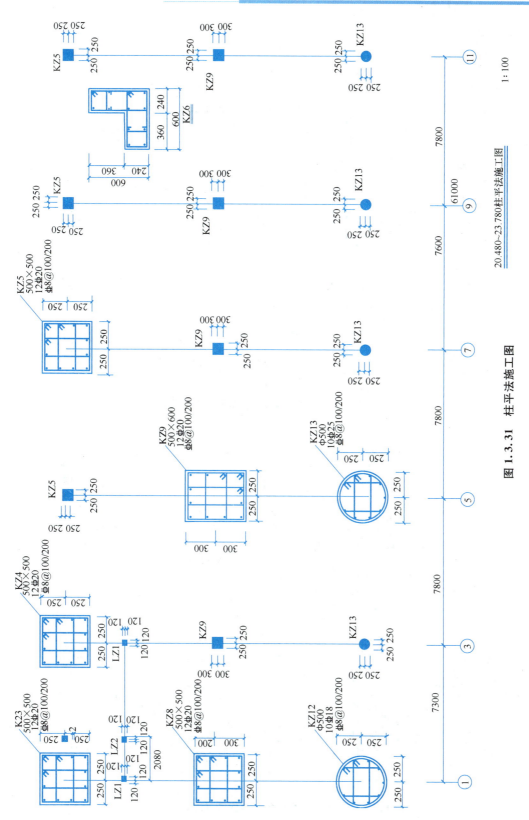

图 1.3.31 柱平法施工图

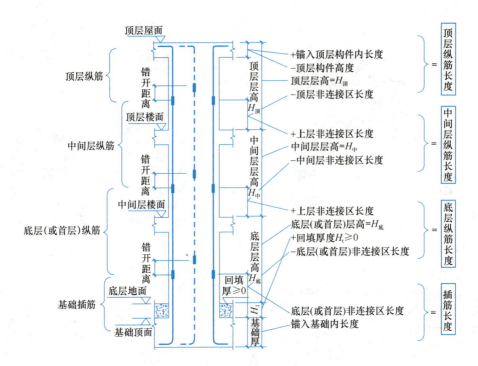

图 1.3.32 框架柱纵向钢筋计算图示（机械连接）

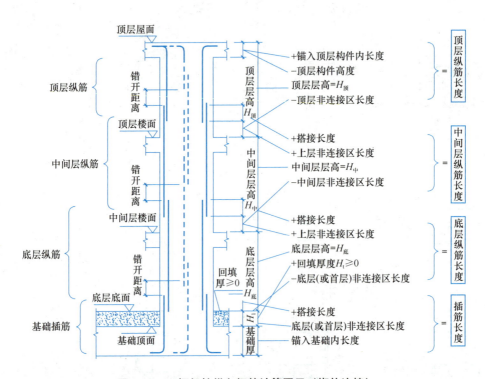

图 1.3.33 框架柱纵向钢筋计算图示（绑扎连接）

条件1：
(1) 基础为独立基础，有垫层，基础形式为DJ$_z$350/300；
(2) 抗震等级三级，混凝土强度等级C40；
(3) 环境类别二a；
(4) 基础嵌固定端为基础顶面。

条件2：
(1) 基础为筏形基础，有垫层，基础厚度为1200mm；
(2) 抗震等级三级，混凝土强度等级C40；
(3) 环境类别二a；
(4) 基础嵌固定端为基础顶面。

结合框架结构施工图，完成一根柱子钢筋的图示，并完成钢筋配料单的内容。

条件1：
(1) 基础为独立基础，有垫层，基础形式为DJ$_z$350/300；
(2) 抗震等级三级，混凝土强度等级C40；
(3) 环境类别二a；
(4) 基础嵌固定端为基础顶面。

条件2：
(1) 基础为筏形基础，有垫层，基础厚度为1200mm；
(2) 抗震等级三级，混凝土强度等级C40；
(3) 环境类别二a；
(4) 基础嵌固定端为基础顶面。

完成任务：
(1) 框架柱钢筋计算内容；
(2) 列举框架柱钢筋节点构造组成内容；
(3) 框架柱钢筋图示；
(4) 框架柱纵向钢筋图示编号；
(5) 框架柱纵向钢筋计算；
(6) 框架柱箍筋计算；
(7) 框架柱钢筋清单列表；
(8) 提交1图1表。

根据平法钢筋图，进行钢筋放样，见表1.3.3。

钢 筋 配 料 单　　　　　　表 1.3.3

工程名称：　　　　　　　（　　　　　部分）　　　　共　　页第　　页

序号	部位	构件名称	钢筋规格	钢筋形式（简图）	断料长度	根数	单位重量 kg/m	构件数量	质量 kg	备注

1.4 有梁楼盖平法施工图制图规则与钢筋构造

1.4.1 楼板钢筋标注与制图规则

有梁楼盖板系指以梁为支座的楼面与屋面板。有梁楼盖板的制图规则同样适用于梁板式转换层、剪力墙结构、砌体结构以及有梁地下室的楼面与屋面板平法施工图设计。

问题：

有梁楼板的板钢筋有哪些？

有梁楼板的板钢筋怎么布置？

看图1.4.1、图1.4.2说明，板钢筋的位置关系，哪些是支座负筋，哪些是板底受力钢筋，其相对位置怎么确定？

板的分类：双向板、单向板、悬挑板

钢筋分类：下部贯通纵筋、上部贯通筋、扣筋、分布筋、温度筋等。

图 1.4.1　现浇楼板钢筋

学习情境 1　混凝土框架结构平法施工图与钢筋构造

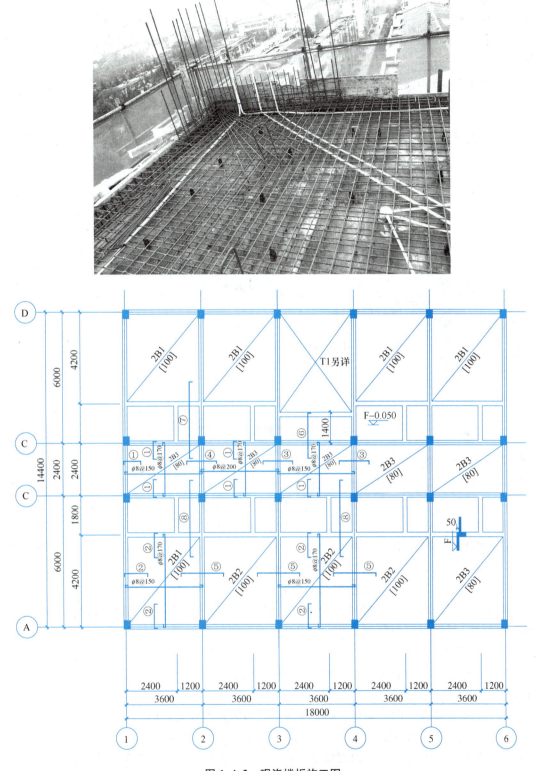

图 1.4.2　现浇楼板施工图

板的配筋方式有分离式配筋和弯起式配筋两种。目前,一般的民用建筑都采用分离式配筋,平法图集所讲述的也是分离式配筋,所以,在下面的内容中我们按分离式配筋进行讲述(注:所谓分离式配筋就是分别设置板的下部主筋和上部的扣筋;而弯起式配筋是把板的下部主筋和上部的扣筋设计成一根钢筋)。

对板钢筋标注分为"集中标注"和"原位标注"两种。集中标注的主要内容是板的贯通纵筋,原位标注主要是针对板的非贯通纵筋(图1.4.3)。

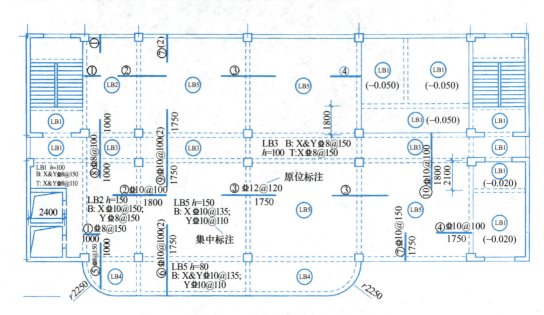

图1.4.3 现浇楼板平法施工图

有梁楼盖板平法施工图表达方式:

有梁楼盖板平法施工图,系在楼面板和屋面板布置图上,采用平面注写的表达方式。

板平面注写主要包括:板块集中标注和板支座原位标注。

为方便设计表达和施工识图,规定结构平面的坐标方向为:

(1) 向轴网正交布置时,图面从左至右为 X 向,从下至上为 Y 向;

(2) 网转折时,局部坐标方向顺轴网转折角度做相应转折;

(3) 网向心布置时,切向为 X 向,径向为 Y 向。

此外,对于平面布置比较复杂的区域,如轴网转折交界区域、向心布置的核心区域等,其平面坐标方向应由设计者另行规定并在图上明确表示。

1. 板块集中标注

板块集中标注的内容为:板块编号,板厚,贯通纵筋,以及当板面标高不同时的标高高差。

对于一普通楼面,两向均以一跨为一板块;对于密肋楼盖,两向主梁(框架梁)均以一跨为一板块(非主梁密肋不计)。所有板块应逐一编号,相同编号的板块可择其一做集中标注,其他仅注写置于圆圈内的板编号,以及当板面标高不同时的标高高差。

(1) 板块编号按表1.4.1;

板 块 编 号 表　　　　　　　　表 1.4.1

板类型	代 号	序 号	例 子
楼面板	LB	××	LB1
屋面板	WB	××	WB2
纯悬挑板	XB	××	XB2

（2）板厚注写为 $h=×××$（为垂直于板面的厚度）；

当悬挑板的端部改变截面厚度时，用斜线分隔根部与端部的高度值，注写为 $h=×××/×××$；当设计已在图注中统一注明板厚时，此项可不注。

（3）贯通纵筋按板块的下部和上部分别注写（当板块上部不设贯通纵筋时则不注），并以 B 代表上部，以 T 代表下部，B&T 代表下部与上部；X 向贯通纵筋以 X 打头，Y 向贯通纵筋以 Y 打头，两向贯通纵筋以 X&Y 打头。当为单向板时，另一向贯通的分部筋可不必注写，而在图中统一注明。当在某些板内（例如在延伸悬挑板 YXB，或纯悬挑板 XB 的下部）配置有构造钢筋时，则 X 向以 Xc，Y 向以 Yc 打头注写。当 Y 向采用放射配筋时（切向为 X 向，径向为 Y 向），设计者应注明配筋间距的度量位置。当板的悬挑部分与跨内板有高差且低于跨内板时，宜将悬挑部分设计为纯悬挑板 XB。

例：设有一楼面板块注写为：

LB5 $h=110$

B：X：⌽12@120；Y：⌽10@110

系表示 5 号楼面板，板厚 110mm，板下部配置的贯通纵筋 X 向⌽12@120，Y 向为⌽10@110；板上部未配置贯通纵筋。

例：设有一延伸悬挑板注写为：

YXB2 $h=150/100$

B：Xc&Yc⌽8@200

系表示 2 号延伸悬挑板，板根部厚 150mm，端部厚 100mm，板下部配置构造钢筋双向均为⌽8@200（上部受力钢筋见板支座原位标注）。

图中：LB2 $h=150$

B：X&Y⌽10@150

T：X&Y⌽8@150

编号为 LB2 的楼面板，厚度为 150mm，板下部配置的贯通纵筋无论 X 向和 Y 向都是⌽10@150，板上部配置的贯通纵筋无论 X 向和 Y 向都是⌽8@150。

图 1.4.4 中，LB1 的范围和意义：在这里要说明的是，虽然 LB1 的钢筋标注只在一块楼板上进行，但是，本楼层上所有注明"LB1"的楼板都执行上述标注的配筋，尤其值得指出的是，无论大小不同的矩形板还是"刀把形板"，都执行同样的配筋。当然，对这些尺寸不同或形状不同的楼板，要分别计算每一块板的钢筋配置。

同一编号板块的类型、板厚和贯通纵筋均应相同，但板面标高、跨度、平面形状以及板支座上部非贯通纵筋可以不同，如同一编号板块的平面形状可为矩形、多边形及其他形状等。施工预算时，应根据其实际平面形状，分别计算各块板的混凝土与钢材用量。

设计与施工应注意：单向或双向连续板的中间支座上部同向贯通纵筋，不应在支座位置连接或分别锚固。当相邻两跨的板上部贯通纵筋配置相同，且跨中部位有足够空间

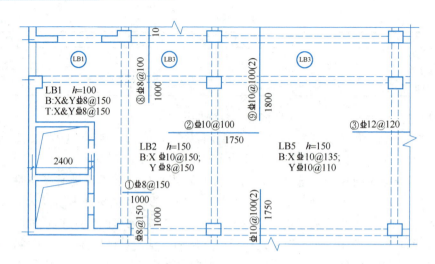

图 1.4.4 楼板的平法标注

连接时，可在两跨任意一跨的跨中连接部位连接；当相邻两跨的上部贯通纵筋配置不同时，应将配置较大者越过其标注的跨数终点或起点伸至相邻跨的跨中连接区域连接。设计应注意板中间支座两侧上部贯通纵筋的协调配置，施工及预算应按具体设计和相应标准构造要求实施。当具体工程对板上部纵向钢筋的连接有特殊要求时，其连接部位及方式应由设计者注明。

板面标高高差，系指相对于结构层楼面标高的高差，应将其注写在括号内，且有高差则注，无高差不注。

"－0.100"表示本板块比本层楼面标高低 0.100m。

2. 板支座原位标注

板支座原位标注的内容为：板支座上部非贯通纵筋和纯悬挑板上部受力钢筋。

板支座原位标注的钢筋，应在配置相同跨的第一跨表达（当在梁悬挑部位单独配置时则在原位表达）。在配置相同跨的第一跨（或梁悬挑部位），垂直于板支座（梁或墙）绘制一段适宜长度的中粗实线（当该筋通长设置在悬挑板或短跨板上部时，实线段应画至对边或贯通短跨），以该线段代表支座上部非贯通纵筋；并在线段上方注写钢筋编号（如①、②等），配筋值，横向连续布置的跨数（注写在括号内，且当为一跨时可不注），以及是否横向布置到梁的悬挑端。例如：(××)为横向布置的跨数，(××A)为横向布置的跨数及一端的悬挑部位，(××B)为横向布置的跨数及两端的悬挑部位。

板支座上部非贯通筋自支座边线向跨内的延伸长度，注写在线段的下方位置。如图中②号筋自支座边线向跨内伸出长度一侧为 1800mm。

当中间支座上部非贯通纵筋向支座两侧对称延伸时，可仅在支座一侧线段下方标注延伸长度，另一侧不注，见图 1.4.5。

当向支座两侧非对称延伸时，应分别在支座两侧线段下方注写延伸长度。

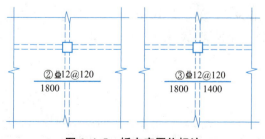

图 1.4.5 板支座原位标注

3. 悬挑板的注写方式

工程上常说的"悬挑板"有两种:一种是"延伸悬挑板"(YXB)。工程中常见的挑檐板、阳台板,就是这一类型。

另一种是"纯悬挑板"(XB)。工程中常见的雨篷板,就是这一类型。

延伸悬挑板的标注方式(图1.4.6)

1) 延伸悬挑板的集中标注

纯悬挑板的标注(图1.4.7)

2) 纯悬挑板的集中标注

纯悬挑板集中标注的内容:在纯悬挑板上注写板的编号、厚度、板的贯通纵筋和构造钢筋。

3) 纯悬挑板的原位标注

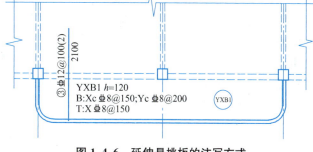

图1.4.6 延伸悬挑板的注写方式

纯悬挑板原位标注的内容:由纯悬挑板的支座梁(墙)向悬挑板标注非贯通纵筋。这些非贯通纵筋是垂直于梁(墙)的,它实际上就是横跨纯悬挑板的主要受力钢筋。

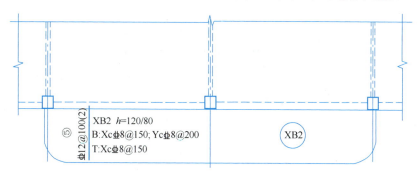

图1.4.7 悬挑板的标注

纯悬挑板的标注(覆盖短跨一侧的延伸长度不注,覆盖延伸悬挑一侧的延伸长度不注):

A. 纯悬挑板非贯通纵筋上方注写的钢筋编号、钢筋规格和间距同普通扣筋,本例中的(2)代表分布范围是两跨,其标注方式和意义也与扣筋相同。

B. 纯悬挑板上部纵筋伸入梁(墙)的弯锚长度为 l_a(包括水平锚固段长度和弯钩段长度)。

C. 纯悬挑板非贯通纵筋的覆盖纯悬挑板一侧的延伸长度不作标注,其钢筋长度根据悬挑板的悬挑长度来决定。

D. 纯悬挑板非贯通纵筋的悬挑尽端的钢筋形状,取决于板边缘的"翻边"构造。

对线段画至对边贯通全跨或贯通全悬挑长度的上部通长纵筋,贯通全跨或延伸至全悬挑一侧的长度值不注,只注明非贯通筋另一侧的延伸长度值,见图1.4.8。

说明:一根横跨一道框架梁的双侧扣筋②号钢筋(图1.4.9左图),

在扣筋的上部标注:②⌀10@100

在扣筋下部的左侧标注：1800

而在扣筋下部的右侧为空白，没有尺寸标注。

表示这根②号扣筋从梁边线向左侧跨内的延伸长度为 1800mm；而因为双侧扣筋的右侧没有尺寸标注，则表明该扣筋向支座两侧对称延伸，即向右侧跨内的延伸长度也是 1800mm。

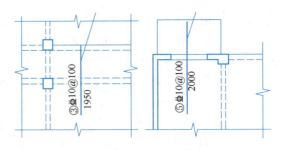

图 1.4.8 纯悬挑板的标注

所以，②号扣筋的水平段长度＝1800＋1800＋支座宽度＝3600＋支座宽度

作为通用的计算公式：

<u>双侧扣筋的水平段长度＝左侧延伸长度＋右侧延伸长度</u>

4）双侧扣筋布置的例子（向支座两侧非对称延伸）：

例如：一根横跨一道框架梁的双侧扣筋③号钢筋，

在扣筋的上部标注：③⌀12@120

在扣筋下部的左侧标注：1800

在扣筋下部的右侧标注：1400

则表示这根③号扣筋向支座两侧非对称延伸：从梁边线向左侧跨内的延伸长度为 1800mm；从梁边线向右侧跨内的延伸长度为 1400mm（图 1.4.9 右图）。

所以，③号扣筋的水平段长度＝1800＋1400＋支座宽度＝3200＋支座宽度。

贯通短跨全跨的扣筋：如图 1.4.9：⑧⌀8@100

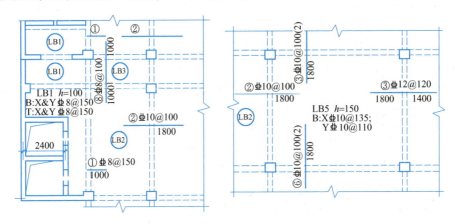

图 1.4.9 板平法标注

延伸悬挑板的标注（图 1.4.9）：

如图 1.4.6 中③⌀12@100，

在扣筋下部向跨内的延伸长度标注为：2100，覆盖延伸悬挑板一侧的延伸长度不作标注。

因为扣筋所标注的向跨内延伸长度是从支座（梁）边线算起的，所以，这根扣筋的水平长度的计算公式为：

扣筋水平段长度＝跨内延伸长度＋梁宽＋悬挑板的挑出长度－保护层厚度

在板平面布置图中，不同部位的板支座上部非贯通纵筋及纯悬挑板上部受力钢筋，可仅在一个部位注写，对其他相同者则仅需在代表钢筋的线段上注写编号及横向连续布置的跨数（当为一跨时可不注）即可。

例：在板平面布置图某部位，横跨支承梁绘制的对称线段注有：

⑦ Φ12@100（5A）和1500，表示支座上部⑦号非贯通纵筋为Φ12@100，从该跨起沿支承梁连续布置5跨加梁一端的悬挑端，该筋自支座边线向两侧跨内的延伸长度均为1500mm。

在同一板平面布置图的另一部位横跨梁支座绘制的对称线段上注有⑦（2）者，系表示该筋同⑦号纵筋，沿支承梁连续布置2跨，且无梁悬挑端布置。

此外，与板支座上部非贯通纵筋垂直且绑扎在一起的构造钢筋或分布钢筋，应由设计者在图中注明。

当板的上部已配置有贯通纵筋，但需增配板支座上部非贯通纵筋时，应结合已配置的同向贯通纵筋的直径与间距采取"隔一布一"方式配置，见图1.4.10。

"隔一布一"方式，为非贯通纵筋的标注间距与贯通纵筋相同，两者组合后的实际间距为各自标注间距的1/2。当设定贯通纵筋为纵筋总截面面积的50%时，两种钢筋应取相同直径；当设定贯通纵筋大于或小于总截面面积的50%时，两种钢筋则取不同直径。

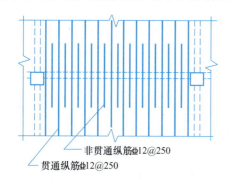 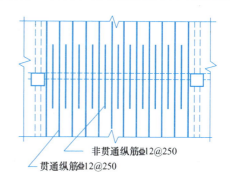

图1.4.10 板"隔一布一"的方式

例：板上部已配置贯通纵筋Φ12@250，该跨同向配置的上部支座非贯通纵筋为：

⑤ Φ12@250，表示在该支座上部设置的纵筋实际为Φ12@125，其中1/2为贯通纵筋，1/2为⑤号非贯通纵筋（延伸长度值略）。

例：板上部已配置贯通纵筋中Φ10@250，该跨配置的上部同向支座非贯通纵筋为：

③ Φ12@250，表示该跨实际设置的上部纵筋为（1Φ10＋1Φ12）/250，实际间距为125mm，其中41%为贯通纵筋，59%为③号非贯通纵筋（延伸长度值略）。

施工应注意：当支座一侧设置了上部贯通纵筋（在板集中标注中以T打头），而在支座另一侧仅设置了上部非贯通纵筋时，如果支座两侧设置的纵筋直径、间距相同，应将二者连通，避免各自在支座上部分别锚固。

关于有梁楼盖的板平法制图规则，同样适用于梁板式转换层、剪力墙结构、砌体结构以及有梁地下室的楼板平法施工图设计。其中，设计应注意遵守规范对不同结构的相应规定；施工应注意采用相应结构的标准构造。

图1.4.11为采用平面注写方式表达的楼面板平法施工图示例。

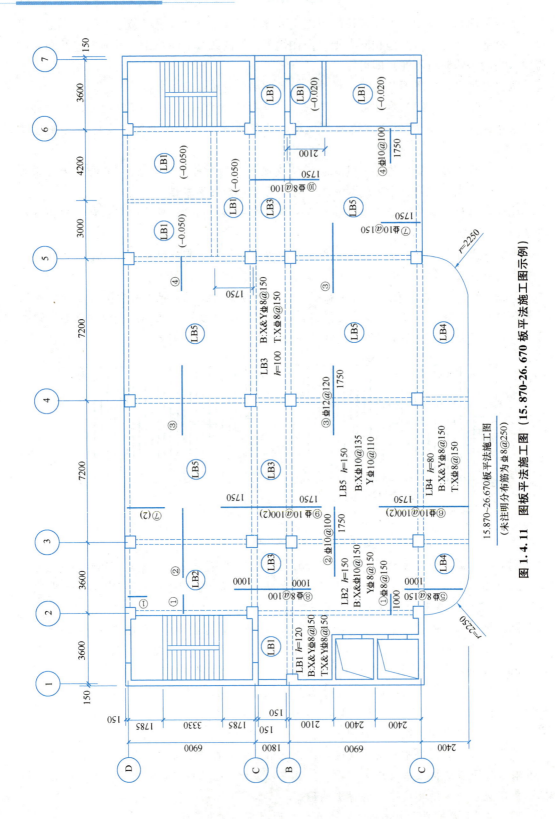

图1.4.11 图板平法施工图(15.870~26.670板平法施工图示例)

注：未注明分布筋为Φ8@250。

问题：

根据板平法施工图，说明下列问题：

(1) 支座上部非贯通纵筋向跨内的延伸长度怎么起算？

(2) 支座上部既有贯通纵筋又有非贯通纵筋，这二者怎么布置，间距怎么确定？

(3) 看图，说明集中标注的符号含义，并解释LB4集中标注的含义。

(4) 看图，说明原位标注的符号含义，并解释原位标注⑨号筋标注的含义。

1.4.2　楼板的钢筋构造

1. 楼板的端部支座钢筋构造

(1) 当端部支座为梁的情况（图1.4.12a）

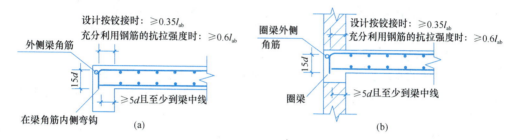

图 1.4.12　楼板端部支座的钢筋构造

（a）端部为梁；（b）端部为圈梁

1) 板下部贯通纵筋

A. 板下部贯通纵筋在端部支座的直锚长度$\geq 5d$且至少到梁中线；

B. 梁板式转换层的板，下部贯通纵筋在端部支座的直锚长度为l_a。

2) 板上部贯通纵筋

板上部贯通纵筋伸到支座梁外侧角筋的内侧，然后弯直钩，当直段长度$\geq l_a$时可不弯折。

图中标注"设计按铰接时"直段长度$\geq 0.35l_{ab}$，然后弯折$15d$；"充分利用钢筋抗拉强度时"直段长度$\geq 0.6l_{ab}$，然后弯折$15d$，具体情况由设计指定。

(2) 当端部支座为圈梁的情况（图1.4.12b）

1) 板下部贯通纵筋

板下部贯通纵筋在端部支座的直锚长度$\geq 5d$且至少到梁中线。

2) 板上部贯通纵筋

板上部贯通纵筋伸到圈梁外侧角筋的内侧，然后弯直钩，可见，板外侧为梁或圈梁的构造做法相同。

(3) 当端部支座为剪力墙的情况（图1.4.13a）

1) 板下部贯通纵筋

板下部贯通纵筋在端部支座的直锚长度$\geq 5d$且至少到墙中线。

2) 板上部贯通纵筋

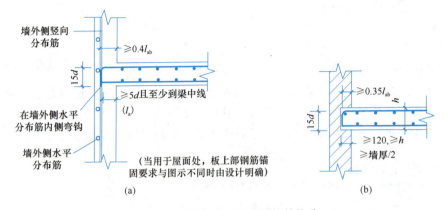

图 1.4.13 楼板端部支座的钢筋构造
(a) 端部支座为剪力墙；(b) 端部支座为砌体墙

板上部贯通纵筋伸到墙身外侧水平分布筋的内侧，然后弯直钩，直段长度$\geq 0.4 l_{ab}$。

(4) 当端部支座为砌体墙的情况（图 1.4.13b）

1) 板的支承长度

板在端部支座的支承长度≥ 120，且$\geq$墙厚$/2 \geq h$（其中，h 为楼板的厚度）

这个"支承长度"确定了混凝土板的长度，间接地确定了板上部纵筋和下部纵筋的长度。

2) 板下部贯通纵筋

板下部贯通纵筋伸至板端部（扣减一个保护层）。

3) 板上部贯通纵筋

板上部贯通纵筋伸至板端部（扣减一个保护层），然后弯直钩直至板底，平段长度$\geq 0.35 l_{ab}$，弯钢长度为 $15d$。

2. 楼板中间支座的钢筋构造

板的中间支座均按梁绘制，当支座为混凝土剪力墙、砌体墙或圈梁时，其构造相同。

(1) 下部纵筋（图 1.4.14）

与支座垂直的贯通纵筋：伸入支座$\geq 5d$ 且至少到梁中线；

与支座同向的贯通纵筋：第一根钢筋在距梁边为 1/2 板筋间距处开始设置。

(2) 上部纵筋

1) 扣筋（非贯通纵筋）

A. 向跨内延伸长度详见设计标注

B. 扣筋及其分布筋的构造

扣筋（即板支座上部非贯通筋），是在板中应用得比较多的一种钢筋，在一个楼层当中，扣筋的种类又是最多的，所以在板钢筋计算中，扣筋的计算占了相当大的比重。

扣筋的形状为 Π 形，其中有两条腿和一个水平段。扣筋腿的长度与所在楼板的厚度有关。

单侧扣筋：扣筋腿的长度＝板厚度－$2c$（可以把扣筋的两条腿都采用同样的长度）

双侧扣筋（横跨两块板）：扣筋腿的长度＝板的厚度－$2c$（板厚扣除上下两个保护层厚度 c）

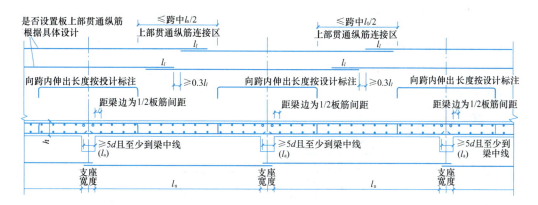

图 1.4.14 楼板中间支座的钢筋构造

扣筋的水平段长度可根据扣筋延伸长度的标注值来进行计算。如果单纯根据延伸长度标注值还不能计算的话，则还要依据板平面图的相关尺寸来进行计算。

示例：端支座部分宽度的扣筋计算（图 1.4.15）：

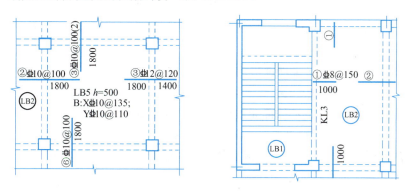

图 1.4.15 端支座部分宽度的扣筋计算图

如何计算"端部梁中线至外侧部分的扣筋长度"？

根据板在端部支座的锚固构造，板上部受力纵筋伸到支座梁外侧角筋的内侧，则板上部受力纵筋在端支座的直锚长度＝梁宽度－保护层－梁纵筋直径

对于图 1.4.15 右图，②轴线的框架梁 KL3 的宽度为 250mm，梁保护层为 25mm，梁上部纵筋的直径为 22mm，则：

扣筋①⫶8@150，水平段长度＝1000＋(250－25－22)＝1203mm

2）贯通纵筋

与支座垂直的贯通纵筋：

A. 贯通跨越中间支座。

B. 上部贯通纵筋连接区在跨中 1/2 跨度范围之内（$l_0/2$），l_0 为轴线跨度（即相邻两个支座之间的轴线距离）。

与支座同向的贯通纵筋：第一根钢筋在距梁边为 1/2 板筋间距处开始设置。

当相邻等跨或不等跨的上部贯通纵筋配置不同时，应将配置较大者越过其标注的跨数终点或起点延伸至相邻跨的跨中连接区域连接。

与支座同向的贯通纵筋：第一根钢筋在距梁边为1/2板筋间距处开始设置。

1.4.3 悬挑板钢筋构造

延伸悬挑板和纯悬挑板钢筋构造的不同之处，在于它们的锚固构造。

（1）延伸悬挑板上部纵筋的锚固构造（图1.4.16）

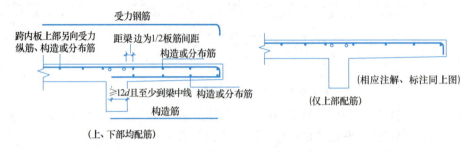

图 1.4.16 延伸悬挑板钢筋构造

1）延伸悬挑板上部纵筋的构造特点：延伸悬挑板的上部纵筋与相邻跨板同向的顶部贯通纵筋或顶部非贯通纵筋贯通。

2）当跨内板的上部纵筋是顶部贯通纵筋时，把跨内板的顶部贯通纵筋一直延伸到悬挑端的尽头。此时的延伸悬挑板上部纵筋的锚固长度是不成问题的。

3）当跨内板的上部纵筋是顶部非贯通纵筋（即扣筋）时，原先插入支座梁中的"扣筋腿"没有了，而把扣筋的水平段一直延伸到悬挑端的尽头。由于原先扣筋的水平段长度也是足够长的，所以此时的延伸悬挑板上部纵筋的锚固长度也是足够的。

（2）纯悬挑板上部纵筋的锚固构造（图1.4.17）

1）纯悬挑板上部纵筋伸至支座梁远端的梁角筋的内侧，然后弯直钩。

2）纯悬挑板上部纵筋伸入梁的平段长度$\geq 0.6 l_{ab}$，伸至梁角筋内侧弯钩$15d$。

延伸悬挑板和纯悬挑板具有相同的上部纵筋构造：

A. 上部纵筋是悬挑板的受力主筋。所以，无论延伸悬挑板和纯悬挑板的上部纵筋都是贯通筋，一直伸到悬挑板的尽头。

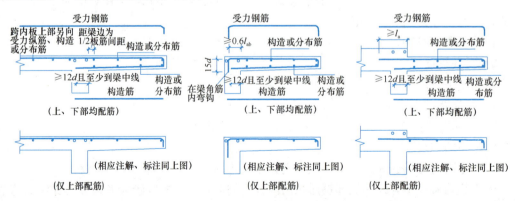

图 1.4.17 悬挑板钢筋构造

B. 延伸悬挑板和纯悬挑板的上部纵筋伸至尽头之后，都要弯直钩到悬挑板底。

C. 然后，根据延伸悬挑板和纯悬挑板端部的翻边情况（上翻还是下翻），来决定悬挑板上部纵筋的端部是继续向下延伸，或转而向上延伸。

D. 平行于支座梁的悬挑板上部纵筋，从距梁边 1/2 板筋间距处开始设置。

（3）延伸悬挑板和纯悬挑板如果具有下部纵筋的话，则它们的下部纵筋构造是相同的。

1）延伸悬挑板和纯悬挑板的下部纵筋为直形钢筋（当为 HPB300 钢筋时，钢筋端部应设 180°弯钩，弯钩平直段为 $3d$）。

2）延伸悬挑板和纯悬挑板的下部纵筋在支座梁内的锚固长度为 $12d$。

3）平行于支座梁的悬挑板下部纵筋，从距梁边 1/2 板筋间距处开始设置。

1.4.4 板翻边 FB 构造

（1）板翻边 FB 的标注方式如图 1.4.18 所示。

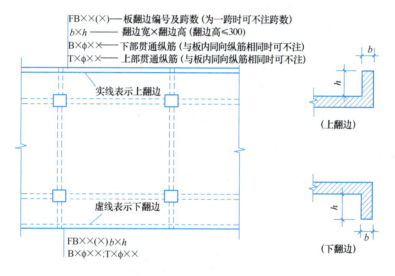

图 1.4.18 板翻边 FB 构造

板翻边的编号以"FB 打头"，例如：FB1。

板翻边的特点：翻边高度≤300mm，可以是上翻或下翻。

板翻边的上翻或下翻可以从平面图板边缘线的形式来区分：当两条板边缘线都是实线时，表示"上翻边"；当外边缘线是实线，而内边缘线是虚线时，表示"下翻边"。

当翻边高度＞300mm 时，例如为阳台栏板，按"板挑檐"构造进行处理。

（2）板翻边的标注（举例）：

FB1（3）

60×300

B2φ6

T2φ6

FB1（3）

表示编号为 1 的板翻边，跨数为 3 跨；60×300 表示该翻边的宽度为 60mm，高度为 300mm；

B2φ6 表示该翻边的下部贯通纵筋（当与板内同向纵筋相同时可不标注）；

T2φ6 表示该翻边的上部贯通纵筋（当与板内同向纵筋相同时可不标注）。

板翻边构造做法见图 1.4.19。

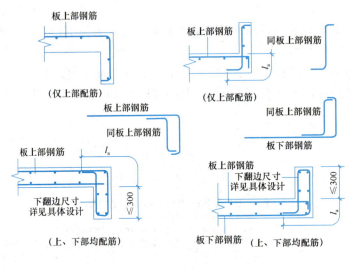

图 1.4.19　板翻边 FB 构造

结合板翻边构造的悬挑板钢筋（图 1.4.20）。

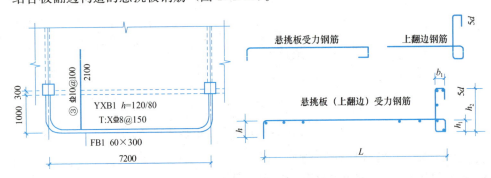

图 1.4.20　结合板翻边构造的悬挑板钢筋

延伸悬挑板和纯悬挑板的上部纵筋和下部纵筋，结合板翻边的上翻和下翻，就组合出多种多样的形状。

上翻边钢筋的直段长度 h_2 ＝上翻高度标注值＋板端厚度－2×保护层

上翻边钢筋的其余部分尺寸：

上端水平段长度 b_1 ＝翻边宽度－2×保护层

上端的垂直弯钩长度＝$5d$（这是图集第 28 页所规定的尺寸）

下端小矩形的宽度 b_1 ＝翻边宽度－2×保护层

下端小矩形的高度 h_1 ＝悬挑板端厚度－2×保护层

对于悬挑板来说，计算纵向受力钢筋的根数，它的第一根纵筋距板边缘一个保护层开始设置。

板挑檐：

例如：TY1。

特点：标注对应板端的钢筋构造，不含竖檐的内容。

说明：板挑檐的引注主要提示该部位采用相应标准构造详图中板端部与檐板的钢筋连接构造，内容不包含檐板的几何尺寸与配筋，设计应另行绘制配筋截面图。

板挑檐TY的构造（图1.4.21），其实此图中只给出悬挑板的上下纵筋与檐板钢筋的一种连接构造，即搭接长度$\geqslant l_{lE}$至于檐板配筋图详见工程的具体设计。

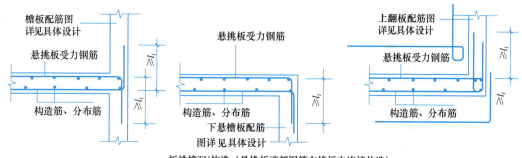

图1.4.21 板挑檐构造

板悬挑阳角放射筋Ces构造：

"板悬挑阳角放射筋Ces构造"上（图1.4.22），对阳角放射筋跨内延伸长度原位标注的说明为：

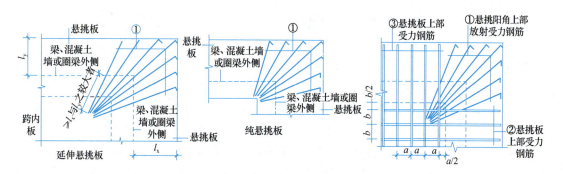

图1.4.22 阳角放射筋Ces构造

注：1. 在悬挑板内，①～③号筋应位于同一层面；
2. 在跨内，②号筋应向下斜弯到③号筋下面与该筋交叉并向跨内延伸；
3. 在支座和跨内，①号筋应向下斜弯到②号与③号筋下面与两筋交叉并斜向跨内平伸；
4. 向下斜弯再向跨内平伸构造详见图集中同层面受力钢筋筋叉构造。

$\geqslant l_x$与l_y之较大者，其中，l_x与l_y，为X方向与Y方向的悬挑长度。

板悬挑阴角附加筋Cis构造（图1.4.23）。

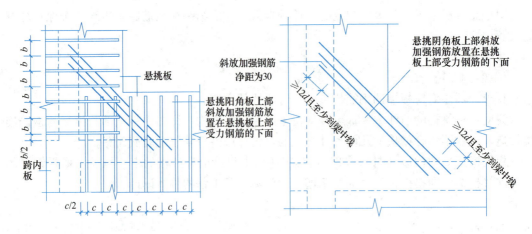

图 1.4.23 阴角附加筋 Cis 构造

1.4.5 板钢筋连接构造

1.4.5.1 钢筋连接构造

板上部贯通纵筋在跨中搭接，等跨取跨中距离的 $1/2l_0$，不等跨取跨中距离 l_0 的约 $1/3$。

（1）当相邻等跨或不等跨的上部贯通纵筋配置不同时，应将配置较大者越过其标注的跨数终点或起点延伸至相邻跨的跨中连接区域连接。

（2）板上部贯通纵筋的连接要求详见图，纵向钢筋连接构造；不等跨板上部贯通纵筋连接构造详见图。当采用非接触方式的绑扎搭接连接时，其具体构造要求详见图。

（3）除本图所示搭接连接外，板上部纵筋在跨内也可采用机械连接，在连接区内也可采用焊接，但钢筋接头面积百分率不应超过 50%。

（4）板位于同一层面的两向交叉纵筋何向在下、何向在上，应按具体设计说明。

（5）图中板的中间支座均按梁绘制，当支座为混凝土剪力墙、砌体墙或圈梁时，其构造相同。

（6）当为 HPB300 光圆钢筋时端部应设 180°弯钩，其平直段长度为 $3d$。

1.4.5.2 绑扎搭接构造（图 1.4.24、图 1.4.25）

（1）凡接头中点位于 $1.3l_l$ 长度内的绑扎搭接接头均属同一连接区段。

（2）同一连接区段内纵向钢筋搭接接头面积百分率为该区段内有搭接接头的纵向受力钢筋截面面积与全部纵向钢筋截面面积的比值。（当直径相同时，图 1.4.24 所示钢筋搭接接头面积百分率为 50%）。

（3）当受拉钢筋直径＞28mm 及受压钢筋直径＞32mm 时，不宜采用绑扎搭接。

1.4.5.3 机械连接或焊接连接

（1）凡接头中点位于连接区段长度内的机械连接或焊接接头均属同一连接区段。

（2）同一连接区段内纵向钢筋机械连接或焊接接头面积百分率，为该区段内有该类接头的纵向受力钢筋截面面积与全部纵向钢筋截面面积的比值（当直径相同时，图示 1.4.26 同一连接区段的钢筋搭接接头面积百分率为 50%）。

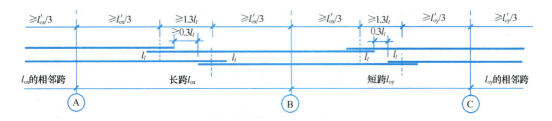

不等跨板上部贯通纵筋连接构造一(当钢筋足够长时能通则通)。

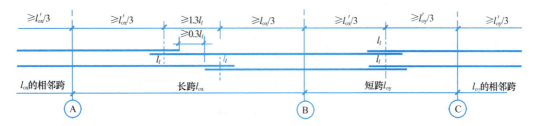

不等跨板上部贯通纵筋连接构造二(当钢筋足够长时能通则通)。

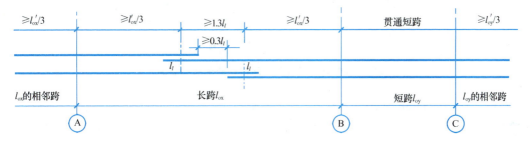

不等跨板上部贯通纵筋连接构造三(当钢筋足够长时能通则通)。

图 1.4.24　板纵向钢筋连接构造

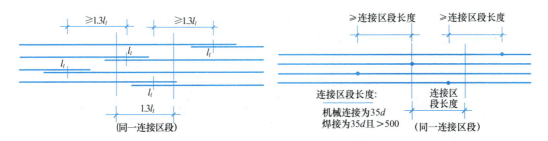

图 1.4.25　板纵向钢筋搭接构造　　图 1.4.26　板纵向钢筋焊接或机械连接构造

1.4.5.4　非接触方式的绑扎搭接连接（图 1.4.27）

（1）当采用非接触方式的绑扎搭接连接时，其搭接部位的钢筋净距不宜小于 30mm，且钢筋中心距不应大于 $0.2l_l$ 及 150mm 中的较小者。

（2）在搭接范围内，相互搭接的纵筋与横向钢筋的每个交叉点均应进行绑扎。

（3）当纵向搭接钢筋的非搭接部分需要在一条轴线上时，采用非接触搭接构造 2。

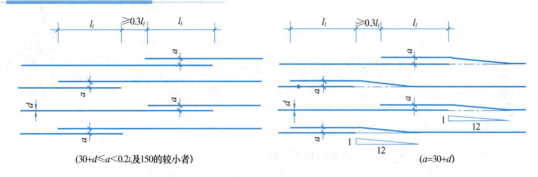

图 1.4.27　板纵向钢筋非接触搭接构造

单、双向板钢筋布置以及钢筋排布层次可参图 1.4.28。

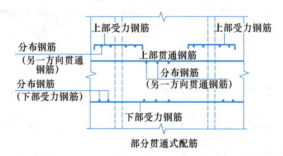

图 1.4.28　单（双）向板钢筋配筋示意图

1.4.6　现浇板钢筋计算

现浇板钢筋主要有：受力筋(单向或双向，单层或双层)、支座负筋、分布筋、温度筋、附加钢筋（角部附加放射筋、洞口附加钢筋）、撑脚钢筋（双层钢筋时支撑上下层）等。

1. 板底钢筋计算

底部钢筋的长度是依据轴网计算的，计算图形见图 1.4.29 和图 1.4.30。

底部钢筋长度＝净跨＋左锚固＋右锚固

底部钢筋根数计算：

第 1 根钢筋距梁边 50mm 布置：根数＝（净跨－50×2）/布筋间距＋1

第 1 根钢筋距梁边一个保护层布置：根数＝（净跨－2×保护层）/布筋间距＋1

第 1 根钢筋距梁边为 $\frac{1}{2}$ 板筋间距布置：根数＝（净跨－s/2×2）/s＋1＝净跨/s

对于单块板：

板下部贯通纵筋的直段长度＝净跨长度＋两端的直锚长度

板上部贯通纵筋的直段长度＝净跨长度＋两端的直锚长度

下部纵筋直锚长度取 $\max\left(\frac{b}{2}, 5d\right)$，其中 b 为支座宽度，d 为钢筋直径。

锚固长度根据支座情况选用。

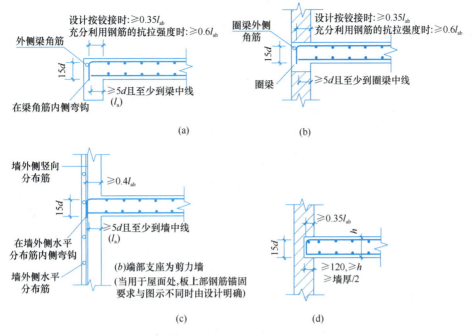

图 1.4.29 板钢筋在端部支座的锚固做法

（a）端部为梁；（b）端部为圈梁；（c）端部为剪力墙；（d）端部为砌体墙

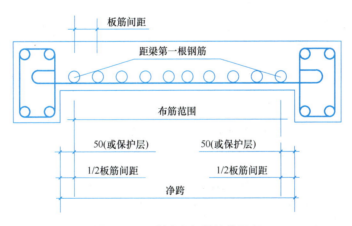

图 1.4.30 板底部钢筋计算示意

当端支座为混凝土梁或圈梁时：上部钢筋锚固情况为，设计按铰接时，平段锚固段长度$\geq 0.35l_{ab}$，充分利用钢筋抗拉强度时，平段锚固段长度$\geq 0.6l_{ab}$，且伸至梁外侧角筋内侧弯折 $15d$。

下部锚固长度 $=\max(5d, 0.5h_b)$

上部锚固一般采取弯锚，纵筋在端支座应伸至支座外侧纵筋内侧后弯折，弯钩长度为 $15d$；当锚固长度$\geq l_a$时，可直锚，见图 1.4.31。

弯锚长度确定：弯锚长度由平段长度 l_1 和弯折长度 $15d$ 两部分组成。

平段长度 l_1＝支座宽度 b－保护层厚度 c－箍筋直径 d－纵筋直径 D

板底钢筋计算示意 表1.4.2

计算方法			底部筋长度＝净跨＋左锚固＋右锚固＋两端弯钩		
	净跨	支座情况	锚固长度	弯钩	备注
计算过程	L_n	混凝土梁、圈梁	下部钢筋：$\max(5d, 0.5h_b)$ 上部钢筋：设计按铰接时$\geqslant 0.35l_{ab}$，充分利用钢筋抗拉强度时：$\geqslant 0.6l_{ab}$，弯锚长度＝平段长度l_1＋弯折长度$15d$	一级钢筋弯钩 6.25d	图1.4.29～图1.4.32
		砌体墙	下部钢筋：$\max(120, h, 墙厚/2)-$保护层 上部钢筋：$\max(120, h, 墙厚/2)-$保护层＋弯折长（板厚$-2\times$保护层）		
		设计	给定情况：$\max(12d, 0.5h_b)$ 给定情况：过支座中线$5d$要求 $0.5h_b+5d$		
		剪力墙	上部钢筋：伸至墙外侧纵筋内侧弯折$15d$，平段长度$\geqslant 0.4l_{ab}$。 下部钢筋：$\max(5d, 墙厚/2)$		

或平段长度 l_1＝梁宽$b-$保护层$c-$梁角筋直径$D-$梁箍筋直径d

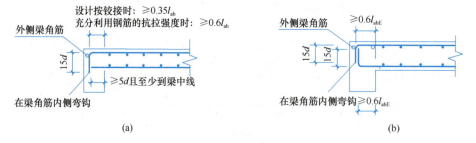

图1.4.31 板在端部支座的锚固构造
(a) 普通楼屋面板；(b) 用于梁板式转换层的楼面板

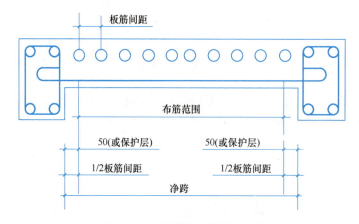

图1.4.32 板顶部负筋计算示意

2. 板面钢筋计算

板面钢筋包括支座负筋和分布筋，支座负筋根据支座情况分为端支座负筋和中间支座负筋。计算示意可以参看图1.4.33～图1.4.37。

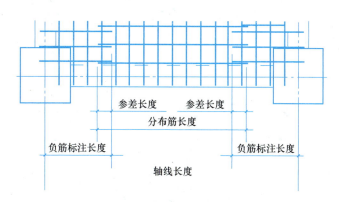

图1.4.33　板顶部负筋长度示意

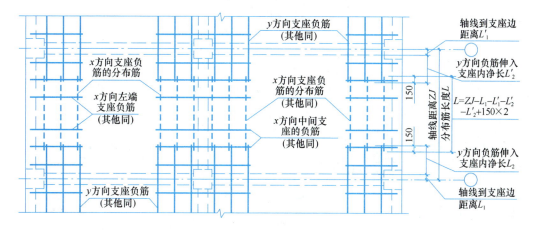

图1.4.34　分布筋长度计算图示

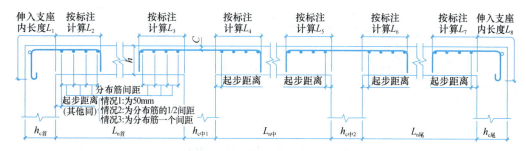

图1.4.35　分布筋根数计算图示

（1）端支座负筋

负筋长度＝端支座锚固长度＋板内净长＋弯折长度(板厚－2×保护层)

端支座负筋根数计算：

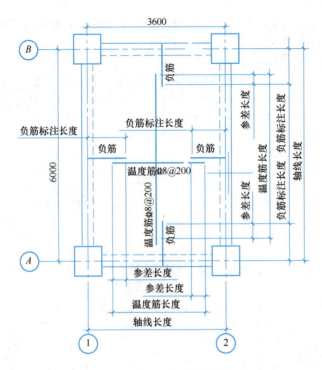

图 1.4.36 板顶部温度筋计算示意

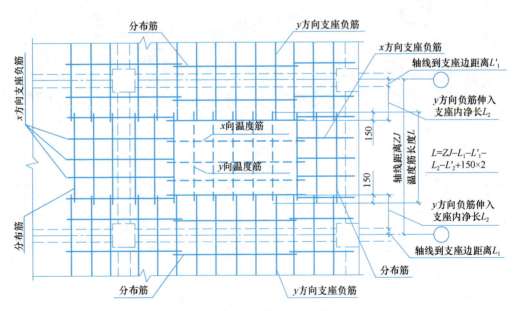

图 1.4.37 温度筋长度计算图示

端支座负筋根数计算=(布筋范围-扣减值)/布筋间距+1

第 1 根钢筋距梁边 50mm 布置：根数=(净跨-50×2)/布筋间距+1

第 1 根钢筋距梁边一个保护层布置：根数=(净跨-2×保护层)/布筋间距+1

第 1 根钢筋距梁边 $s/2$ 布置：根数＝（净跨－$\frac{s}{2}×2$）/布筋间距 s＋1

（2）端支座负筋分布筋

端支座负筋分布筋长度＝负筋布置范围长度－负筋扣减值

端支座负筋分布筋长度＝净跨－左支座负筋板内净长－右支座板内净长＋搭接长度(2×150)

如果分布筋长度按照负筋布筋范围布置，分布筋长度＝净跨－50×2

负筋分布筋根数＝（负筋板内净长－扣减值）/分布筋间距＋1（向上取整）

扣减值：距梁边①取 50mm；②距梁边取 $s/2$。

（3）中间支座负筋

中间支座负筋长度＝负筋标注长度1＋负筋标注长度2＋支座宽度＋弯折长度×2

根数计算根据情况大体分为以下 3 中情况进行计算：

第 1 根钢筋距梁边 50mm 布置：　　根数＝（净跨－50×2）/布筋间距＋1
第 1 根钢筋距梁边一个保护层布置：　根数＝（净跨－2×保护层）/布筋间距＋1

第 1 根钢筋距梁边 $s/2$ 布置：　　　根数＝$\left(净跨－\frac{s}{2}×2\right)$/布筋间距 s＋1

（4）中间支座负筋分布筋

中间支座负筋分布筋长度计算同端支座负筋分布筋长度计算。

中间支座负筋分布筋根数＝（负筋板内净长度1/分布筋间距）＋（负筋板内净长度2/分布筋间距）（向上取整）

或者：中间支座负筋分布筋根数＝［（负筋板内净长度1－扣减值）/分布筋间距＋1］＋
　　　　　　　　　　　　　　　　［（负筋板内净长度2－扣减值）/分布筋间距＋1）］
　　　　　　　　　　　　　　　　（向上取整）

（5）温度筋

板上部负筋中间位置布置温度筋，防止板受温度影响产生板面裂缝。

温度筋长度计算：

温度筋长度＝板内净长－负筋板内净长1－负筋板内净长2＋搭接长度 $l_{lE}(l_l)$×2＋弯钩×2

温度筋根数＝（板内净长－负筋板内净长1－负筋板内净长2）/温度筋间距－1

或者，温度筋根数＝（两支座间中心线长度－负筋标注长度1－负筋标注长度2）/温度筋间距－1（对于负筋标注到支座中心线位置情况）

3. 现浇板钢筋计算任务

结合楼板平法结构施工图，完成以下任务（图 1.4.38～图 1.4.54）：

(1) 说明楼板钢筋计算内容；
(2) 图示板底钢筋；
(3) 图示板面支座负筋；

(4) 图示温度筋;
(5) 图示分布筋;
(6) 板底钢筋计算;
(7) 板面支座负筋计算;
(8) 板面分布筋计算;
(9) 板面温度筋计算。

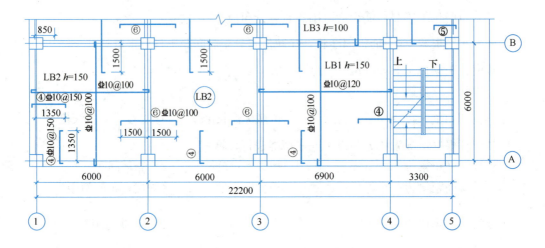

图 1.4.38 现浇板施工图

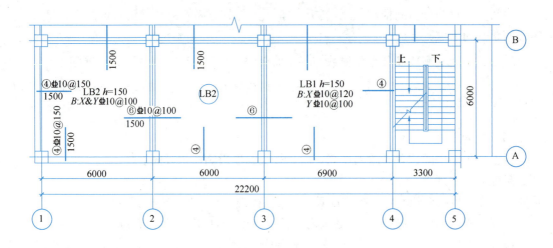

图 1.4.39 现浇板平法施工图

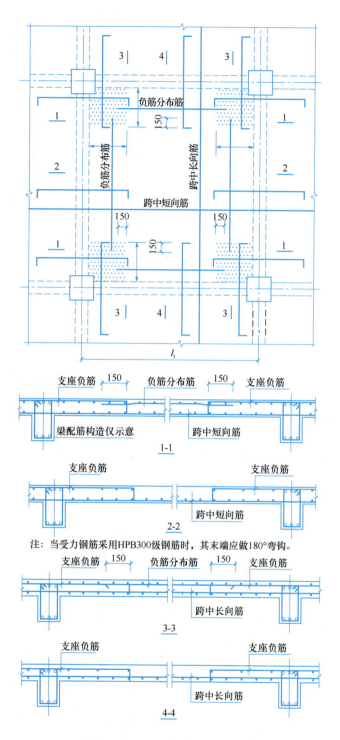

图 1.4.40 双向板配筋构造图示

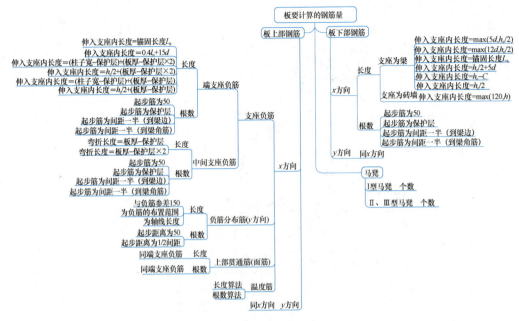

图 1.4.41 板钢筋计算内容图示

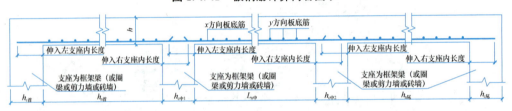

图 1.4.42 板底钢筋计算图示

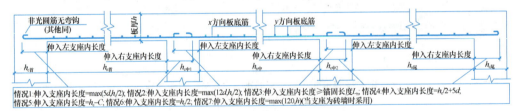

图 1.4.43 板底钢筋计算图示

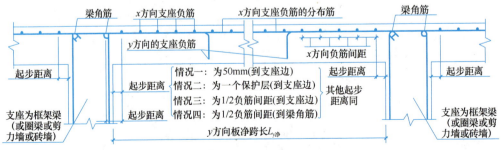

图 1.4.44 板底钢筋根数计算图示

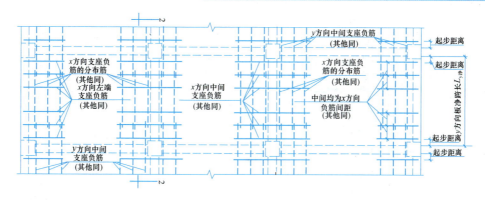

图1.4.45 支座负筋计算图示

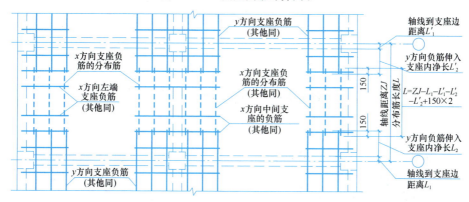

图1.4.46 负筋的分布筋长度计算图示

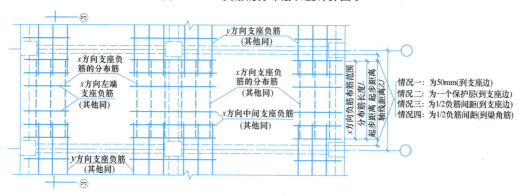

图1.4.47 负筋的分布筋长度计算图示

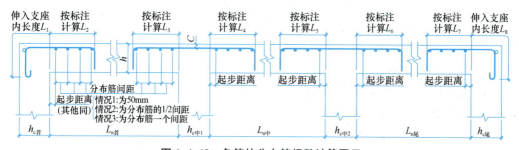

图1.4.48 负筋的分布筋根数计算图示

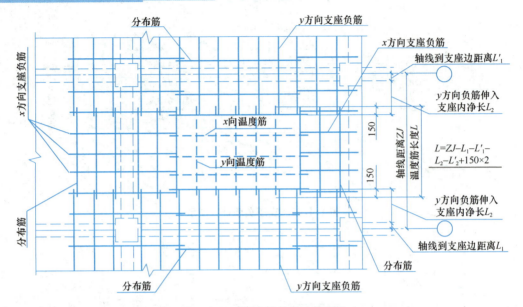

图 1.4.49 温度筋长度计算图示

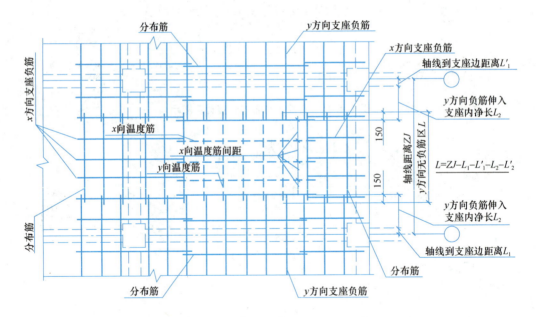

图 1.4.50 温度筋计算图示

(1) 以一个板块为例,图示板底钢筋;
(2) 以一个板块为例,图示板顶部钢筋;
(3) 计算板底钢筋长度和根数;
(4) 计算板面支座负筋长度和根数;
(5) 计算分布钢筋长度和根数;
(6) 计算温度筋长度和根数。

结合有梁楼盖结构施工图,完成板钢筋的构造分析。

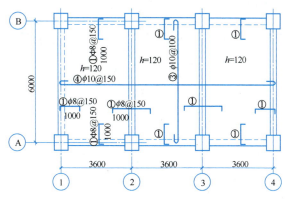

（未注明的分布筋间距为 $\phi 8@250$，温度筋为 $\phi 8@200$，梁截面尺寸均为 300×600）

图 1.4.51　三跨板钢筋计算任务

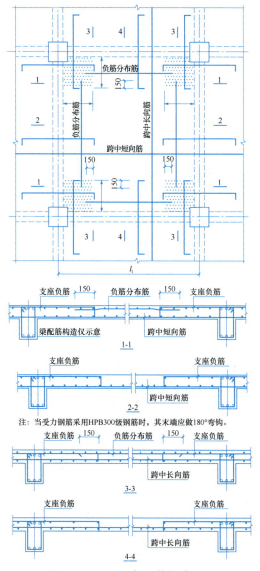

注：当受力钢筋采用HPB300级钢筋时，其末端应做180°弯钩。

图 1.4.52　双向板配筋构造图示

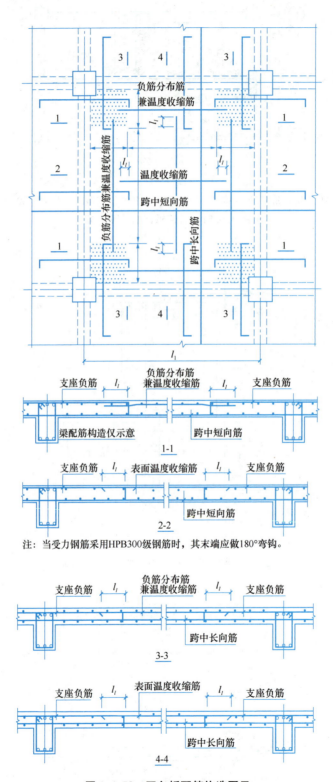

图1.4.53 双向板配筋构造图示

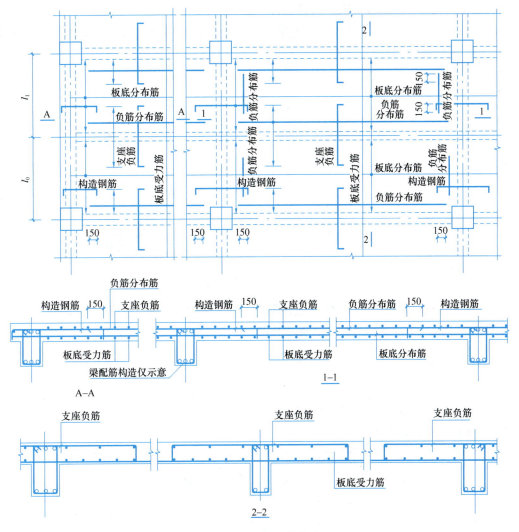

图 1.4.54 单向板配筋构造图示

1.5 现浇混凝土板式楼梯施工图与钢筋构造

任务：现浇混凝土板式楼梯制图规则和构造详图的应用。

1.5.1 板式楼梯平法施工图制图规则

1.5.1.1 板式楼梯典型配筋构造详图识读(AT、DT)

楼梯可以分为板式楼梯、梁式楼梯、悬挑楼梯和旋转楼梯、分布筋等几种。

标准图集适用于现浇钢筋混凝土结构与砌体结构，所包含的具体内容为 11 种常用的

91

现浇混凝土板式楼梯，均按非抗震构件设计。

板式楼梯所包含的构件内容（<u>踏步段</u>、<u>层间梯梁</u>、<u>层间平板</u>、<u>楼层梯梁</u>和<u>楼层平板</u>等），不同种类板式楼梯所包含的构件内容也有所不同，见图1.5.1。

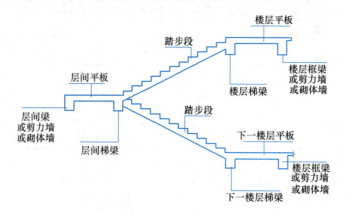

图1.5.1 板式楼梯组成

介绍板式楼梯的钢筋分类（<u>梯板下部纵筋</u>、<u>低端扣筋</u>、<u>高端扣筋</u>、分布筋等），结合具体的楼梯类型简单介绍板式楼梯的钢筋构造。

楼梯的不同点：

AT矩形梯板全部由踏步段构成。

BT矩形梯板由低端平板和踏步段构成。

CT矩形梯板由踏步段和高端平板构成。

DT矩形梯板由低端平板、踏步段和高端平板构成。

其中AT至DT比较有规律，是根据有无低端平板或高端平板组合而成（图1.5.2）。

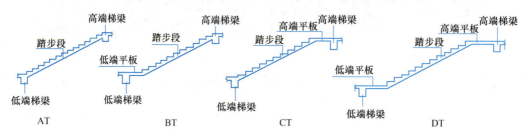

图1.5.2 不同的板式楼梯

1.5.1.2 板式楼梯钢筋计算（AT）

平法图集中的现浇混凝土板式楼梯都有各自的楼梯板钢筋构造图，而且钢筋构造各不相同，因此，要根据工程选定的具体楼梯类别来进行计算。

如AT型楼梯为：两梯梁之间矩形梯板全部由踏步段构成，即踏步段两端均以梯梁为支座。常见的有双距楼梯、交叉楼梯和剪刀楼梯等。

下面，我们以最常用的AT楼梯为例，来分析楼梯板钢筋的计算过程（AT钢筋计算分析）。

（1）AT楼梯板的基本尺寸数据：

梯板净跨度 l_n；

梯板净宽度 b_n；

梯板厚度 h；

踏步宽度 b_s；踏步高度 h_s。

（2）楼梯板斜坡系数 k

说明：在钢筋计算中，经常需要通过水平投影长度计算斜长：

$$斜长 = 水平投影长度 \times 斜坡系数\ k$$

其中，斜坡系数 k 可以通过踏步宽度和踏步高度来进行计算（图 1.5.3）：

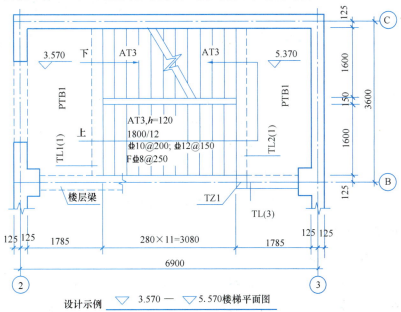

图 1.5.3 AT 楼梯

$$斜坡系数\ k = \frac{\sqrt{b_s^2 + h_s^2}}{b_s}$$

钢筋斜长 = 水平投影长度 × k

"AT 楼梯板钢筋构造"见图 1.5.4。

例：梯板配筋完整的标注如下：

梯板类型及编号，梯板厚度：AT1, $h=120$

上部纵筋；下部纵筋；$\Phi 10@200$；$\Phi 12@150$ 梯板分布筋（可统一说明）F$\Phi 8@250$

1.5.2 AT 楼梯板钢筋构造分析

AT 楼梯板钢筋包括：梯板下部纵筋、梯板低端扣筋、梯板高端扣筋和分布钢筋。

（1）梯板下部纵筋

梯板下部纵筋位于 AT 踏步段斜板的下部，其计算依据为梯段净跨度 l_n。

梯板下部纵筋两端分别锚入高端梯梁和低端梯梁。

其锚固长度为满足 ≥5d 且 ≥支座宽/2，在具体计算中，可以取锚固长度 $a = \max(5d,$ 支座宽 $b/2)$

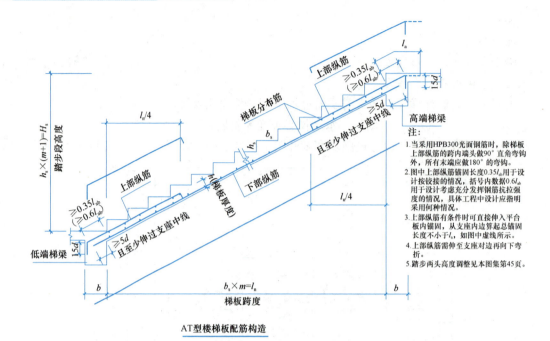

AT型楼梯板配筋构造

图 1.5.4　AT 楼梯板钢筋构造

梯板下部纵筋的计算过程为：

下部纵筋以及分布筋长度的计算：

梯板下部纵筋的长度 $l=l_n\times$ 斜坡系数 $k+2\times a$，其中 $a=\max(5d，支座宽 b/2)$

分布筋长度 $=b_n-2c$（b_n 为梯段宽度，c 为保护层厚度）

下部纵筋以及分布筋根数的计算：

梯板下部纵筋的根数 $=(b_n-2c)/$间距$+1$

分布筋的根数 $=(l_n\times$ 斜坡系数 $k-50\times 2)/$间距$+1$

（2）梯板低端扣筋

梯板低端扣筋位于踏步段斜板的低端，扣筋的一端扣在踏步段斜板上，直钩长度为 h_1。上部纵筋锚固长度根据设计要求确定。当设计按铰接时，锚固长度平段$\geqslant 0.35l_{ab}$；当设计中充分利用钢筋强度时，锚固平段长度$\geqslant 0.6l_{ab}$。扣筋的另一端锚入低端梯梁内，有条件可直接伸入平台板内锚固，从支座边算起总锚长度为 l_a。

扣筋的延伸长度水平投影长度为 $l_n/4$。

根据上述分析，梯板低端扣筋的计算过程为：

低端扣筋长度的计算：

$l=l_n/4\times$ 斜坡系数 $k+$锚固长度$+h_1$（弯钩长度）

分布筋长度 $=b_n-2\times$保护层

低端扣筋根数的计算：

梯板低端扣筋的根数 $=(b_n-2\times$保护层$)/$间距$+1$

分布筋的根数＝(l_n/4×斜坡系数 k)/间距＋1

(3) 梯板高端扣筋

梯板高端扣筋位于踏步段斜板的高端，扣筋的一端扣在踏步段斜板上，直钩长度为 h_1，扣筋的另一端锚入高端梯梁内，锚入直段长度≥0.4l_a，弯折长度 l_2 为 15d。扣筋的延伸长度水平投影长度为 l_n/4。

根据上述分析，梯板高端扣筋的计算过程为：

高端扣筋长度＝（板厚 h－2c）＋l_n/4×k＋锚入长度

其中锚入长度为：l_a 或（b－c－d）·k＋15d

分布筋长度＝b_n－2×保护层

高端扣筋以及分布筋根数的计算：

梯板高端扣筋的根数＝(b_n－2×保护层)/间距＋1

分布筋的根数＝(l_n/4×斜坡系数 k)/间距＋1

楼梯板扣筋直径和根数计算：

"楼梯板钢筋标注"一般只标注楼梯板"下部纵筋"的直径和根数：如⌀12@125

而关于楼梯板扣筋规格和间距，图集中只说明楼梯板扣筋"按下部纵筋的1/2，且不小于⌀8@200"。

1.5.3 AT 楼梯钢筋放样

工作任务：进行 AT 钢筋的计算。

楼梯间的两个一跑楼梯都标注为"AT7"，具体参照图 1.5.5。

AT7 h＝120；

150×12＝1800；

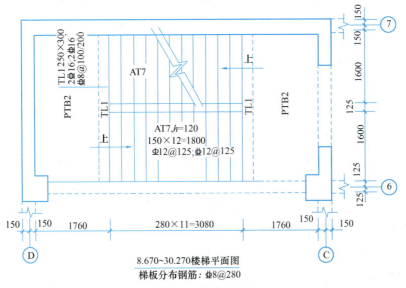

图 1.5.5 AT 楼梯平法施工图

$\Phi 12@125$；

楼梯平面图的尺寸标注：

梯板净跨度尺寸 $280\times 11=3080$mm

梯板净宽度尺寸 1600，楼梯井宽度 125mm

楼层平板宽度 1760mm

层间平板宽度 1760mm

长度$=1600\times 2+125=3325$mm

混凝土强度等级为 C25（$l_{ab}=40d$，$l_a=40d$），梯板分布筋为$\Phi 8@280$，梯梁宽度 $b=200$mm

分析：

(1) 首先进行斜坡系数 k 的计算：

$$\text{斜坡系数 } k=\frac{\sqrt{b_s^2+h_s^2}}{b_s}=\text{sqrt}(280\times 280+150\times 150)/280=1.134。$$

(2) 梯板下部纵筋的计算：

下部纵筋以及分布筋长度的计算：

$$\text{锚固长度：} a=\max(5d, \text{支座宽}/2)=\max\left(5\times 12, \frac{250}{2}\right)=125\text{mm}$$

下部纵筋长度

梯板下部纵筋的长度 $l=l_n\times$ 斜坡系数 $k+2\times a$，其中 $a=\max\left(5d, \frac{\text{支座宽}}{2}\right)$

$$l=3080\times 1.134+2\times 125=3743\text{mm}$$

$$\text{分布筋长度}=b_n-2\times\text{保护层}=1600-2\times 15=1570\text{mm}$$

下部纵筋以及分布筋根数的计算：

梯板下部纵筋的根数$=(b_n-2\times$保护层$)/$间距$+1=(1600-2\times 15)/125+1=14$ 根

分布筋的根数$=(l_n\times$斜坡系数 $k-50\times 2)/$间距$+1$
$=(3080\times 1.134-50\times 2)/280+1=14$ 根

(3) 梯板低端扣筋的计算：

低端扣筋以及分布筋长度的计算：

或　　$l=l_n/4\times$ 斜坡系数 $k+$锚入长度
$=3080/4\times 1.134+1.134\times(250-20-8-16)+15\times 12=1286$mm

低端扣筋的每根长度$=1286+105=1391$mm

分布筋$=b_n-2\times$保护层$=1600-2\times 15=1570$mm

低端扣筋以及分布筋根数的计算：

低端扣筋根数$=(b_n-2\times$保护层$)/$间距$+1=(1600-2\times 15)/125+1=14$ 根

分布筋根数$=(l_n/4\times k)/$间距$+1=(3080/4\times 1.134)/280+1=5$ 根

(4) 梯板高端扣筋的计算：

高端扣筋以及分布筋长度的计算：

$$h_1=h-\text{保护层}=120-15=105\text{mm}$$

$$l = l_n/4 \times 斜坡系数 k + 锚固长度$$
$$= 3080/4 \times 1.134 + 1.134 \times (250-20-8-16) + 15 \times 12 = 1286 \text{mm}$$

高端扣筋的每根长度 $= 105 + 1286 = 1321 \text{mm}$

分布筋 $= b_n - 2 \times 保护层 = 1600 - 2 \times 15 = 1391 \text{mm}$

高端扣筋以及分布筋根数的计算：

高端扣筋根数 $= (b_n - 2 \times 保护层)/间距 + 1 = (1600 - 2 \times 15)/125 + 1 = 14$ 根

分布筋根数 $= (l_n/4 \times k)/间距 + 1 = (3080/4 \times 1.134)/280 + 1 = 5$ 根

上面只计算了一跑 AT7 的钢筋，一个楼梯间有两跑 AT7，就把上述的钢筋数量乘以 2。

学习情境 1 附录

混凝土结构环境类别选取见设计图与附表 1.1～附表 1.2。

材料性能参数取值见附表 1.3～附表 1.11。

钢筋计算过程中，锚固参数、连接参数等取值，见附表 1.12～附表 1.20。

混凝土保护层厚度 c（mm）　　　　　　　　　　　　　　　　附表 1.1

环境类别	板、墙、壳	梁、柱、杆
一	15	20
二 a	20	25
二 b	25	35
三 a	30	40
三 b	40	50

注：表中混凝土保护层厚度指最外层钢筋外边缘至混凝土表面的距离，适用于使用年限为 50 年的混凝土结构；构件中受力钢筋的保护层厚度不应小于钢筋的公称直径；混凝土强度等级不大于 C25 时，表中混凝土保护层厚度应增加 5；基础底面钢筋保护层厚度，有混凝土垫层时应从垫层顶面算起，且不应小于 40mm。

混凝土结构环境类别　　　　　　　　　　　　　　　　附表 1.2

环境类别	条　件
一	室内干燥环境； 无侵蚀静水浸没环境
二 a	室内潮湿环境； 非严寒和非寒冷地区的露天环境； 非严寒和非寒冷地区与无侵蚀性的水或土壤直接接触的环境； 严寒和寒冷地区的冰冻线以下与无侵蚀性的水或土壤直接接触的环境
二 b	干湿交替环境； 水位频繁变动的露天环境； 严寒和寒冷地区的冰冻线以上与无侵蚀性的水或土壤直接接触的环境
三 a	严寒和寒冷地区冬季水位变动环境； 受除冰盐影响环境； 海风环境
三 b	盐渍土环境； 受除冰盐作用环境； 海岸环境
四	海水环境
五	受人为或自然的侵蚀性物质影响的环境

混凝土强度标准值（N/mm²）　　　　　　　　　　　　附表 1.3

强度种类	混凝土强度等级											
	C20	C25	C30	C35	C40	C45	C50	C55	C60	C65	C70	C75	C80
轴心抗压 f_{ck}	13.4	16.7	20.1	23.4	26.8	29.6	32.4	35.5	38.5	41.5	44.5	47.4	50.2
轴心抗拉 f_{tk}	1.54	1.78	2.01	2.20	2.39	2.51	2.64	2.74	2.85	2.93	2.99	3.05	3.11

混凝土强度设计值（N/mm²）　　　　　　　　　　　　附表 1.4

强度种类	混凝土强度等级											
	C20	C25	C30	C35	C40	C45	C50	C55	C60	C65	C70	C75	C80
轴心抗压 f_c	9.6	11.9	14.3	16.7	19.1	21.1	23.1	25.3	27.5	29.7	31.8	33.8	35.9
轴心抗拉 f_t	1.10	1.27	1.43	1.57	1.71	1.80	1.89	1.96	2.04	2.09	2.14	2.18	2.22

注：1. 计算现浇钢筋混凝土轴心受压及偏心受压构件时，如截面长边或直径小于 300mm，则表中混凝土强度设计值应乘以系数 0.8，当构件质量（如混凝土成型、截面和轴线尺寸等）确有保证时，可不受此限制；
2. 离心混凝土的强度设计值应按专门标准取用；
3. 混凝土受压或受拉的弹性模量 E_c。

混凝土弹性模量（$\times 10^4$ N/mm²）　　　　　　　　附表 1.5

混凝土强度等级	C20	C25	C30	C35	C40	C45	C50	C55	C60	C65	C70	C75	C80
E_c	2.55	2.80	3.00	3.15	3.25	3.35	3.45	3.55	3.60	3.65	3.70	3.75	3.80

混凝土疲劳变形模量（$\times 10^4$ N/mm²）　　　　　　附表 1.6

混凝土强度等级	C20	C25	C30	C35	C40	C45	C50	C55	C60	C65	C70	C75	C80
E_c^f	1.1	1.2	1.3	1.4	1.5	1.55	1.6	1.65	1.7	1.75	1.8	1.85	1.9

普通钢筋强度标准值（N/mm²）　　　　　　　　　　　附表 1.7

种类		符号	d（mm）	屈服强度标准值 f_{yk}	极限强度标准值 f_{stk}
热轧钢筋	HPB300	Φ	6～22	300	420
	HRB400	Φ	6～50	400	540
	RRB400	Φ^R	6～50	400	540
	HRBF400	Φ^F	6～50	400	540
	HRB500、HRBF500	Φ、Φ^F	6～50	500	630

注：1. 热轧钢筋直径 d 系指公称直径；
2. 当采用直径大于 40mm 的钢筋时，应有可靠的工程经验。

普通钢筋强度设计值（N/mm²）　　　　　　　　　　　附表 1.8

种类		符号	f_y	f'_y
热轧钢筋	HPB300	Φ	270	270
	HRB400、HRBF400	Φ、Φ^F	360	360
	RRB400	Φ^R	360	360
	HRB500、HRBF500	Φ、Φ^F	435	410

学习情境 1　混凝土框架结构平法施工图与钢筋构造

钢筋弹性模量（$\times 10^5 \text{N/mm}^2$）　　　　　　　附表 1.9

种　　类	E_s
HPB300	2.10
HRB400、HRB500、HRBF335、HRBF400、HRBF500 预应力螺纹钢筋	2.00
消除应力钢丝（光面钢丝、螺旋肋钢丝、刻痕钢丝）	2.05
钢绞线	1.95

注：必要时钢绞线可采用实测的弹性模量。

普通钢筋在最大力下的总伸长率限值　　　　　　　附表 1.10

钢筋品种	普通钢筋			
	HPB300	HRB400E、HRB500E、HRBF400E、HRBF500E	HRB400 HRB500	RRB400
$\delta_{gt}(\%)$	10.0	9.0	7.5	5.0

建筑结构的安全等级　　　　　　　附表 1.11

安全等级	破坏后果	建筑物类型
一级	很严重	重要的建筑物
二级	严重	一般的建筑物
三级	不严重	次要的建筑物

受拉钢筋基本锚固长度 l_{ab}、l_{abE}　　　　　　　附表 1.12

钢筋种类	抗震等级	混凝土强度等级							
		C25	C30	C35	C40	C45	C50	C55	≥C60
HPB300	一、二级(l_{abE})	39d	35d	32d	29d	28d	26d	25d	24d
	三级(l_{abE})	36d	32d	29d	26d	25d	24d	23d	22d
	非抗震(l_{ab})	34d	30d	28d	25d	24d	23d	22d	21d
HRB400 HRBF400 RRB400	一、二级(l_{abE})	46d	40d	37d	33d	32d	31d	30d	29d
	三级(l_{abE})	42d	37d	34d	30d	29d	28d	27d	26d
	非抗震(l_{ab})	40d	35d	32d	29d	28d	27d	26d	25d
HRB500 HRBF500	一、二级(l_{abE})	55d	49d	45d	41d	39d	37d	36d	35d
	三级(l_{abE})	50d	45d	41d	38d	36d	34d	33d	32d
	非抗震(l_{ab})	48d	43d	39d	36d	34d	32d	31d	30d

受拉钢筋锚固长度 l_a、受拉钢筋抗震锚固长度 l_{aE}　　　　　　　附表 1.13

非　抗　震	抗　震
$l_a = \zeta_a l_{ab}$	$l_{aE} = \zeta_{aE} l_a$

注：1. l_a 不应小于 200mm；锚固长度修正系数 ζ_a 按照附表 1.13 取用，当多于 1 项时，可按连乘计算，但不应小于 0.6；ζ_{aE} 为抗震锚固长度修正系数，对一、二级抗震等级取 1.15，对三级抗震等级取 1.05，对四级抗震等级取 1.00。
2. 当锚固钢筋保护层厚度不大于 5d 时，锚固钢筋长度范围内应设置横向构造钢筋，其直径不应小于 d/4（d 为锚固钢筋的最大直径）；对梁柱等构件间距不应大于 5d，对板、墙等构件间距不应大于 10d，且均不应大于 100mm（d 为锚固钢筋的最小直径）。

受拉钢筋锚固长度修正系数 ζ_a　　　　　　　附表1.14

锚 固 条 件		ζ_a
带肋钢筋公称直径大于25		1.10
环氧树脂涂层钢筋		1.25
施工过程中易受扰动的钢筋		1.10
锚固区保护层厚度	$3d$	0.80
	$5d$	0.70

纵向钢筋弯钩与机械锚固形式见附图1.1，纵筋搭接区域箍筋设置与构造见附图1.2。纵向钢筋接头见附图1.3。

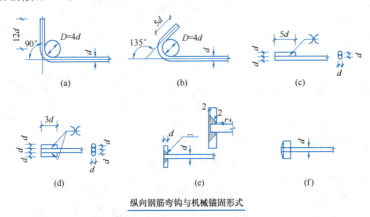

纵向钢筋弯钩与机械锚固形式

附图1.1　纵向钢筋弯钩与机械锚固形式
(a)末端带90°弯钩；(b)末端带135°弯钩；(c)末端一侧贴焊锚筋；
(d)末端两侧贴焊锚筋；(e)末端与钢板穿孔塞焊；(f)末端带螺栓锚头

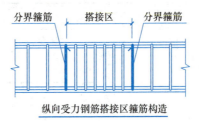

纵向受力钢筋搭接区箍筋构造

注：搭接区内箍筋直径不小于$d/4$（d为搭接钢筋最大直径），间距不大于100mm及$5d$（d为搭接钢筋最小直径）。当受压钢筋直径大于25mm时，尚应在搭接接头两个端面外100mm范围内各设置两道箍筋。

附图1.2　纵向受力钢筋搭接区箍筋构造

纵向受拉钢筋绑扎搭接长度 l_{lE} 与 l_l　　　　　　附表1.15

纵向受拉钢筋绑扎搭接长度 l_{lE} 与 l_l		纵向受拉钢筋搭接长度修正系数 ζ			
抗震	非抗震	纵向受拉钢筋接头面积百分率(%)	≤25	50	100
$l_{lE} = \zeta l_{aE}$	$l_l = \zeta l_a$	ζ	1.2	1.4	1.6

注：当不同直径的钢筋搭接时，其l_{lE}与l_l值按较小的直径计算；在任何情况下l_l不得小于300mm；式中ζ为搭接长度修正系数。

学习情境 1 混凝土框架结构平法施工图与钢筋构造

受拉钢筋锚固长度 l_a

受拉钢筋锚固长度 l_a 附表 1.16

钢筋种类	混凝土强度等级														
	C25		C30		C35		C40		C45		C50		C55		$\geqslant$C60	
	$d \leqslant 25$	$d > 25$	$d \leqslant 25$	$d > 25$	$d \leqslant 25$	$d > 25$	$d \leqslant 25$	$d > 25$	$d \leqslant 25$	$d > 25$	$d \leqslant 25$	$d > 25$	$d \leqslant 25$	$d > 25$	$d \leqslant 25$	$d > 25$
HPB300	34d	—	30d	—	28d	—	25d	—	24d	—	23d	—	22d	—	21d	—
HRB400 HRBF400 RRB400	40d	44d	35d	39d	32d	35d	29d	32d	28d	31d	27d	30d	26d	29d	25d	28d
HRB500、HRBF500	48d	53d	43d	47d	39d	43d	36d	40d	34d	37d	32d	35d	31d	34d	30d	33d

受拉钢筋抗震锚固长度 l_{aE}

受拉钢筋抗震锚固长度 l_{aE} 附表 1.17

钢筋种类及抗震等级		混凝土强度等级															
		C25		C30		C35		C40		C45		C50		C55		$\geqslant$C60	
		$d \leqslant 25$	$d > 25$	$d \leqslant 25$	$d > 25$	$d \leqslant 25$	$d > 25$	$d \leqslant 25$	$d > 25$	$d \leqslant 25$	$d > 25$	$d \leqslant 25$	$d > 25$	$d \leqslant 25$	$d > 25$	$d \leqslant 25$	$d > 25$
HPB300	一、二级	39d	—	35d	—	32d	—	29d	—	28d	—	26d	—	25d	—	24d	—
	三级	36d	—	32d	—	29d	—	26d	—	25d	—	24d	—	23d	—	22d	—
HRB400 HRBF400	一、二级	46d	51d	40d	45d	37d	40d	33d	37d	32d	36d	31d	35d	30d	33d	29d	32d
	三级	42d	46d	37d	41d	34d	37d	30d	34d	29d	33d	28d	32d	27d	30d	26d	29d
HRB500 HRBF500	一、二级	55d	61d	49d	54d	45d	49d	41d	46d	39d	43d	37d	40d	36d	39d	35d	38d
	三级	50d	56d	45d	49d	41d	45d	38d	42d	36d	39d	34d	37d	33d	36d	32d	35d

纵向受拉钢筋搭接长度 l_l

纵向受拉钢筋搭接长度 l_l 附表 1.18

钢筋种类及同一区段内搭接钢筋面积百分率		混凝土强度等级															
		C25		C30		C35		C40		C45		C50		C55		C60	
		$d \leqslant 25$	$d > 25$	$d \leqslant 25$	$d > 25$	$d \leqslant 25$	$d > 25$	$d \leqslant 25$	$d > 25$	$d \leqslant 25$	$d > 25$	$d \leqslant 25$	$d > 25$	$d \leqslant 25$	$d > 25$	$d \leqslant 25$	$d > 25$
HPB 300	$\leqslant$25%	41d	—	36d	—	34d	—	30d	—	29d	—	28d	—	26d	—	25d	—
	50%	48d	—	42d	—	39d	—	35d	—	34d	—	32d	—	31d	—	29d	—
	100%	54d	—	48d	—	45d	—	40d	—	38d	—	37d	—	35d	—	34d	—
HRB400 HRBF400 RRB400	$\leqslant$25%	48d	53d	42d	47d	38d	42d	35d	38d	34d	37d	32d	36d	31d	35d	30d	34d
	50%	56d	62d	49d	55d	45d	49d	41d	45d	39d	43d	38d	42d	36d	41d	35d	39d
	100%	64d	70d	56d	62d	51d	56d	46d	51d	45d	50d	43d	48d	42d	46d	40d	45d

续表

钢筋种类及同一区段内搭接钢筋面积百分率		混凝土强度等级													
		C25		C30		C35		C40		C45		C50		C55	C60
		$d\leqslant25$	$d>25$	$d\leqslant25$	$d>25$	$d\leqslant25$	$d>25$	$d\leqslant25$	$d>25$	$d\leqslant25$	$d>25$	$d\leqslant25$	$d>25$	$d\leqslant25$ $d>25$	$d\leqslant25$ $d>25$
HRB500 HRBF500	≤25%	58d	64d	52d	56d	47d	52d	43d	48d	41d	44d	38d	42d	37d 41d	36d 40d
	50%	67d	74d	60d	66d	55d	60d	50d	56d	48d	52d	45d	49d	43d 48d	42d 46d
	100%	77d	85d	69d	75d	62d	69d	58d	64d	54d	59d	51d	56d	50d 54d	48d 53d

纵向受拉钢筋抗震搭接长度 l_{lE}

纵向受拉钢筋抗震搭接长度 l_{lE} 附表 1.19

	钢筋种类及同一区段内搭接钢筋面积百分率		混凝土强度等级													
			C25		C30		C35		C40		C45		C50		C55	C60
			$d\leqslant25$	$d>25$	$d\leqslant25$	$d>25$	$d\leqslant25$	$d>25$	$d\leqslant25$	$d>25$	$d\leqslant25$	$d>25$	$d\leqslant25$	$d>25$	$d\leqslant25$ $d>25$	$d\leqslant25$ $d>25$
一、二级抗震等级	HPB300	≤25%	47d	—	42d	—	38d	—	35d	—	34d	—	31d	—	30d —	29d —
		50%	55d	—	49d	—	45d	—	41d	—	39d	—	36d	—	35d —	34d —
	HRB400 HRBF400	≤25%	55d	61d	48d	54d	44d	48d	40d	44d	38d	43d	37d	42d	36d 40d	35d 38d
		50%	64d	71d	56d	63d	52d	56d	46d	52d	45d	50d	43d	49d	42d 46d	41d 45d
	HRB500 HRBF500	≤25%	66d	73d	59d	65d	54d	59d	49d	55d	47d	52d	44d	48d	43d 47d	42d 46d
		50%	77d	85d	69d	76d	63d	69d	57d	64d	55d	60d	52d	56d	50d 55d	49d 53d
三级抗震等级	HPB300	≤25%	43d	—	38d	—	35d	—	31d	—	30d	—	29d	—	28d —	26d —
		50%	50d	—	45d	—	41d	—	36d	—	35d	—	34d	—	32d —	31d —
	HRB400 HRBF400	≤25%	50d	55d	44d	49d	41d	44d	36d	41d	35d	40d	34d	38d	32d 36d	31d 35d
		50%	59d	64d	52d	57d	48d	52d	42d	48d	41d	46d	39d	45d	38d 42d	36d 41d
	HRB500 HRBF500	≤25%	60d	67d	54d	59d	49d	54d	46d	50d	43d	47d	41d	44d	40d 43d	38d 42d
		50%	70d	78d	63d	69d	57d	63d	53d	59d	50d	55d	48d	52d	46d 50d	45d 49d

注：表中数值为纵向受拉钢筋绑扎搭接长度，任何情况下，搭接长度不应小于300。表中数值若遇到环氧树脂钢筋、施工过程有扰动、保护层厚度变化等需要进行修正。

梁并筋等效直径、最小净距表 附表 1.20

单筋直径 d(mm)	25	28	32
并筋根数	2	2	2
等效直径 d_{eq}(mm)	35	39	45
层净距 S_1(mm)	35	39	45
上层钢筋净距 S_2(mm)	53	59	68
下层钢筋净距 S_3(mm)	35	39	45

注：1. 并筋等效直径的概念可用于本图集中钢筋间距、保护层厚度、钢筋锚固长度等的计算中。
  2. 并筋连接接头宜按每根单筋错开，接头面积百分率应按同一连接区段内所有的单根钢筋计算，钢筋搭接长度应按单筋分别计算。

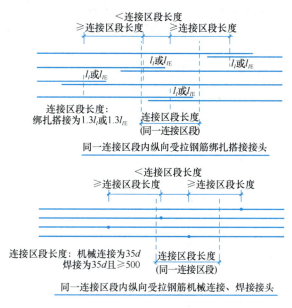

附图 1.3　纵向钢筋接头

钢筋计算截面面积及公称质量可参附表 1.21。

板、墙网片求钢筋直径与间距选型可参附表 1.22。

钢筋的计算截面面积及公称质量表　　　　　　　　　　　附表 1.21

直径 (mm)	不同根数直径的计算截面面积(mm²)									公称质量 (kg/m)
	1	2	3	4	5	6	7	8	9	
5	19.6	39	59	79	98	118	137	157	177	0.154
6	28.3	57	85	113	142	170	198	226	254	0.222
6.5	33.2	66	100	133	166	199	232	265	299	0.26
8	50.3	101	151	201	252	302	352	402	453	0.395
8.2	52.8	106	158	211	264	317	370	422	475	0.415
10	78.5	157	236	314	393	471	550	628	707	0.617
12	113.1	226	339	452	565	679	792	905	1017	0.888
14	153.9	308	462	616	770	924	1078	1232	1385	1.208
16	201.1	402	603	804	1005	1206	1407	1608	1809	1.578
18	254.5	509	763	1018	1272	1527	1781	2036	2290	1.998
20	314.2	628	942	1257	1571	1885	2199	2513	2827	2.466
22	380.1	760	1140	1521	1901	2281	2661	3041	3421	2.984
25	490.9	982	1473	1963	2454	2945	3436	3927	4418	3.853
28	615.8	1232	1847	2463	3079	3695	4310	4926	5542	4.834
32	804.2	1608	2413	3217	4021	4825	5630	6434	7238	6.313
36	1018	2036	3054	4072	5089	6107	7125	8143	9161	7.99
40	1257	2513	3770	5027	6283	7540	8796	10053	11310	9.865

单位板宽受力钢筋相应直径和间距的面积（单位：mm²）　　　附表 1.22

间距＼直径	8	10	12	14	16	18	20
90	558.51	872.66	1256.64	1710.42	2234.02	2827.43	3490.66
100	502.65	785.4	1130.97	1539.38	2010.62	2544.69	3141.59
110	456.96	714	1028.16	1399.44	1827.84	2313.35	2855.99
120	418.88	654.5	942.48	1282.82	1675.52	2120.58	2617.99
125	402.12	628.32	904.78	1231.5	1608.5	2035.75	2513.27
130	386.66	604.15	869.98	1184.14	1546.63	1957.45	2416.61
140	359.04	561	807.84	1099.56	1436.16	1817.64	2243.99
150	335.1	523.6	753.98	1026.25	1340.41	1696.46	2094.4
160	314.16	490.87	706.86	962.11	1256.64	1590.43	1963.5
170	295.68	462	665.28	905.52	1182.72	1496.88	1848
175	287.23	448.8	646.27	879.65	1148.93	1454.11	1795.2
180	279.25	436.33	628.32	855.21	1117.01	1413.72	1745.33
190	264.56	413.37	595.25	810.2	1058.22	1339.31	1653.47
200	251.33	392.7	565.49	769.69	1005.31	1272.35	1570.8

学习情境 2

混凝土剪力墙结构平法施工图与钢筋构造

2.1 认识剪力墙

2.1.1 剪力墙的构件组成

剪力墙分为剪力墙柱、剪力墙身、剪力墙梁,剪力墙的构件组成见图 2.1.1 与图 2.1.2。为了表达简便、清晰,平法将剪力墙分为剪力墙柱、剪力墙身和剪力墙梁三类构件分别表达。剪力墙的墙身(Q)就是一道混凝土墙,常见的墙厚度在 160mm 以上,一般配置两排钢筋网。当然,更厚的墙也可能配置三排以上的钢筋网。剪力墙身的钢筋网设置水平分布筋和垂直分布筋(即竖向分布筋)。布置钢筋时,把水平分布筋放在外侧,垂直分布筋放在水平分布筋的内侧。因此,剪力墙的保护层是针对水平分布筋来说的。应当注意,归入剪力墙柱的端柱、暗柱等并不是普通概念的柱,因为这些墙柱不可能脱离整片剪力墙独立存在,也不可能独立变形。我们称其为墙柱,是其配筋都是由竖向纵筋和水平箍筋构成,绑扎方式与柱相同,但与柱不同的是墙柱同时与墙身混凝土和钢筋完整地结合在一起,因此,墙柱实质上是剪力墙边缘的集中配筋加强部位。同理,归入剪力墙梁的暗梁、边框梁等也不是普通概念的梁,因为这些墙梁不可能脱离整片剪力墙独立存在,也不可能像普通概念的梁一样独立受弯变形,事实上暗梁、边框梁根本不属于受弯构件。我们称其为墙梁,是因为其配筋都是由纵向钢筋和横向箍筋构成,绑扎方式与梁基本相同,同时又与墙身的混凝土与钢筋完整地结合在一起,因此,暗梁、边框梁实质上是剪力墙在楼层位置的水平加强带。此外,归入剪力墙梁中的连梁虽然属于水平构件,但其主要功能是将两片剪力墙联结在一起,当抵抗地震作用时使两片联结在一起的剪力墙协同工作。连梁的形状与深梁基本相同,但受力原理亦有较大区别。剪力墙身采用拉筋把外侧钢筋网和内侧钢筋网联结起来。如果剪力墙身设置三排或更多排的钢筋网,拉筋还要把中间排的钢筋网固定起来。剪力墙的各排钢筋网的钢筋直径和间距是一致的,这也为拉筋的联接创造了条件。

剪力墙的构件组成可归纳为:一墙(墙身)、二柱(暗柱、端柱)、三梁(连梁、暗梁、边框梁)。

剪力墙柱分成两大类:暗柱和端柱。暗柱的宽度等于墙的厚度,所以暗柱是隐藏在墙内看不见的,这就是"暗柱"这个名称的来由。端柱的宽度比墙厚度要大,如平法图集规定,约束边缘端柱 YDZ 的长宽尺寸要大于等于两倍墙厚。

图集中把暗柱和端柱统称为"边缘构件",这是因为这些构件被设置在墙肢的边缘部位。边缘构件又划分为两大类:"构造边缘构件"和"约束边缘构件"。构造边缘构件在编号时以字母 G 打头,约束边缘构件在编号时以字母 Y 打头。

图集里的三种剪力墙梁是连梁(LL)、暗梁(AL)和边框梁(BKL)。

连梁(LL)其实是一种特殊的墙身,它是上下楼层窗(门)洞口之间的那部分水平的窗间墙(至于同一楼层相邻两个窗口之间的垂直窗间墙,一般是暗柱)。

暗梁（AL）与暗柱有些共同性，因为它们都是隐藏在墙身内部看不见的构件，它们都是墙身的一个组成部分。事实上，剪力墙的暗梁和砖混结构的圈梁有些共同之处，它们都是墙身的一个水平线性"加强带"。如果说，梁的定义是一种受弯构件的话，则圈梁不是梁，暗梁也不是梁。认识清楚暗梁的这种属性，在研究暗梁的构造时，就更容易理解了。平法图集里没有对暗梁的构造作出详细的介绍，只给出一个暗梁的断面图。因此，可以这样来理解：暗梁的配筋就是按照这个断面图所标注的钢筋截面全长贯通布置的——这与框架梁有上部非贯通纵筋和箍筋加密区，存在着极大的差异。暗梁一般是设置在楼板之下，暗梁的梁顶标高一般与板顶标高相齐。认识这一点很重要，有的人一提到"暗梁"就联想到门窗洞口的上方，其实，墙身洞口上方的暗梁是"洞口补强暗梁"，我们在后面讲到剪力墙洞口时会介绍补强暗梁的构造，与楼板底下的暗梁还是不一样的。暗梁纵筋也是"水平筋"。

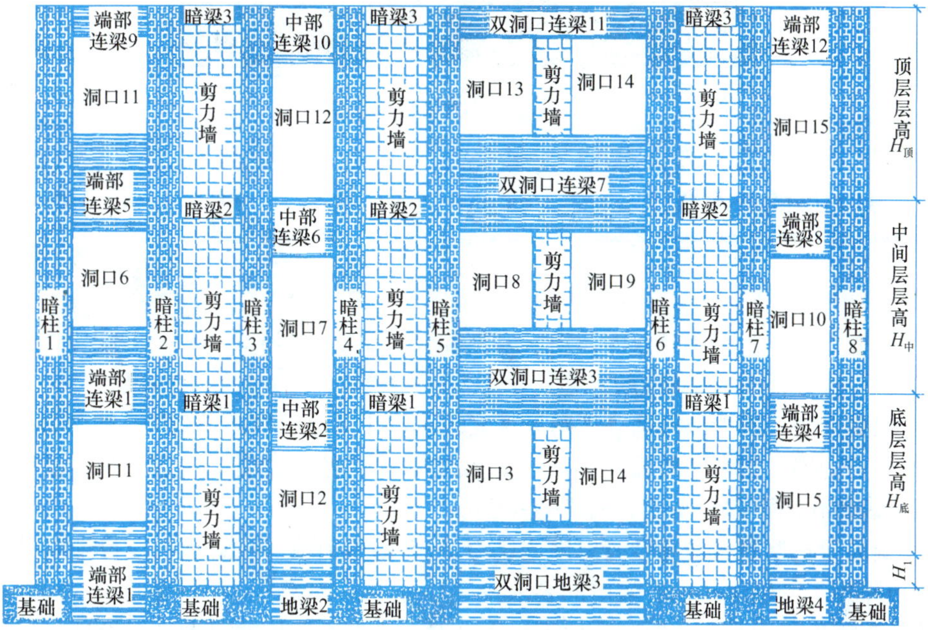

图 2.1.1　剪力墙的组成图示

边框梁（BKL）与暗梁有很多共同之处：边框梁也是一般是设置在楼板以下的部位；边框梁也不是一个受弯构件，所以边框梁也不是梁，边框梁的配筋就是按照这个断面图所标注的钢筋截面全长贯通布置的——这与框架梁有上部非贯通纵筋和箍筋加密区，存在着极大的差异。但是边框梁毕竟和暗梁不一样，它的截面宽度比暗梁宽，也就是说，边框梁的截面宽度大于墙身厚度，因而形成了凸出剪力墙墙面的一个"边框"。由于边框梁与暗梁都设置在楼板下的部位，所以，有了边框梁就可以不设暗梁。

剪力墙上通常需要为采暖、通风、消防等设备的管道开洞，或者为嵌入设备开洞，洞边通常需要配置加强钢筋。当剪力墙较厚时，某些设备如消防器材箱的厚度小于墙厚，嵌入墙身即可。为了满足设备通过或嵌入要求，需要在剪力墙上设计洞口或壁龛。洞口或壁龛的加强钢筋通常可在标准构造详图中解决，但在剪力墙平法施工图上应清楚地表达剪力墙洞口或设置壁龛的位置和几何尺寸，因此，剪力墙洞口和壁龛的位置和几何尺寸的表达，也是平法设计与施工规则中的内容。

图 2.1.2　剪力墙结构示意

2.1.2　剪力墙的基本概念

（1）与剪力墙肢长度、厚度相关的剪力墙用语

"墙肢截面高度"指墙肢截面长边（或称墙肢长度）；

"墙肢厚度"指墙肢截面短边；

"一般剪力墙"指墙肢截面高度与厚度之比不小于 8 且长度不超过 8m 的剪力墙；

"短肢剪力墙"指墙肢截面高度与厚度之比为 5～8 的剪力墙（注意当抗震设计时其重力荷载代表值作用下的轴压比有较严的要求）；

"小墙肢"指墙肢截面高度与厚度之比为 3～5 的剪力墙（注意当抗震设计时其重力荷载代表值作用下的轴压比也有较严的要求）；

当抗震墙的截面高度与厚度之比不大于 3 时，应按抗震柱的要求进行设计（但箍筋应全高加密）。

（2）抗震剪力墙底部加强部位的高度要求

抗震设计时，剪力墙主要根据抗震等级、墙肢高度和有无底部部分框支结构等条件，确定底部加强部位高度。

1）一般剪力墙结构底部加强部位的高度，可取墙肢竖向总高度的 1/8 与底部两层高度的二者较大值；当剪力墙高度超过 150m 时，底部加强部位的高度可取墙肢竖向总高度的 1/10。

2）部分框支剪力墙结构底部加强部位的高度，将落地剪力墙总高度的 1/8 与框支层高度加框支层以上二层高度（共为三层）进行比较，取二者的较大值。

非抗震设计的剪力墙，无底部加强部位高度要求。

（3）剪力墙厚度的设计要求

剪力墙身厚度根据抗震等级和位置有不同要求：

1) 按一、二抗震等级设计的剪力墙截面厚度,底部加强部位墙厚不应小于层高的 1/16,且不应小于 200mm;其他部位不应小于层高的 1/20,且不应小于 160mm。当为无端柱或无翼墙的一字形剪力墙时,其底部加强部位墙厚不应小于层高的 1/12;其他部位不应小于层高的 1/15,且不应小于 180mm。

2) 按三、四级抗震等级设计的剪力墙的截面厚度,底部加强部位不应小于层高或剪力墙层高的 1/20,且不应小于 160mm;其他部位不应小于层高或剪力墙层高的 1/25,且不应小于 160mm。

3) 非抗震设计的剪力墙,其截面厚度不应小于层高或剪力墙的 1/25,且不应小于 140mm;非抗震设计的框架—剪力墙结构的剪力墙截面厚度不宜小于楼层厚度的 1/20。

4) 当墙厚不能满足以上各款要求时,应按有关规程验算墙体稳定。

5) 剪力墙井筒中分隔电梯井或管道井的墙肢截面厚度可适当减小,但不宜小于 160mm。

(4) 剪力墙约束边缘构件墙柱与构造边缘构件墙柱

根据抗震等级的不同,剪力墙边缘构件应按规定设计为约束边缘构件或构造边缘构件。构造边缘构件见图 2.1.3;约束边缘构件中包括墙柱核心部位与扩展部位,见图 2.1.4。根据现行《高层混凝土结构技术规程》JGJ 3,抗震设计时,一般剪力墙结构底部加强部位的高度可取墙肢总高度的 1/8 和底部两层二者的较大值,当剪力墙高度超过 150m 时,其底部加强部位的高度可取墙肢总高度的 1/10。《建筑抗震设计规范》GB 50011 规定一二级抗震墙,底部加强部位及相邻上一层应按要求设置约束边缘构件,一二级抗震墙的其他部位和三四级抗震墙宜设置构造边缘构件。

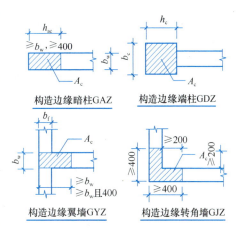

图 2.1.3 剪力墙构造边缘构件

约束边缘构件包括约束边缘暗柱、约束边缘端柱、约束边缘翼墙和约束边缘转角墙四种。构造边缘构件包括构造边缘暗柱、构造边缘端柱、构造边缘翼墙和构造边缘转角墙四种。

抗震墙的边缘构件分为端柱、翼墙、转角墙、暗柱。当翼墙、转角墙的翼墙长度小于其 3 倍厚度时,视为无翼墙(可作为边缘暗柱分析);当端柱截面边长小于 2 倍墙厚时,视为无端柱(可作为边缘暗柱分析)。当剪力墙身部位与平面外方向的楼面或屋面梁连接时,宜在墙与梁相交处设置扶壁柱;当不能设置扶壁柱时,宜在墙与梁相交处设置非边缘暗柱。

约束边缘构件设置在剪力墙底部加强区并向上延伸一层,其他部位设置构造边缘构件。约束边缘构件设置的目的是提高剪力墙底部的抗震性能的一种措施,通过控制剪力墙的轴压比,提高剪力墙底部区域的延性,减轻在罕遇地震作用下建筑的整体破坏。

约束边缘构件 YBZ 沿墙身的长度 l_c 由阴影区和非阴影区两部分组成。阴影区范围的箍筋及拉筋设置应在设计文件"墙柱表"中注明;阴影区箍筋与水平分布筋同层时,非阴

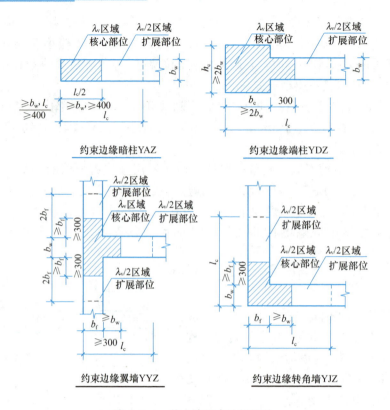

图 2.1.4 剪力墙约束边缘构件

影区采用拉筋，不同层时，外圈可以采用封闭箍筋或拉筋。非阴影区箍筋、拉筋的直径一般与阴影区相同。

在边缘构件的阴影区范围，任一方向水平肢距不宜大于 300mm，且不应大于竖向钢筋间距的 2 倍；水平肢距较大时可以另设置拉筋，直径与箍筋相同，并同时拉住水平和竖向钢筋。

2.2 剪力墙平法制图规则和识图

剪力墙可视为由剪力墙柱、剪力墙身和剪力墙梁（简称为墙柱、墙身、墙梁）三类构件构成。剪力墙平法施工图，系在剪力墙平面布置图上采用列表注写方式或截面注写方式表达剪力墙柱、剪力墙身和剪力墙梁的标高、偏心定位尺寸（对轴线未居中的剪力墙，包括端柱）、截面尺寸和配筋情况等。剪力墙平法施工图的表达方式有两种：

（1）截面注写方式；
（2）列表注写方式。

截面注写方式与列表注写方式均适用于各种结构类型，列表注写方式可在一张图纸上将全部剪力墙一次性表达清楚，也可以按剪力墙标准层逐层表达。截面注写方式通常需要首先划分剪力墙标准层后，再按标准层分别绘制。

2.2.1 截面注写方式

截面注写方式,是在分标准层绘制的剪力墙平面布置图时,选用另一种适当比例原位放大绘制剪力墙平面布置图,在对所有墙柱、墙身和墙梁进行编号的基础上,分别在相同编号的墙柱、墙身和墙梁中选择一根墙柱、一道墙身和一根墙梁,直接注写截面尺寸和配筋具体数值,其中对墙柱需绘制截面配筋图。

(1) 剪力墙柱的截面注写

在选定进行标注的截面配筋图上集中注写:

1) 墙柱编号:见表 2.2.1。

墙 柱 编 号 表 2.2.1

墙柱类型	代 号	序 号	墙柱类型	代 号	序 号
约束边缘构件	YBZ	××	构造边缘暗柱	GAZ	××
构造边缘构件	GBZ	××	构造边缘端柱	GDZ	××
约束边缘暗柱	YAZ	××	构造边缘翼墙(柱)	GYZ	××
约束边缘端柱	YDZ	××	构造边缘转角墙(柱)	GJZ	××
约束边缘翼墙(柱)	YYZ	××	非边缘暗柱	AZ	××
约束边缘转角墙(柱)	YJZ	××	扶壁柱	FBZ	××

2) 墙柱竖向纵筋:××⌽××

对于约束边缘构件,所注纵筋不包括设置在墙柱扩展部位的竖向纵筋,该部位的纵筋规格与剪力墙身的竖向分布筋相同,但分布间距必须与设置在该部位的拉筋保持一致,且应小于或等于墙身竖向分布筋的间距。对于构造边缘构件则无墙柱扩展部分。墙柱纵筋的分布情况在截面配筋图上直观绘制清楚。

3) 墙柱核心部位箍加墙柱扩展部位拉筋:ϕ××@××××/ϕ××。

墙柱核心部位的箍筋注写竖向分布间距,且应注意采用同一间距(全高加密),箍筋的复合方式应在截面配筋图上直观绘制清楚;墙柱扩展部位的拉筋不注写竖向分布间距,其竖向分布间距与剪力墙水平分布筋的竖向分布间距相同,拉筋应同时拉住该部位的墙身竖向分布筋和水平钢筋,拉筋应在截面配筋图上直观绘制清楚。

剪力墙约束边缘端柱 YDZ 和构造边缘端柱 GDZ 的截面注写示意,如图 2.2.1 所示。

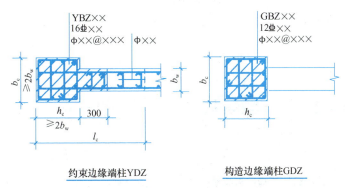

图 2.2.1 约束边缘端柱与构造边缘端柱

剪力墙约束边缘翼墙 YYZ 和构造边缘翼墙 GYZ 的截面注写示意，如图 2.2.2 所示。

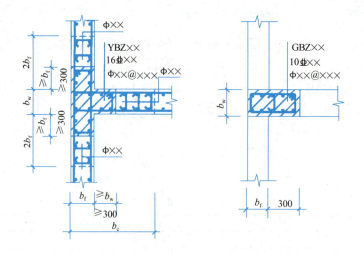

图 2.2.2　约束边缘翼墙与构造边缘翼墙

剪力墙约束边缘转角墙 YJZ 和构造边缘转角墙 GJZ 的截面注写示意，如图 2.2.3 所示。

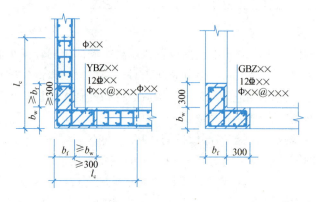

图 2.2.3　约束边缘转角墙与构造边缘转角墙

剪力墙约束边缘暗柱 YAZ 和构造边缘暗柱 GAZ 的截面注写示意，如图 2.2.4 所示。剪力墙短肢墙 DZQ 和扶壁柱 FBZ 的截面注写示意，如图 2.2.5 所示。

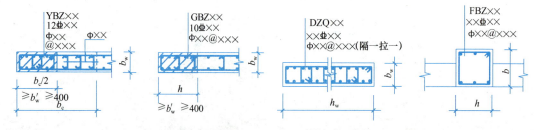

图 2.2.4　约束边缘暗柱与构造边缘暗柱　　**图 2.2.5　剪力墙短肢墙 DZQ 和扶壁柱 FBZ**

剪力墙非边缘暗柱 AZ 的截面注写示意,如图 2.2.6 所示。

(2) 剪力墙身的注写

在选定进行标注的墙身上集中注写:

1) 墙身编号:Q××(×),"( )"内需要注写钢筋的排数;

2) 墙厚:×××;

3) 水平分布筋/垂直分布筋/拉筋:Φ××@×××/Φ××@×××/Φ×@×a@×b 双向(或梅花双向)。关于剪力墙身的注写说明:

① 拉筋应在剪力墙竖向分布筋和水平分布筋的交叉点同时拉住两筋,其间距@×a 表示拉筋水平间距为剪力墙竖向分布筋间距 a 的×倍、@×b 表示拉筋竖向间距为剪力墙水平分布筋间距 b 的×倍,且应注明"双向"或"梅花双向"。当所注写的拉筋直径、间距相同时,应注意拉筋"梅花双向"布置的用钢量约为"双向"布置的两倍。

② 约束边缘构件墙柱的扩展部位是与剪力墙身的共有部分,该部位的水平筋就是剪力墙身的水平分布筋;竖向筋的强度等级和直径按剪力墙身的竖向分布筋,但其间距应小于竖向分布筋的间距,具体间距值相应于墙柱扩展部位设置的拉筋间距。具体操作由构造详图解决,设计不注。

③ 在剪力墙平面布置图上应注墙身的定位尺寸,该定位尺寸同时可确定剪力墙柱的定位。在相同编号的其他墙身上可仅注写编号及必要附注。

剪力墙身 Q××(×) 的注写示意,如图 2.2.7 所示。

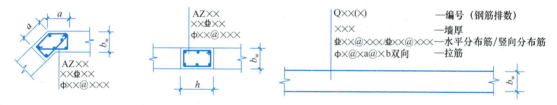

图 2.2.6 剪力墙非边缘暗柱 AZ   图 2.2.7 剪力墙身 Q××(×) 的注写

拉筋排布图如图 2.2.8 所示。

(3) 剪力墙梁的注写

在选定进行标注的墙梁上集中注写:

1) 墙梁编号:见表 2.2.2;

墙 梁 编 号   表 2.2.2

墙梁类型	代 号	序 号
连梁(无交叉暗撑及无交叉钢筋)	LL	××
连梁(有交叉暗撑)	LL (JC)	××
连梁(有交叉钢筋)	LL (JX)	××
暗梁	AL	××
边框梁	BKL	××
连梁(跨高比不小于5)	LLK	××

注:1. 当为设有交叉钢筋的连梁时,编号为 LL(JX)××,在编号后注写一道斜向钢筋的配筋值并×2 表明两道钢筋交叉,形式为 LL(JG)××,×Φ××(×2),×Φ××(×2);

2. 当为设有交叉暗撑的连梁时,编号为 LL(JC)××,在编号后注写一根暗撑的配筋值并×2 表明两道暗撑交叉,形式为 LL(JC)××,×Φ××(×2),Φ×@×××(×)。

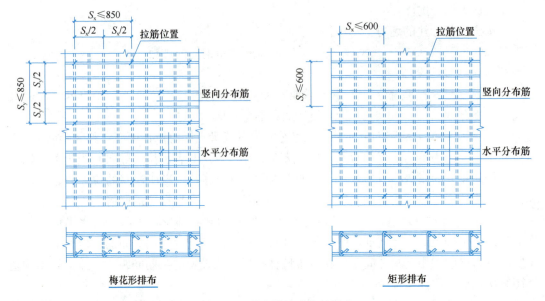

图 2.2.8 剪力墙墙身拉筋排布

2) 所在楼层号/（墙梁顶面相对标高高差）：××层～××层/（±×.×××）;
3) 截面尺寸/箍筋（肢数）：$b×h/\Phi××@×××$（×）;
4) 上部纵筋；下部纵筋；侧面纵筋：$×\Phi××$；$×\Phi××$；$\Phi××@×××$;
5) 当不同楼层的梁截面尺寸不同，但梁顶面相对标高高差相同时，可将梁顶面标高高差注写在该项：（±×.×××）。

关于剪力墙梁的注写说明：

A. 暗梁和边框梁在单线简图上进行标注更简单明了。应注意：暗梁钢筋不与连梁配筋重叠设置；边框梁宽度大于连梁，但空间位置上与连梁相重叠的钢筋不重叠设置。该类问题由构造设计解决。

B. 墙梁顶面相对标高高差，系相对于结构层楼面标高的高差，有高差需注在括号内，无高差则不注，当高于时为正（+×.×××），当低于时为负（-×.×××）。当不同楼层的梁截面尺寸不同，但梁顶面相对标高高差相同时，可将梁顶面标高高差注写在最后一项。

C. 当墙梁的侧面纵筋与剪力墙身的水平分布筋相同时，设计不注，施工按标准构造详图；当墙梁的侧面纵筋与剪力墙身的水平分布筋不同时，按要求注写梁侧面构造纵筋的方式进行标注。

D. 与墙梁侧面纵筋配合的拉筋按构造详图施工，设计不注。当构造详图不能满足具体工程的要求时，设计应补充注明。

E. 在相同编号的其他墙梁上可仅注写编号及必要附注。剪力墙梁的注写示意，见图 2.2.9。

(4) 剪力墙洞口和壁龛的平面注写

1) 注写洞口、壁龛编号：见表 2.2.3;

学习情境 2 混凝土剪力墙结构平法施工图与钢筋构造

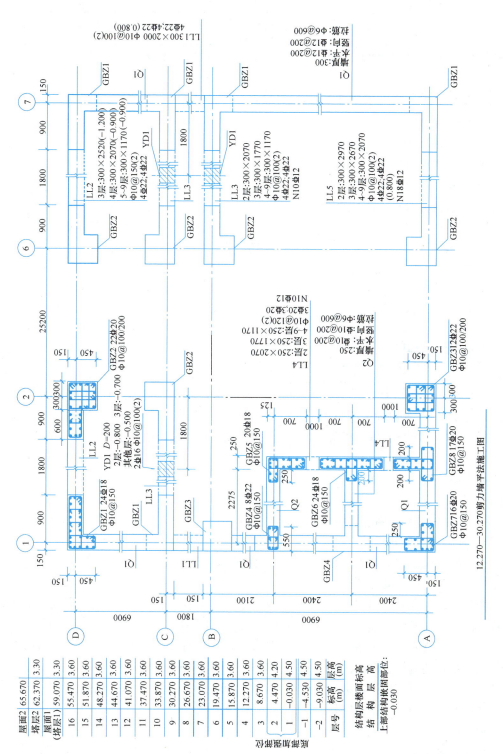

图 2.2.9 剪力墙平法施工图截面注写方式示例

洞口、壁龛编号　　　　　　　　　　　　　　　　表 2.2.3

类型	代号	序号	类型	代号	序号
矩形洞口	JD	××	矩形壁龛	JBK	××
圆形洞口	YD	××	圆形壁龛	YBK	××

注：洞口、壁龛的边缘加强钢筋按构造详图施工，设计不注。当构造详图不能满足具体工程的要求时，设计应补充注明。

2) 注写洞口、壁龛所在楼层号/中心相对标高：××层～××层/×.×××；

3) 注写洞口尺寸：

A. 矩形洞口注写洞口宽×高（$b \times h$）；

B. 圆形洞口注写洞口直径（D）；

C. 矩形壁龛注写壁龛宽×高×凹深（$b \times h \times d$）；

D. 圆形壁龛注写壁龛直径×凹深（$D \times d$）。

例：JD4 800×300+3.100 3⎳18/3⎳14，表示 4 号矩形洞口，洞宽 800，洞高 300，洞口中心距本结构层楼面 3100，洞宽方向补强筋为 3⎳18，洞高方向补强筋为 3⎳14。

例：YD5 1000+1.800 6⎳20 ϕ8@150 2⎳16 表示 5 号图形洞口，直径 1000，洞口距本结构层楼面 1800，洞口上下设补强暗梁，每边暗梁纵筋为 6⎳20，箍筋为 ϕ8@150，环向加强钢筋 2⎳16。

2.2.2　列表注写方式

列表注写方式，是分别在剪力墙柱表、剪力墙身表和剪力墙梁表中，对应于剪力墙平面布置图上的编号，用绘制截面配筋图并注写几何尺寸与配筋具体数值的方式，来表达剪力墙平法施工图。墙柱、墙身和墙梁的编号由代号和序号组成。列表注写示例见图 2.2.10～图 2.2.12。

(1) 剪力墙柱表。

在剪力墙柱表中，注写内容包括：

1) 注写墙柱编号并绘制各段墙柱的截面配筋图；

2) 与墙柱的截面配筋图对应，注写各段墙柱的起止标高，自墙柱根部往上以变截面位置或截面未变但配筋改变处为界分段注写。墙柱根部标高系指基础顶面标高（如为框支剪力墙结构则为框支梁顶面标高）；

3) 注写各段墙柱的纵筋和箍筋，注写的纵筋根数应与在表中绘制的截面配筋图对应一致。纵筋注写总配筋值；箍筋注写规格与竖向间距，但不注写两向肢数，箍筋肢数与复合方式在截面配筋图中应绘制准确。对于构造边缘构件墙柱 GDZ，GYZ，GJZ 和 GAZ，注写墙柱核心部位的箍筋。对于约束边缘构件墙柱 YDZ、YYZ、YJZ 和 YAZ，注写墙柱核心部位的箍筋，以及墙柱扩展部位的拉筋或箍筋（可仅注直径，其根数见截面图、竖向间距与剪力墙水平分布筋间距相同）。

(2) 剪力墙身表。

在剪力墙身表中表达的内容如下：

1) 注写墙身编号；

学习情境 2 混凝土剪力墙结构平法施工图与钢筋构造

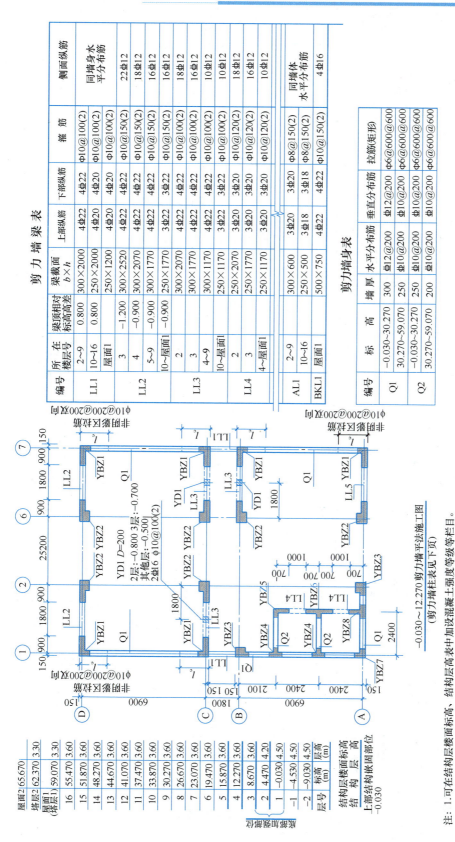

图 2.2.10 剪力墙平法施工图列表表注写方式示例

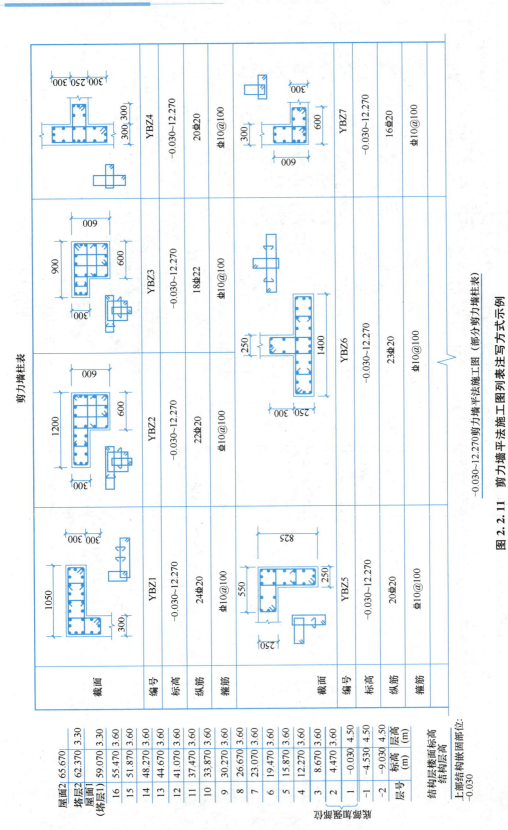

图 2.2.11 剪力墙平法施工图列表注写方式示例

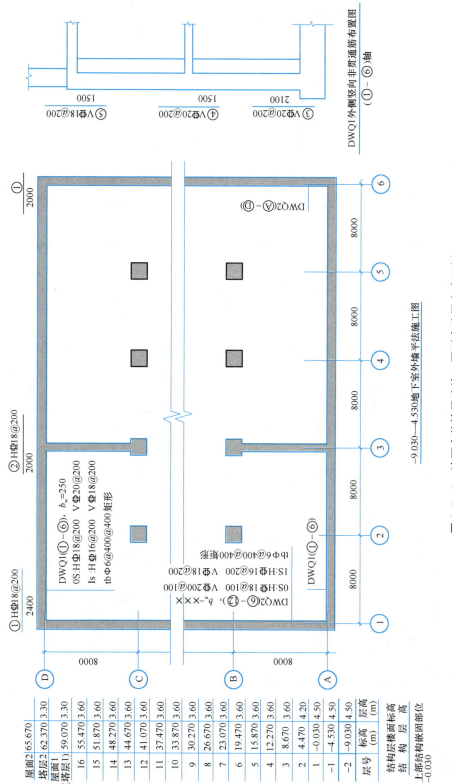

图 2.2.12 地下室外墙平法施工图列表注写方式示例

2) 注写各段墙身高度和墙厚尺寸；

3) 对应于各段墙身高度的水平分布筋、竖向分布筋和拉筋。

(3) 剪力墙梁表。

在剪力墙梁表中，表达的内容包括：

1) 墙梁编号；

2) 墙梁所在楼层号；

3) 墙梁顶面标高高差（系指相对于墙梁所在结构层楼面标高的高差值，正值代表高于者，负值代表低于者，未注明的代表无高差）；

4) 墙梁截面尺寸 $b \times h$、上部纵筋、下部纵筋和箍筋的具体数值等；

5) 当连梁设置对角暗撑（或交叉暗撑）时，代号为 LL (JC) xx，注写暗撑的截面尺寸，（箍筋外皮尺寸）；注写一根暗撑的全部纵筋，并标注"×2"表明有 2 根暗撑相互交叉；注写暗撑箍筋值。

如：LL (JC) 1，5层：500×1800，Φ10@100 (4) 4Φ25；4Φ25，N 18Φ14；
JC300×300 6Φ22 (×2) Φ10@200 (3)

表示 1 号连梁，设置交叉暗撑的连梁，所在楼层为 5 层；连梁宽度为 500mm，高度为 1800mm；箍筋为Φ10@100 (4)；上部纵筋为 4Φ25，下部纵筋为 4Φ25；连梁腰部两侧配置纵筋为 18Φ14；梁顶标高同 5 层结构标高，无高差；

连梁设置两根交叉的暗撑，暗撑截面尺寸（箍筋外皮尺寸）为宽 300mm，高 300mm；每根暗撑纵筋为 6Φ22，截面上下侧各 3 根；箍筋为Φ10@200 (3)。

6) 当连梁设置交叉斜筋时，代号为 LL (JX) xx，注写连梁一侧对角斜筋的配筋值，并标注"×2"表明对称设置；注写交叉斜筋在连梁端部设置的拉筋根数、强度等级及直径；并标注"×4"表明 4 个角部都设置；注写连梁一侧折线筋配筋值，并标注"×2"表明对称设置；

如：LL (JX) 2，6层：300×800，Φ10@100 (4) 4Φ18；4Φ18，N 6Φ14 (+0.100)；
JX2Φ22 (×2)，3Φ10 (×4)

表示 2 号连梁，设置交叉斜筋的连梁，所在楼层为 6 层；连梁宽度为 300mm，高度为 800mm；箍筋为Φ10@100 (4)；上部纵筋为 4Φ18，下部纵筋为 4Φ18；连梁腰部两侧配置纵筋为 6Φ14；梁顶标高高于 6 层楼面标高 0.10m；

连梁对称设置两根交叉斜筋，每侧配筋 2Φ22；交叉斜筋在连梁端部设置拉筋 3Φ10，四个角都设置。

7) 当连梁设置对角斜筋时，代号为 LL (DX) xx，注写一条对角线上的对角斜筋的配筋值，并标注"×2"表明对称设置；

LL (DX) 3，6层：400×1000，Φ10@100 (4) 4Φ20；4Φ20，N 8Φ14 (+0.100)；
DX8Φ20 (×2)。

表示 3 号连梁，设置对角斜筋的连梁，所在楼层为 6 层；连梁宽度为 400mm，高度为 1000mm；箍筋为Φ10@100 (4)；上部纵筋为 4Φ20，下部纵筋为 4Φ20；连梁腰部两侧配置纵筋为 8Φ14；梁顶标高高于 6 层楼面标高 0.10m；

连梁对称设置对角斜筋,每侧斜筋配筋 8Φ20;上下排各 4Φ20。

2.3 剪力墙平法施工图的主要内容和识读步骤

2.3.1 剪力墙平法施工图的主要内容

(1) 图名和比例。剪力墙平法施工图的比例应与建筑平面图相同。
(2) 定位轴线及其编号、间距尺寸。
(3) 剪力墙柱、剪力墙身和剪力墙梁的编号、平面布置。
(4) 每一种编号剪力墙柱、剪力墙身和剪力墙梁的标高、截面尺寸、配筋情况。
(5) 必要的设计详图和设计说明。

2.3.2 剪力墙平法施工图的识读步骤

(1) 查看图名、比例。
(2) 首先校核轴线编号及其间距尺寸,要求必须与建筑图、基础平面图保持一致。
(3) 与建筑图配合,明确各段剪力墙的暗柱和端柱的编号、数量及位置、墙身的编号和长度、洞口的定位尺寸。
(4) 阅读结构设计总说明或有关说明,明确剪力墙的混凝土强度等级。
(5) 所有洞口的上方必须设置连梁,如剪力墙洞口编号,连梁的编号应与剪力墙洞口编号相对应。根据连梁的编号,查阅剪力墙梁表或图中标注,明确连梁的截面尺寸、标高和配筋情况。再根据抗震等级、设计要求和标准构造详图确定纵向钢筋和箍筋的构造要求(如纵向钢筋伸入墙内的锚固长度、箍筋的位置要求等)。
(6) 根据各段剪力墙端柱、暗柱和小墙肢的编号,查阅剪力墙柱表或图中截面标注等,明确暗柱、端柱和小墙肢的截面尺寸、标高和配筋情况。再根据抗震等级、设计要求和标准构造详图确定纵向钢筋和箍筋的构造要求(如箍筋加密区的范围、纵向钢筋连接的方式、位置和搭接长度、弯折要求、柱头锚固要求)。
(7) 根据各段剪力墙身的编号,查阅剪力墙身表或图中标注,明确剪力墙身的厚度、标高和配筋情况。再根据抗震等级、设计要求和标准构造详图确定水平分布筋、竖向分布筋和拉筋的构造要求(如水平钢筋的锚固和搭接长度、弯折要求;竖向钢筋连接的方式、位置和搭接长度、弯折和锚固要求)。

需要特别说明的是,不同楼层的剪力墙混凝土等级由下向上会有变化,同一楼层柱、墙和梁板的混凝土可能也有所不同,应格外注意。

2.4 剪力墙钢筋排布规则和钢筋构造

剪力墙钢筋构造，可根据墙柱、墙身、墙梁的功能、部位、具体构造等要素进行描述。剪力墙钢筋构造，主要为纵向钢筋和横向钢筋（水平筋、箍筋与拉筋）两大部分构造内容。

剪力墙柱按构造部位分为墙柱根部、墙柱柱身、墙柱节点构造。剪力墙身按构造部位分为墙身根部、墙身和墙身节点构造。剪力墙墙梁分为梁、暗梁、边框梁。

2.4.1 剪力边缘构件（墙柱）钢筋构造

剪力墙边缘构件钢筋构造包括：剪力墙边缘构件纵向钢筋在基础中构造、剪力墙边缘构件柱身纵向钢筋连接构造、剪力墙边缘构件柱顶纵向钢筋构造、变截面位置纵向钢筋构造。

（1）边缘构件纵向钢筋在基础中构造

图 2.4.1～图 2.4.4 给出了边缘构件插筋在基础中的锚固构造做法。图中 h_j 为基础底面至基础顶面的高度，对于带基础梁的基础为基础顶面至基础梁底面的高度，当柱两侧基础梁标高不同时取较低标高。

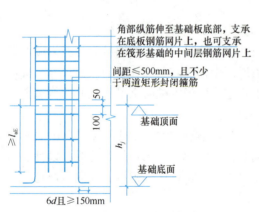

图 2.4.1 边缘构件插筋在基础中锚固构造（1）

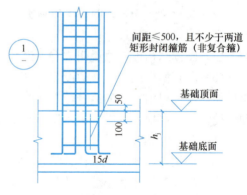

图 2.4.2 边缘构件插筋在基础中锚固构造（2）

1）当基础高度 $h_j > l_{aE}$（l_a），柱外侧插筋的保护层厚度 > 5d（d 为插筋直径）时，柱插筋的锚固构造采取锚固构造（1）的做法。柱子角部钢筋插至基础板底部伸至下部网片上的角筋间距 ≤ 500mm，支在底板钢筋网片上，弯钩长度 ≥ 6d，且 ≥ 150mm，锚固区域设置间距 ≤ 500 且不少于两道的封闭箍筋（非复合箍筋）。对于非角部钢筋，从基础顶面往下延伸长度为 l_{aE}。

2）当基础高度 $h_j \leqslant l_{aE}$（l_a），插筋的保护层厚度 > 5d（d 为插筋直径）时，柱插筋的

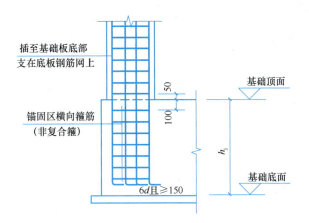

图 2.4.3 边缘构件插筋在基础中锚固构造（3）

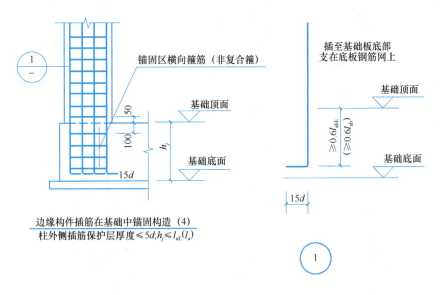

图 2.4.4 边缘构件插筋在基础中锚固构造（4）

锚固构造采取锚固构造（2）的做法。柱子钢筋插至基础板底部，竖向锚固长度$\geqslant 0.6 l_{abE}$（l_{ab}），且$\geqslant 20d$，支在底板钢筋网片上，弯钩长度$\geqslant 15d$，锚固区域设置间距$\leqslant 500$且不少于两道的封闭箍筋（非复合箍筋）。

3）当基础高度$h_j > l_{aE}$（l_a），柱外侧插筋的保护层厚度$\leqslant 5d$（d 为插筋直径）时，柱插筋的锚固构造采取锚固构造（3）的做法。柱子钢筋插至基础板底部，支在底板钢筋网片上，弯钩长度$\geqslant 6d$，且$\geqslant 150$ mm。锚固区设置横向箍筋，箍筋直径$\geqslant d/4$（d 为插筋最大直径），间距$\leqslant 10d$（d 为插筋最小直径）且$\leqslant 100$ mm 的要求。

4）当基础高度$h_j \leqslant l_{aE}$（l_a），柱外侧插筋的保护层厚度$\leqslant 5d$（d 为插筋直径）时，柱

插筋的锚固构造采取锚固构造（4）的做法。柱子钢筋插至基础板底部，竖向锚固长度$\geqslant 0.6l_{abE}$（l_{ab}），且$\geqslant 20d$，支在底板钢筋网片上，弯钩长度$\geqslant 15d$。锚固区设置横向箍筋，箍筋直径$\geqslant d/4$（d为插筋最大直径），间距$\leqslant 10d$（d为插筋最小直径）且$\leqslant 100mm$的要求。

5）当柱子为轴心受压或小偏心受压，独立基础、条形基础高度不小于1200mm时，或当柱为大偏心受压，独立基础、条形基础高度不小于1400mm时，可仅将柱四角插筋伸至底板钢筋网上（伸至基础底板钢筋网上的柱插筋之间间距不应大于1000mm），其他钢筋满足锚固长度l_{aE}（l_a）即可。

（2）边缘构件纵向钢筋连接构造

1）边缘构件纵向钢筋连接构造（图2.4.5）

约束边缘构件墙柱指约束边缘端柱、约束边缘翼墙、约束边缘转角墙、约束边缘暗柱，通常用于一、二级抗震等级的剪力墙底部加强部位及其以上一层范围。

构造边缘构件墙柱指构造端柱、构造边缘翼墙、构造边缘转角墙、构造边缘暗柱；非边缘墙柱为短肢剪力墙、小墙肢、非边缘暗柱和扶壁柱。构造边缘构件墙柱和非边缘墙柱用于抗震和非抗震剪力墙。

① 相邻纵筋应交错连接。当采用搭接连接时，搭接长度为l_{lE}，相邻纵筋搭接范围错开净距$0.3l_{lE}$（l_l）（接头面积百分率不宜大于50%，搭接范围内箍筋加密），当采用机械连接时，相邻纵筋连接点错开35d（d为最大纵筋直径）；

② 墙柱纵筋可在楼层层间任何位置搭接连接，当采用机械连接时，连接点距离结构层顶面或底面$\geqslant 500mm$；

③ 当钢筋直径$>28mm$时不宜采用搭接连接。

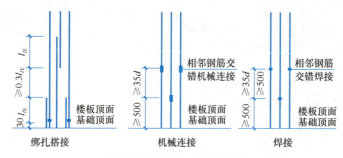

剪力墙边缘构件纵向钢筋连接构造
适用于约束边缘构件阴影部分和构造边缘构件的纵向钢筋

图2.4.5 剪力墙边缘构件纵向钢筋构造

墙上起约束边缘构件纵向钢筋构造见图2.4.6。

2）约束边缘端柱和构造边缘端柱截面配筋构造

抗震和非抗震剪力墙约束边缘端柱和构造边缘端柱截面配筋构造，见图2.4.7，要点为：

① 设计者标注的约束边缘端柱和构造边缘端柱的纵筋和箍筋，均设置在端柱核心部位（图中阴影部分）；

学习情境 2 混凝土剪力墙结构平法施工图与钢筋构造

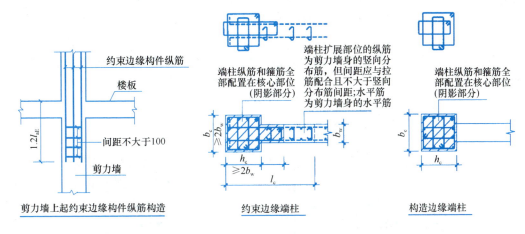

图 2.4.6 剪力墙上起约束边缘构件纵向钢筋连接构造

图 2.4.7 约束边缘端柱和构造边缘端柱截面配筋构造

② 约束边缘端柱具有扩展部位，端柱扩展部位的纵筋和水平筋均为剪力墙身配置的竖向分布筋和水平分布筋，但应将竖向分布筋的间距根据端柱扩展部位设置的拉筋的水平分布间距进行调整，调整后的间距应不大于墙身竖向分布筋的间距（当拉筋的水平分布间距大于竖向分布筋间距时，应在中间加设一根竖向筋）。

3) 约束边缘翼墙和构造边缘翼墙截面配筋构造

抗震和非抗震剪力墙约束边缘翼墙和构造边缘翼墙截面配筋构造，见图 2.4.8，要点为：

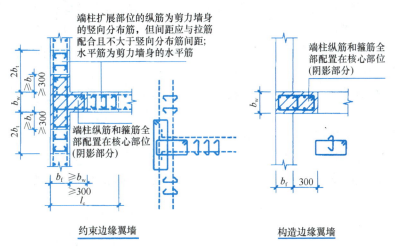

图 2.4.8 约束边缘翼墙和构造边缘翼墙截面配筋构造

① 设计者标注的约束边缘翼墙和构造边缘翼墙的纵筋和箍筋，均设置在翼墙核心部位（图中阴影部分）；

② 约束边缘翼墙具有扩展部位，翼墙扩展部位的纵筋和水平筋均为剪力墙身配置的竖向分布筋和水平分布筋，但应将竖向分布筋的间距根据翼墙扩展部位设置的拉筋的水平

125

分布间距进行调整，调整后的间距应不大于墙身竖向分布筋的间距（当拉筋的水平分布间距大于竖向分布筋间距时，应在中间加设一根竖向筋）。

4）约束边缘转角墙和构造边缘转角墙截面配筋构造

抗震和非抗震剪力墙约束边缘转角墙和构造边缘转角墙截面配筋构造，见图 2.4.9，要点为：

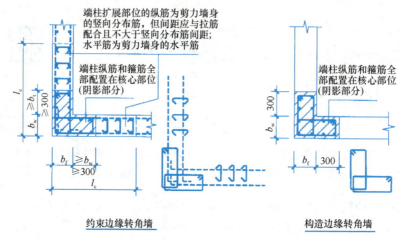

图 2.4.9 约束边缘转角墙和构造边缘转角墙截面配筋构造

① 设计者标注的约束边缘转角墙和构造边缘转角墙的纵筋和箍筋，均设置在转角墙核心部位（图 2.4.9 中阴影部分）；

② 约束边缘转角墙具有扩展部位，转角墙扩展部位的纵筋和水平筋均为剪力墙身配置的竖向分布筋和水平分布筋，但应将竖向分布筋的间距根据转角墙扩展部位设置的拉筋的水平分布间距进行调整，调整后的间距应不大于墙身竖向分布筋的间距（当拉筋的水平分布间距大于竖向分布筋间距时，应在中间加设一根竖向筋）。

5）约束边缘暗柱和构造边缘暗柱截面配筋构造

抗震和非抗震剪力墙约束边缘暗柱和构造边缘暗柱截面配筋构造，见图 2.4.10，要点为：

① 设计者标注的约束边缘暗柱和构造边缘暗柱的纵筋和箍筋，均设置在暗柱核心部位（图 2.4.10 中阴影部分）；

② 约束边缘暗柱具有扩展部位，暗柱扩展部位的纵筋和水平筋均为剪力墙身配置的

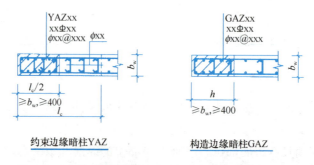

图 2.4.10 约束边缘暗柱和构造边缘暗柱截面配筋构造

竖向分布筋和水平分布筋，但应将竖向分布筋的间距根据暗柱扩展部位设置的拉筋的水平分布间距进行调整，调整后的间距应不大于墙身竖向分布筋的间距（当拉筋的水平分布间距大于竖向分布筋间距时，应在中间加设一根竖向筋）。

6）非边缘墙柱截面配筋构造

抗震和非抗震剪力墙非边缘墙柱，为短肢墙、扶壁柱和非边缘暗柱，见图2.4.11。

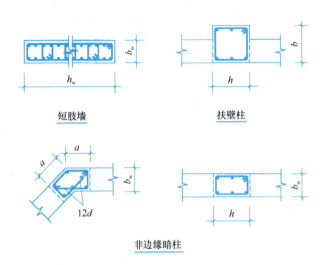

图 2.4.11 短肢墙、扶壁柱和非边缘暗柱截面配筋构造

（3）剪力墙边缘构件变截面位置纵向钢筋构造

端柱变截面处钢筋构造同框架柱，除端柱外的墙柱变截面钢筋构造，如图2.4.12所示，要点为：

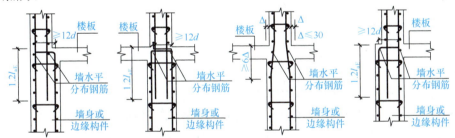

图 2.4.12 剪力墙变截面位置纵向钢构造

A. 可采用变截面位置纵筋非直通构造或向内斜弯贯通构造；

B. 当采用纵筋非直通构造时，下层墙柱纵筋伸至变截面处向内弯折，至对面竖向钢筋处截断，上层纵筋垂直锚入下柱内$1.2l_{aE}$、$1.2l_a$；

C. 当采用纵筋向内斜弯贯通构造时，墙柱纵筋自距离结构层楼面$\geqslant 6c$（c为截面单侧内收尺寸）点向内略斜弯后向上垂直贯通。

（4）剪力墙边缘构件柱顶纵向钢筋构造

端柱柱顶钢筋构造同框架柱。除端柱外的墙柱柱顶钢筋构造，见图2.4.13，要点为：

A. 墙柱纵筋伸至剪力墙顶部后弯钩，弯钩长度$\geqslant 12d$（弯钩形式）；

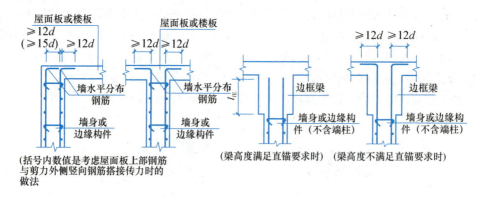

图 2.4.13　剪力墙边缘构件柱顶纵向钢筋构造（不含端柱）

B. 墙柱柱顶为边框梁，梁高度满足直锚要求时，可直锚 l_{aE}。梁高度不满足直锚要求时，可伸至梁顶弯折 $12d$（弯锚形式）。

C. 当剪力墙一侧有楼板时，墙柱钢筋均向楼板内弯折，当剪力墙两侧均有楼板时，墙柱钢筋分别向两侧楼板内弯折；

D. 端柱、小墙肢的竖向钢筋与箍筋构造与框架柱相同。根据设计采用抗震或非抗震的相应做法；

E. 小墙肢一般为截面高度不大于截面厚度 4 倍的矩形截面独立墙肢。

2.4.2　剪力墙身钢筋构造

剪力墙身钢筋构造包括：剪力墙竖向分布筋构造、剪力水平分布筋构造、剪力墙身拉筋构造。

1. 剪力墙竖向分布筋构造

剪力墙竖向分布筋构造包括：竖向分布筋在基础中构造、竖向分布筋连接构造、竖向分布筋顶部构造、变截面处竖向钢筋构造。

（1）剪力墙竖向分布筋在基础中构造

图 2.4.14～图 2.4.17 给出了剪力墙竖向分布筋在基础中的锚固构造做法。图中 h_j 为基础底面至基础顶面的高度，对于带基础梁的基础为基础顶面至基础梁底面的高度。剪力

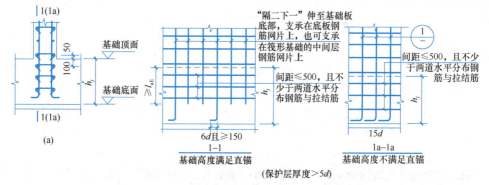

图 2.4.14　剪力墙竖向分布筋在基础中锚固构造做法（1）

学习情境 2　混凝土剪力墙结构平法施工图与钢筋构造

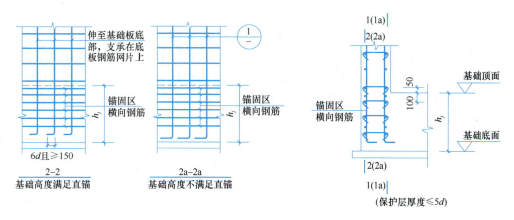

图 2.4.15　剪力墙竖向分布筋在基础中锚固构造做法（2）

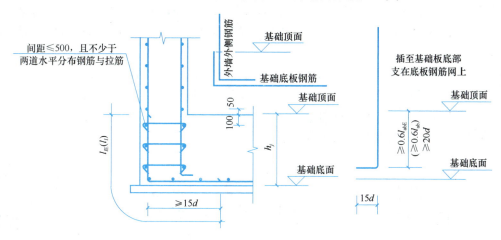

图 2.4.16　剪力墙竖向分布筋在基础中的锚固构造做法（3）

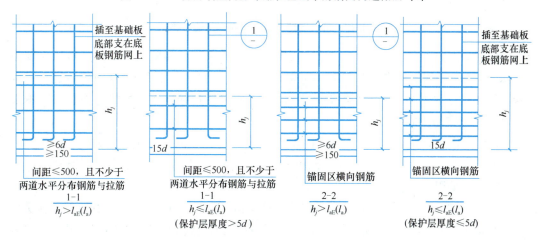

图 2.4.17　剪力墙墙身根部插筋锚固区域设置横向钢筋做法

129

墙墙身根部钢筋在基础中做法的要点为:

1) 当基础高度 $h_j > l_{aE}$ (l_a),墙外侧插筋的保护层厚度 $>5d$ (d 为插筋直径)时,墙身根部钢筋采用"隔二下一"插至基础板底部,支在底板钢筋网片上,也可支承在筏形基础的中间层钢筋网上。弯钩长度 $\geq 6d$,且 $\geq 150mm$,锚固区域设置间距 $\leq 500mm$ 且不少于两道的水平分布钢筋与拉筋。当施工采取有效措施保证钢筋位置时,竖向分布筋伸入基础长度满足直锚 l_{aE} 即可。

2) 当基础高度 $h_j \leq l_{aE}$ (l_a),外墙插筋的保护层厚度 $>5d$ (d 为插筋直径)时,墙竖向分布钢筋插至基础板底部,竖向锚固长度 $\geq 0.6 l_{abE}$ 且不小于 $20d$,支在底板钢筋网片上,弯钩长度 $\geq 15d$。锚固区域设置间距 $\leq 500mm$ 且不少于两道的水平分布钢筋与拉筋。而当外墙插筋的保护层厚度 $\leq 5d$ (d 为插筋直径)时,应按设计要求设置横向钢筋。当保护层厚度 $\leq 5d$ 时,应设置横向钢筋。

3) 当墙外侧纵筋与底板纵筋搭接,外墙外侧纵筋伸至底板搭接纵筋部位,然后,弯折 $15d$ 以上与底板钢筋搭接,底板纵筋应伸至墙外侧纵筋外侧,然后弯折至基础顶面与墙外侧纵筋搭接。

4) 当墙外侧钢筋保护层厚度 $\leq 5d$ (d 为插筋直径),锚固区设置横向钢筋。横向钢筋应满足直径 $\geq d/4$ (d 为插筋最大直径),间距 $\leq 10d$ (d 为插筋最小直径)且 $\leq 100mm$ 的要求。

(2) 剪力墙竖向分布筋连接构造

剪力墙竖向分布筋搭接连接构造,见图 2.4.18,要点为:

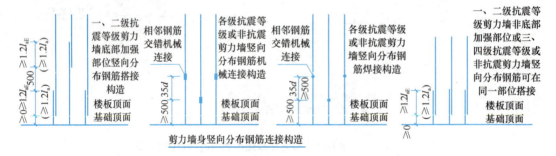

图 2.4.18 剪力墙墙身竖向分布钢筋连接构造

1) 当采用搭接连接时,一、二级抗震等级相邻竖向分布筋应交错连接,搭接长度为 $1.2l_{aE}$、$1.2l_a$,相邻钢筋搭接范围错开 $500mm$,竖向分布筋可在剪力墙任何位置进行搭接连接,搭接长度取 $1.2l_{aE}$。钢筋直径 $>28mm$ 时不宜采用搭接连接;搭接范围宜布置不少于三道水平分布筋。

2) 当采用搭接连接时,三、四级抗震等级或非抗震竖向分布筋可在同一高度连接,搭接长度为 $1.2l_{aE}$、$1.2l_a$,竖向分布筋可在剪力墙任何位置进行搭接连接,钢筋直径 $>28mm$ 时不宜采用搭接连接;

3) 当采用机械连接时,各级抗震等级或非抗震相邻竖向分布筋应交错连接,错开接头率 50%,连接点距离结构层顶面或底面 $\geq 500mm$,相邻钢筋连接点错开 $35d$ (d 为最大纵筋直径),钢筋直径 $>28mm$ 时应采用机械连接,但钢筋直径不大于 $28mm$ 时也可采用机械连接。

(3) 剪力墙变截面处竖向分布筋构造

剪力墙身变截面处竖向分布筋构造,如图 2.4.19 所示,要点为:

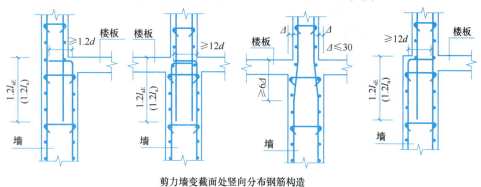

剪力墙变截面处竖向分布钢筋构造

图 2.4.19　剪力墙墙身变截面竖向分布钢筋构造

1)可采用变截面位置竖向分布筋非直通构造或向内斜弯贯通构造;
2)当采用竖向分布筋非直通构造时,下层墙身钢筋伸至变截面处向内弯折,弯钩长度$\geq 12d$,上层纵筋垂直锚入下柱内 $1.2l_{aE}$、$1.2l_a$;
3)当采用竖向分布筋向内斜弯贯通构造时,钢筋自距离结构层楼面顶$\geq 6\Delta$(Δ为截面单侧内收尺寸)向内略斜弯后向上垂直贯通。

(4)剪力墙竖向钢筋顶部构造

墙身顶部竖向分布筋构造,如图 2.4.20 所示,要点为:

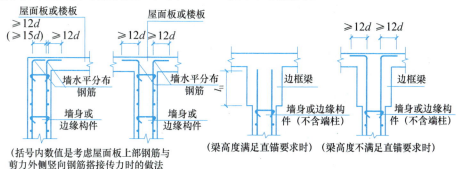

剪力墙竖向钢筋顶部构造

图 2.4.20　剪力墙顶部竖向分布钢筋构造

1)墙身竖向分布筋伸至剪力墙顶部后弯钩,弯钩长度$\geq 12d$;
2)当剪力墙一侧有楼板时,墙身竖向分布筋均向楼板内弯折,当剪力墙两侧均有楼板时,竖向分布筋分别向两侧楼板内弯折。

(5)剪力墙竖向钢筋锚入连梁构造(图 2.4.21)。

剪力墙竖向分布筋若锚入连梁中,锚固长度从梁顶起往下锚入梁内长度$\geq l_{aE}$(l_a)。

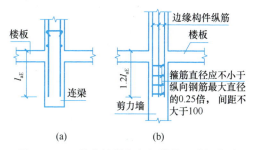

图 2.4.21　剪力墙柱竖向钢筋锚入连梁构造
(a)剪力墙竖向分布钢筋锚入连梁;
(b)剪力墙边缘构件竖向钢筋锚入连梁

剪力墙约束边缘构件竖向钢筋锚入剪力墙内的长度$\geq 1.2l_{aE}$（$1.2l_a$）。

2. 剪力墙水平分布筋构造

1）水平分布筋端柱锚固构造

剪力墙设有端柱时，水平分布筋端柱锚固构造见图2.4.22，要点为：

A. 端柱位于转角部位时，位于端柱宽出墙身一侧的剪力墙水平分布筋伸入端柱平段长度$\geq 0.6l_{abE}$、$\geq 0.6l_{ab}$，然后，弯直钩$15d$（d为水平分布筋直径），且当直锚深度$\geq l_{aE}$、

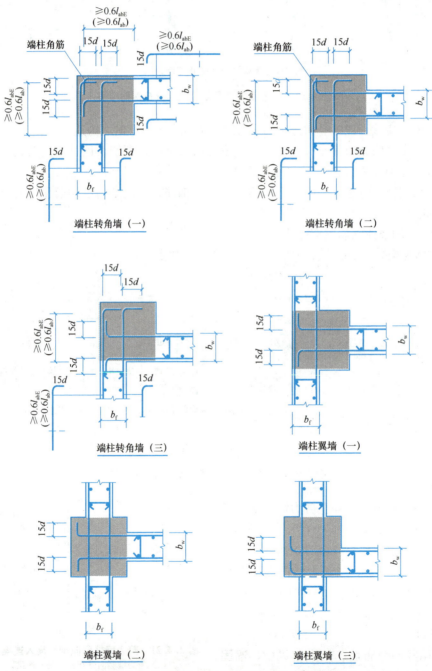

图2.4.22 剪力墙墙身水平分布筋在端柱锚固构造做法

$\geqslant l_a$ 时可不设弯钩,位于端柱与墙身相平一侧的剪力墙水平分布筋绕过端柱阳角,与另一片墙的水平分布筋连接;

B. 端柱位于转角部位时,位于端柱与墙身相平一侧的剪力墙水平分布筋也可不绕过端柱阳角,而伸至端柱角筋内侧位置向内弯直钩 $15d$;

C. 非转角位置的端柱,剪力墙水平分布筋伸入端柱 $\geqslant 0.6l_{abE}$、$\geqslant 0.6l_{ab}$ 位置弯直钩 $15d$(d 为水平分布筋直径),且当直锚深度 $\geqslant l_{aE}$、$\geqslant l_a$ 时可不设弯钩。

D. 剪力墙水平分布钢筋在端柱内,按受拉钢筋要求处理。

2)水平分布筋翼墙锚固构造

剪力墙水平分布筋翼墙锚固构造见图 2.4.23,要点为:

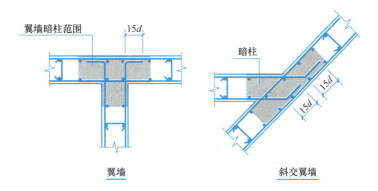

图 2.4.23 剪力墙墙身水平分布筋在翼墙锚固构造做法

A. 翼墙两翼墙身外侧水平分布筋连续通过翼墙,即外侧水平分布筋,直线贯通,不应截断连接。

B. 翼墙肢部墙身水平分布筋伸至翼墙核心部位的外侧钢筋内侧,弯直钩 $15d$,即内侧水平分布筋伸至尽端水平弯折 $15d$。

3)水平分布筋转角墙锚固构造

剪力墙水平分布筋转角墙锚固构造见图 2.4.24,要点为:

A. 上下相邻的墙身水平分布筋交错搭接连接,搭接长度 $1.2l_{aE}$、$1.2l_a$ 各自搭接范围交错 $\geqslant 500mm$,连接区域在暗柱范围外;

B. 墙外侧水平分布筋连续通过转角,在转角墙核心部位以外与另片剪力墙的外侧水平分布筋连接;墙内侧水平分布筋伸至转角墙核心部位的外侧钢筋内侧,弯直钩 $15d$;

C. 当采用墙外侧水平分布筋在墙转角处搭接构造时,外侧水平分布筋在转角墙外侧交错搭接长度为 $0.8l_{aE}$。

4)水平分布筋边缘暗柱锚固构造

剪力墙水平分布筋边缘暗柱锚固构造见图 2.4.25,要点为:

A. 墙身水平分布筋伸至边缘暗柱角筋内侧,向内弯直钩 $10d$;

B. 当端部为 L 形时,暗柱长度不大于 3 倍墙厚,按端部为暗柱处理。

C. 端部无暗柱时,剪力墙水平钢筋端部也可采用设置双列拉筋的做法,水平分布筋伸至端部向内弯钩 $10d$。

5)水平分布筋交错连接构造

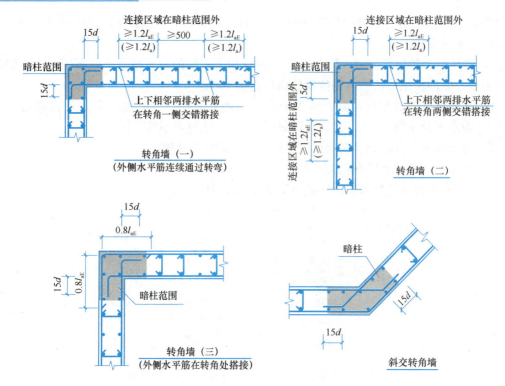

图 2.4.24 剪力墙墙身水平分布筋在转角墙处的锚固构造做法

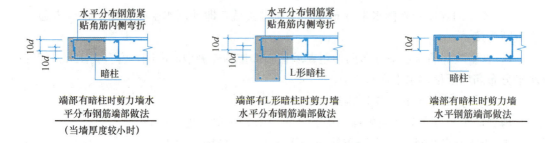

图 2.4.25 剪力墙墙身水平分布筋在暗柱锚固构造做法

剪力墙水平分布筋交错连接构造见图 2.4.26，要点为：

一二级抗震等级底部加强区，应错开总面积 50% 搭接，其他部位可在同一搭接区连接，搭接长度为 $1.2l_{aE}$。

A. 同侧上下相邻的水平分布筋交错连接，搭接长度 $\geqslant 1.2l_{aE}$（$1.2l_a$），搭接范围交错 $\geqslant 500mm$；

B. 同层不同侧的墙身水平分布筋交错搭接连接，搭接长度 $\geqslant 1.2l_{aE}$（$1.2l_a$），搭接范围交错 $\geqslant 500mm$。

C. 水平分布筋在平面变截处的做法，当墙截面厚度变化较小时，水平分布筋按"能通则通"的方法弯折通过，并在较薄墙身内连接；当截面变化较大不能通过时，较厚墙体水平分布筋伸至端部弯折 $15d$，较薄墙体水平分布筋伸进较厚墙体内 $1.2l_{aE}$（$1.2l_a$），长度为 $1.2l_{aE}$。

6）水平分布筋斜交墙和过扶壁柱构造

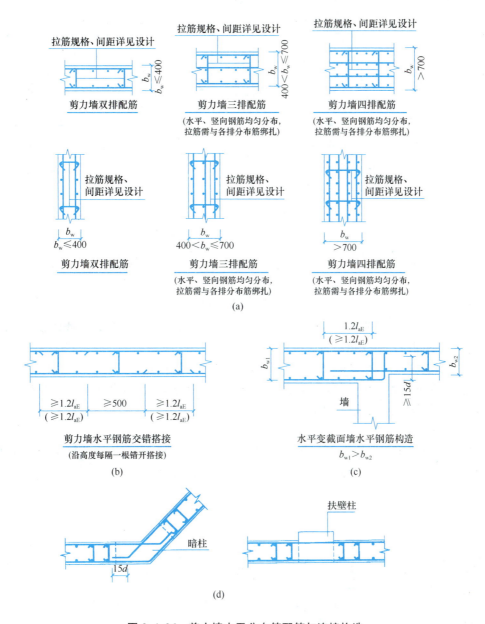

图 2.4.26 剪力墙水平分布筋配筋与连接构造

(a) 剪力墙配筋方式;(b) 剪力墙水平钢筋交错搭接;(c) 剪力墙水平变截面墙身水平钢筋构造;
(d) 斜度转角墙及扶壁柱

剪力墙水平分布筋斜交墙和过扶壁柱见图 2.4.26,要点为:

A. 剪力墙斜交部位应设暗柱,外侧水平分布筋连续通过阳角,内侧水平分布筋伸至墙对边钢筋内侧弯折 $15d$。

B. 水平分布筋连续通过扶壁柱,不宜在扶壁柱内连接,不应在扶壁柱内锚固。

3. 墙身拉筋

墙身双向与梅花双向拉筋分布示意,如图 2.4.27、图 2.4.28 所示,要点为:

A. 剪力墙拉筋应在竖向分布筋和水平分布筋的交叉点,同时拉住竖向分布筋和水平

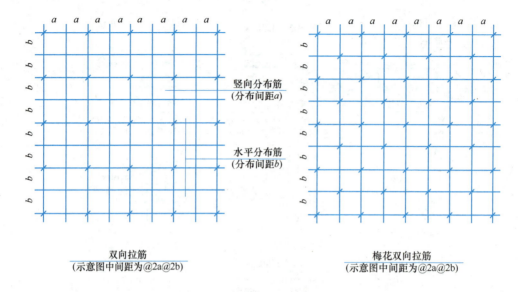

图 2.4.27 墙身拉筋的设置

分布筋;拉筋可采用两端均为 135°弯钩和一端 90°,另一端 135°弯钩,直线段长度 5d。两端弯钩形式不同时,应交错布置。

B. 拉筋注写为 $\phi\times@\times a\times b$ 双向(或梅花双向),其间距×a 表示拉筋水平间距为剪力墙竖向分布筋间距 a 的×倍,×b 表示拉筋竖向间距为剪力墙水平分布筋间距 b 的×倍。

C. 当所注写的拉筋直径、间距相同时,拉筋"梅花双向"布置的用钢量约为"双向"布置的两倍。

D. 拉筋可采用两端均为 135°弯钩,一端 90°与另一端 135°弯钩直线段均为 5d,两端弯钩形式不同时,应交错布置。

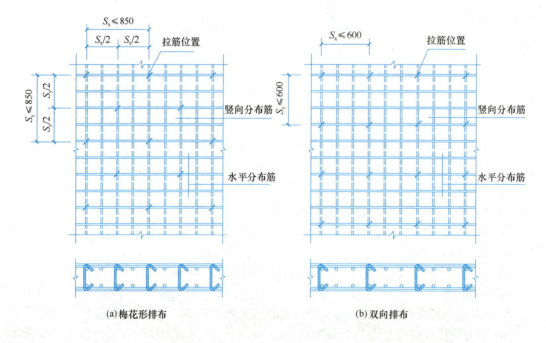

(a) 梅花形排布   (b) 双向排布

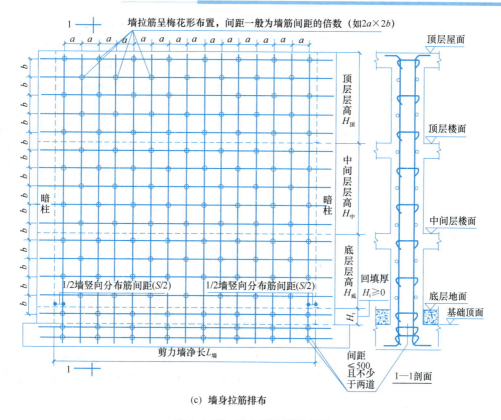

图 2.4.28 剪力墙拉筋排布图

拉筋排布：
1）层高范围由底部板顶向第二排分布筋处开始设置，至顶部板底向下第一排分布筋处终止。
2）墙身宽度范围由边缘构件第一排墙身竖向分布筋处开始设置。
3）位于边缘构件范围的分布筋也应设置拉筋，此范围拉筋间距不大于墙身拉筋间距，拉筋直径≥6mm。
4）拉筋水平及竖向布置间距，梅花形不大于800mm，矩形排布不大于60mm。
5）当设计未注明时，宜采用梅花形布置方案。

2.4.3 剪力墙墙梁钢筋构造

剪力墙梁钢筋构造包括：剪力墙连梁钢筋构造、剪力墙边框梁钢筋构造、剪力墙暗梁钢筋构造。

1. 剪力墙连梁钢筋构造
（1）连梁配筋
剪力墙单洞口连梁钢筋构造见图 2.4.29，双洞口连梁钢筋构造见图 2.4.30，要点为：
A. 连梁下部纵筋和上部纵筋锚入剪力墙（墙柱）内 l_{aE}、l_a 且≥600mm；
B. 剪力墙端部洞口连梁的纵筋弯锚，应伸至外侧纵筋内侧后弯钩，当直锚段长度≥

l_{aE}（l_a）且≥600mm 时，可不必弯折；

C. 当两洞口之间的洞间墙长度＜$2l_{aE}$（＜$2l_a$）且＜1200mm 时，采用双洞口连梁，连梁下部、上部、侧面纵筋连续通过洞间墙；

D. 连梁第一道箍筋距支座边缘 50mm 开始设置，根据连梁不同的截面宽度，连梁拉筋直径和间距有相应规定；

E. 在屋面连梁纵筋锚入支座长度范围应设置箍筋，箍筋直径与跨中相同，间距 150mm，距支座边缘 100mm 开始设置，在该范围设置箍筋的主要功能是增强墙顶连梁上部纵筋的锚固强度；为施工方便，可以采用向下开口箍筋；屋面连梁在纵筋锚固长度范围设置箍筋，直径和度数同内跨，间距 150mm。

F. 当设计未注写连梁侧面构造纵筋时，墙体水平分布筋作为连梁侧面构造纵筋在连梁范围内拉通连续配置。

G. 根据连梁截面高度与跨高比，连梁侧面构造纵筋直径、间距与配筋率的相应规定为：当连梁截面高度＞700mm 时，侧面当连梁跨高比≤2.5 时，连梁侧面构造纵筋

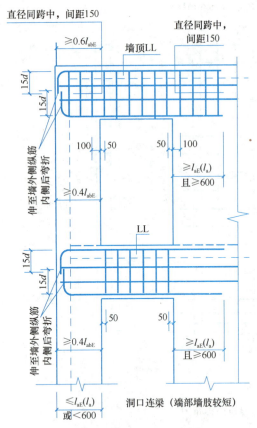

图 2.4.29 端部洞口连梁钢筋构造

构造纵筋直径应≥10mm，间距应≤200mm，

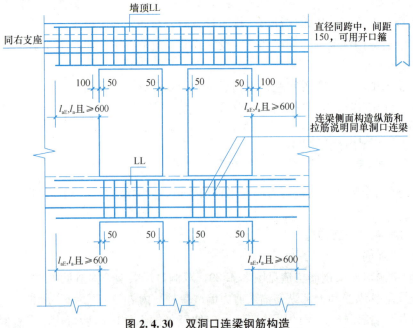

图 2.4.30 双洞口连梁钢筋构造

的面积配筋率≥0.3%；

H. 根据连梁不同的截面宽度，连梁拉筋直径和间距有相应规定：当连梁截面宽度≤350mm时，拉筋直径为6mm，当连梁截面宽度＞350mm时，拉筋直径为8mm，拉筋水平间距为两倍连梁箍筋间距（隔一拉一），拉筋竖向间距为两倍连梁侧面水平构造钢筋间距（隔一拉一）。

（2）剪力墙连梁斜向交叉钢筋构造

剪力墙连梁斜向交叉钢筋构造，分别见图2.4.31和图2.4.32。

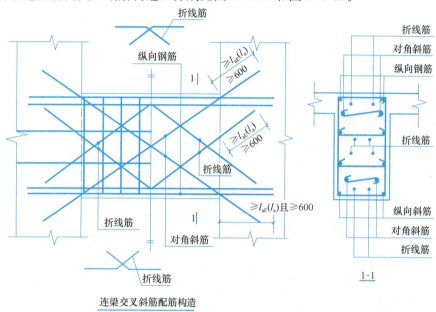

图2.4.31 剪力墙连梁斜向交叉钢筋构造

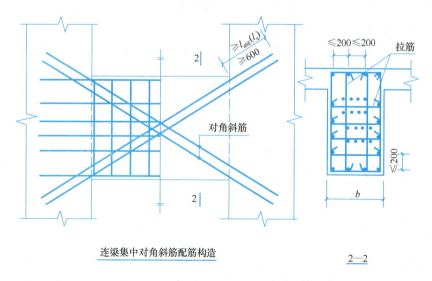

图2.4.32 剪力墙连梁集中对角钢筋构造

1）当洞口连梁截面宽度≥250mm时，可采用交叉斜筋配筋；当连梁截面宽度≥400mm时，可采用集中对角斜筋配筋或对角暗撑配筋。

当连梁端支座为端柱时，纵向钢筋的锚固要求同框架结构，上翻连梁在楼板厚度内设置不少于2Φ12纵向构造钢筋。

2）斜向交叉钢筋锚入连梁支座内 l_{aE}、l_a，且≥600mm。

（3）剪力墙连梁斜向交叉暗撑构造

剪力墙连梁斜向交叉暗撑构造见图2.4.33，要点为：

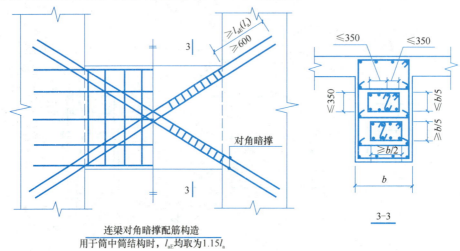

图2.4.33　连梁对角暗撑钢筋构造

1）当连梁截面宽度≥400mm时，根据连梁跨高比等具体条件设置；

2）集中对角斜筋连梁：应在梁截面内沿水平方向及竖直方向设双向拉筋拉筋应勾住外侧纵向钢筋，间距不应大于200mm，直径不应小于8mm；

3）对角暗撑配筋连梁：连梁中暗撑箍筋外皮宽度不宜小于梁宽的一半，高度不宜小于梁宽的1/5，约束箍筋肢距不应大于350mm；

4）交叉斜箍配筋连梁、对角暗撑配筋连梁的水平钢筋及箍筋形成的钢筋网之间应采用拉筋拉结，拉筋直径不宜小于6mm，间距不宜大于400mm；

5）斜向交叉暗撑锚入连梁支座内 l_{aE}、l_a，且≥600mm；

6）应在梁截面内沿水平方向及竖向设置双向拉筋，拉筋应能勾住外侧纵筋，间距不应大于200mm，直径≥8mm。

2. 剪力墙边框梁或暗梁钢筋构造

边框梁或暗梁节点做法相同，下面以边框梁为例说明。

剪力墙楼层边框梁顶部与连梁一平钢筋构造见图2.4.34（立面示意），楼层边框梁高度在连梁腰部钢筋构造见图2.4.35（立面示意），楼层边框梁钢筋构造竖向截面示意见图2.4.36，要点为：

A. 当楼层边框梁顶面与连梁顶面一平（"一平"为"在同一平面上"的缩略词）且上部配置多根纵筋时，边框梁与连梁上部纵筋位置不重叠的纵筋应贯通连梁设置，而当连梁上部纵筋面积大于边框梁时，需设置连梁上部附加纵筋；

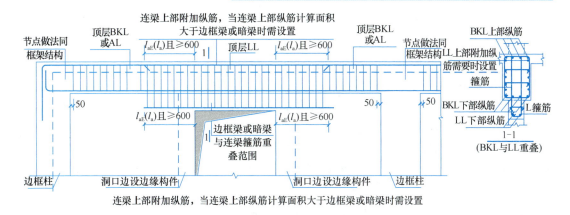

图 2.4.34 剪力墙顶层边框梁或暗梁钢筋构造

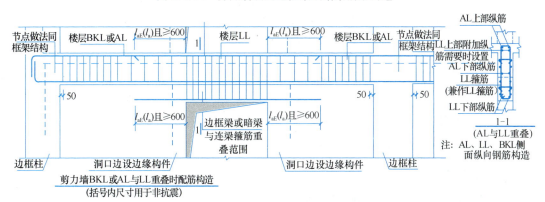

图 2.4.35 剪力墙楼层边框梁或暗梁钢筋构造

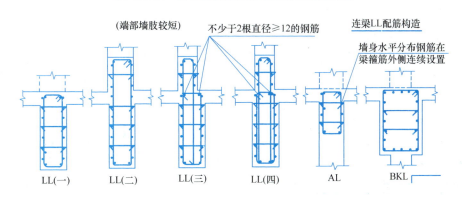

图 2.4.36 连梁、暗梁、边框梁侧面纵向钢筋和拉筋构造

B. 当楼层边框梁顶面与连梁顶面一平,且一侧凸出墙面另侧与墙面一平时,与墙面一平的边框梁角筋设置在该墙面钢筋由外向内第三层,箍筋设置在第二层(与剪力墙竖向分布筋同层并插空设置,最外层为剪力墙的水平分布筋),该角筋与连梁角筋的位置相重叠,其与连梁上部纵筋搭接长度 l_{aE}(l_a)且 $\geqslant 600$mm;

C. 当边框梁高度在连梁腰部时,其纵筋位置通常不与连梁纵筋位置发生重叠,应贯通连梁连续设置;

D. 边框梁纵筋的连接、纵筋端部在剪力墙边缘构件墙柱内的锚固要求，节点做法同框架结构；

E. 当设计未注明时，边框梁侧面构造钢筋与拉筋同剪力墙水平分布筋与拉筋，水平分布筋在边框梁凸出侧面的箍筋内侧连续设置和在不凸出侧面的箍筋外侧连续设置，施工预算时应注意，由于边框梁宽度大于墙厚，边框梁的拉筋长度亦长于剪力墙拉筋；

F. 楼层边框梁的箍筋沿剪力墙和连梁连续设置，当边框梁端部为剪力墙端柱时，楼层边框梁箍筋距离端柱 50mm 开始设置，当边框梁端部为翼墙或转角墙时，箍筋距离剪力墙翼部内侧 50mm 开始设置，在边框梁箍筋与连梁箍筋的重叠范围，边框梁箍筋间距调整为与连梁箍筋间距相同；

G. 剪力墙竖向分布筋应贯通边框梁，楼层上下层的竖向分布筋不考虑在边框梁内锚固；当剪力墙在边框梁以上改变墙厚时，剪力墙竖向分布筋应按墙身竖向变截面节点的相应构造；

H. 当纵筋采用搭接连接时，宜采用同轴心非接触搭接构造。

3. 跨高比不小于 5 的连梁 LLk

跨高比不小于 5 的连梁 LLk，其钢筋构造做法见图 2.4.37 和图 2.4.38，要点为：

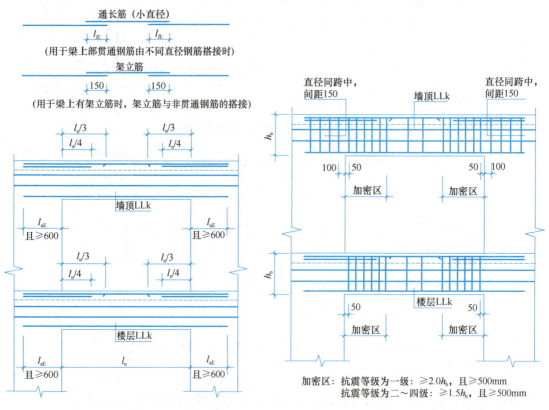

图 2.4.37 连梁 LLk 纵向钢筋构造　　图 2.4.38 连梁 LLk 箍筋加密区范围

上部纵筋与下部纵筋在支座采用直锚形式，锚固长度 $\geqslant l_{aE}$，且 $\geqslant 600$，下部纵筋伸入支座内锚固；

当剪力墙端部为端柱时，纵向钢筋锚固要求同框架结构；当剪力墙端部为小墙肢时，上下部纵筋的锚固做法同普通连梁做法；

梁上部纵筋连接位置位于跨中 $l_n/3$ 范围内，梁下部纵筋连接位置位于支座 $l_n/3$ 范围内，且在同一连接区段范围内钢筋接头面积百分率不大于50%；

梁侧面纵向钢筋配置和构造同普通连梁；

箍筋加密区和非加密区要求同框架结构，对于框架剪力墙结构，抗震等级取剪力墙。

2.4.4 剪力墙身洞口钢筋构造

（1）剪力墙矩形洞口补强钢筋构造

剪力墙矩形洞口宽高均不大于800mm时的洞口补强纵筋构造见图2.4.39，洞口宽高均大于800mm时洞口补强暗梁构造见图2.4.40，要点为：

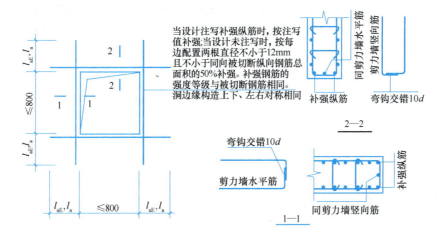

图 2.4.39　剪力墙矩形洞口补强纵筋构造（洞口宽高均不大于800mm）

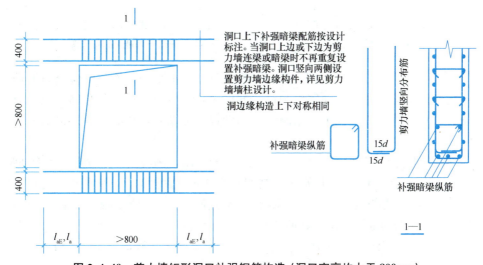

图 2.4.40　剪力墙矩形洞口补强钢筋构造（洞口宽高均大于800mm）

1) 当墙身矩形洞宽与洞高均不大于 800mm 时，洞口四边配置补强纵筋；当墙身矩形洞宽与洞高均大于 800mm 时，洞口上下各配置设计标注的补强暗梁，洞口两侧设置边缘构件，其配筋按剪力墙平法施工图中的注写配置。

2) 对于洞宽与洞高均不大于 800mm 的洞口，当设计已注写洞口补强纵筋时，按设计注写值补强；当设计未注写时，按洞口每边配置两根不小于 12mm 且不小于被切断纵向钢筋总面积的 50% 补强，补强钢筋的强度等级与被切断钢筋相同，两端锚入墙内 l_{aE}、l_a（抗震、非抗震锚固长度）；洞口被切断的纵筋设置弯钩，弯钩长度为过墙中线加 $5d$（墙体两面的弯钩相互交错 $10d$），补强纵筋固定在弯钩内侧。

3) 洞宽与洞高均大于 800mm 洞口上下设置的暗梁纵筋，其层位在剪力墙竖向分布筋内侧的第三层（最外层为剪力墙水平分布筋）；被截断的剪力墙竖向分布筋弯钩长 $15d$，在暗梁纵筋内侧扎入暗梁。

（2）剪力墙圆形洞口补强钢筋构造

剪力墙圆形洞口直径不大于 300mm 时钢筋构造见图 2.4.41，圆形洞口直径大于 300mm 且小于等于 800mm 时补强钢筋构造见图 2.4.42，圆形洞口直径大于 800mm 时补强纵筋构造见图 2.4.43。要点为：

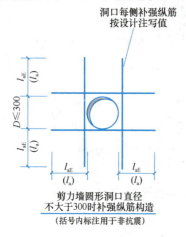

图 2.4.41　圆形洞口不大于 300mm 时钢筋构造

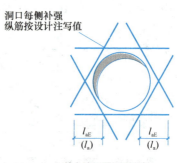

图 2.4.42　圆形洞口大于 300mm 且小于等于 800mm 时钢筋构造

1) 当墙身圆形洞口直径不大于 300mm 时，剪力墙水平分布筋与竖向分布筋遇洞口不截断，均绕洞口边缘通过；在覆盖洞口的方格区域，剪力墙水平分布筋和竖向分布筋的每个交叉点均设置拉筋。也可采用洞口每侧设置补强纵筋，从洞口最外边锚入混凝土 l_{aE}（l_a）。

2) 当墙身圆形洞口直径大于 300mm 小于 800mm 时，围绕洞口设置焊接环形补强筋；环形补强筋按设计注写值设置；圆形洞口被切断的纵筋设置弯钩，弯钩长度为过墙中线加 $5d$（墙体两面的弯钩相互交错 $10d$），焊接环形补强筋固定在弯钩内侧；焊接环形补强筋周围的剪力墙水平分布筋与竖向分布筋交叉点均设置拉筋。

3) 当洞口直径大于 800mm 时，沿洞上下设置补强暗梁，洞口竖向设置剪力墙边缘构件，沿洞口布环形加强筋。

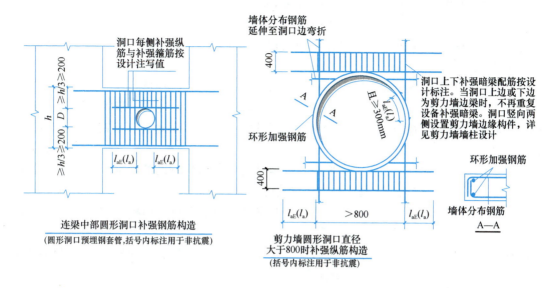

图 2.4.43　圆形洞口大于 800mm 时钢筋构造

2.5 剪力墙图上作业

2.5.1 剪力墙图上作业方法介绍

采用剪力墙图上作业法分析和计算剪力墙的钢筋。这是一种手工计算钢筋的方法。

（1）目标

目标是根据结构平面图的轴线尺寸和平法剪力墙的原始数据，计算钢筋。这种方法对分析平面部分钢筋（例如水平分布筋、连梁和暗梁的箍筋等）的钢筋走向和计算钢筋长度较为有效，而对于立面部分的钢筋（例如垂直分布筋、暗柱的纵筋等）不够直观。

（2）原始数据

1）轴线数据、结构平面示意图以及剪力墙、柱和梁的截面尺寸；

2）平法剪力墙的数据表：墙身表、墙柱表（包括端柱和各种暗柱）、墙梁表（包括连梁、暗梁、边框梁）。

（3）计算结果

钢筋规格、形状、细部尺寸、根数。

（4）工具

1）结构平面示意图（也就是计算简图），不一定按比例绘制，只要表示出轴线尺寸、墙（柱）宽及偏中情况；

2）各种水平钢筋的走向和形状在墙线旁边画出，不同的钢筋分线表示；

3) 图中原始数据用黑字表示，中间数据用红字表示。

（5）步骤

1) 在结构平面示意图的节点上标注端柱和暗柱的名称，在墙线上标注墙身、暗梁和连梁的名称。

2) 在结构平面示意图标注端柱和暗柱的翼缘长度（以轴线距离标注）。

3) 按照"先定性、后定量"的原则，先在墙线的旁边画出连梁、暗梁和墙身水平钢筋的走向和形状。只有正确地画出各种钢筋的形状，才能够准确地计算出钢筋的长度，获得准确的钢筋工程量。

4) 然后，根据轴线尺寸和翼缘长度等数据计算各种水平钢筋的细部尺寸，标注在钢筋上（其中，连梁、暗梁、边框梁的纵筋根数可以从梁表中得到）。

5) 根据层高可以计算墙身水平分布筋的根数（连梁、暗梁、边框梁的水平分布筋根数应该和墙身水平分布筋根数分别计算）。

6) 根据翼缘长度可以计算出暗柱箍筋的尺寸（其中，暗柱纵筋的根数可以从暗柱表中得到。端柱的纵筋在剪力墙中只能计算翼缘部分根数）。

7) 根据轴线尺寸和翼缘长度等数据可以计算出墙身竖向分布筋的根数，其计算公式为：

墙身竖向分布筋根数＝墙身净长度/墙身竖向分布筋间距

8) 计算墙身竖向分布筋长度，其计算公式为：

当钢筋直径较小时按搭接计算

（中间楼层）墙身竖向分布筋长度＝层高＋$1.2l_{aE}$

当底层或顶层时长短筋的差异为$500＋1.2l_{aE}$

9) 计算暗柱纵筋长度，其计算公式为：

当钢筋直径较小时按搭接计算

（中间楼层）暗柱纵筋长度＝层高＋$1.2l_{aE}$

当底层或顶层时长短筋的差异为$500＋1.2l_{aE}$

当钢筋直径较大时按机械连接计算

（中间楼层）暗柱纵筋长度＝层高

当底层或顶层时长短筋的差异为$35d$

2.5.2 剪力墙图上作业方法示例

结合平法图集例子工程，对几种常见的情况进行钢筋的"定性"分析。

在剪力墙的钢筋计算中，做好钢筋的定性分析是十分重要的，这包括钢筋的走向和钢筋的形状，尤其是水平钢筋（水平分布筋、暗梁和连梁的纵筋等）的走向和形状。而上述的结构平面示意图对于这些水平钢筋的分析是十分有效的。图2.5.1是目标任务，从任务中可以查找原始数据，包括尺寸、配筋情况等信息，图2.5.2是目标的计算简图，图2.5.3是图上作业的定性分析结果。这个工程例子水平钢筋的分析结果，其中直径12mm和10mm的钢筋是水平分布筋，直径20mm的钢筋是暗梁的纵筋，直径22mm的钢筋是连梁的纵筋。

学习情境 2 混凝土剪力墙结构平法施工图与钢筋构造

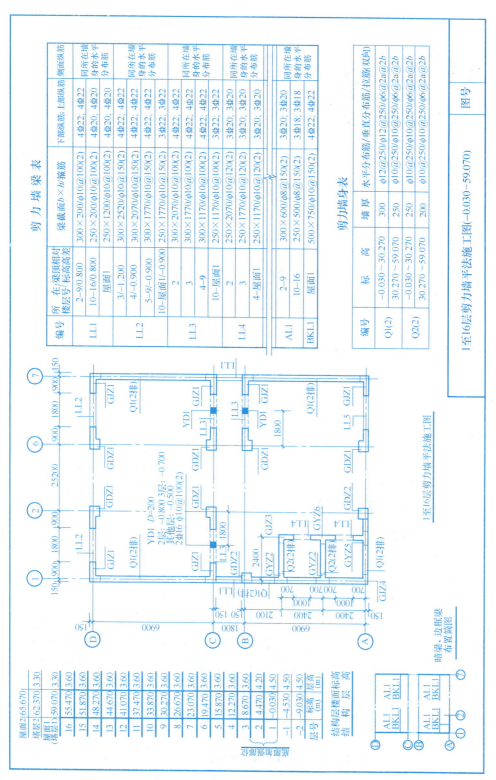

图 2.5.1 剪力墙目标任务

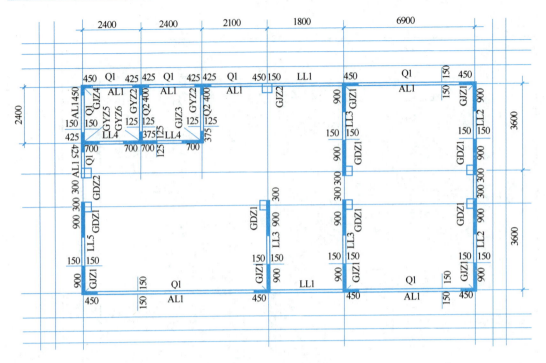

图 2.5.2 剪力墙计算简图

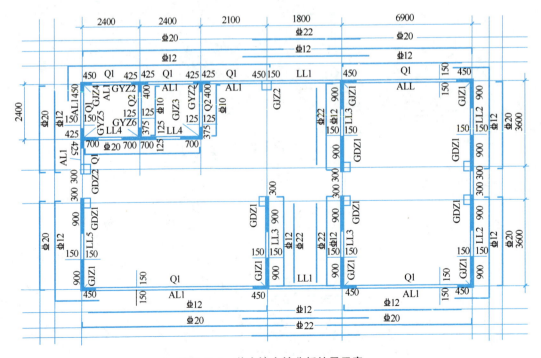

图 2.5.3 剪力墙定性分析结果示意

在剪力墙钢筋定性分析和定量计算时,清楚剪力墙各种构件的钢筋构造要点是很重要的,简要归纳如下:

(1) 暗梁纵筋

暗梁纵筋伸到墙肢的尽端,顶住暗柱外侧纵筋的内侧,然后弯 $15d$ 的直钩。

(2) 连梁纵筋

连梁纵筋在端支座的锚固长度不满足 l_{aE} 时,需要弯 $15d$ 的直钩。连梁纵筋在中间支座的锚固长度为 $\geqslant l_{aE}$ 且不小于 600mm。

(3) 连梁纵筋和暗梁纵筋的互锚

连梁 LL 遇到暗梁 AL 时,连梁 LL 的纵筋与暗梁 AL 的纵筋互锚,即互相在对方体内锚固一个 l_{aE}(锚固长度从连梁 LL 与暗梁 AL 的分界线算起)。

相邻洞口连梁纵筋的连通:由于连梁纵筋在支座的锚固长度为 l_{aE},当相邻连梁的中间支座长度不足 $2l_{aE}$ 时,就会发生左右两根连梁纵筋在中间支座上"重叠"的现象,这时不如把左右两根连梁纵筋贯通为一根钢筋,对结构更为有利。

(4) 端部暗柱墙的水平分布筋

剪力墙的水平分布筋从暗柱纵筋的外侧插入暗柱,伸到暗柱端部纵筋的内侧,然后弯 $15d$ 的直钩。

(5) 翼墙的水平分布筋

端墙两侧的水平分布筋伸至翼墙对边,顶着暗柱外侧纵筋的内侧后弯钩 $15d$。

(6) 转角墙的水平分布筋

剪力墙的外侧水平分布筋从暗柱纵筋的外侧通过暗柱,绕出暗柱的另一侧以后同另一侧的水平分布筋搭接 $1.2 l_{aE}$,上下相邻两排水平筋交错搭接,错开距离 $\geqslant$500mm。剪力墙的内侧水平分布筋伸至转角墙对边纵筋内侧后弯钩 $15d$。

当剪力墙为三排、四排配筋时,中间各排水平分布筋构造同剪力墙内侧钢筋。

(7) 连梁的水平分布筋

当剪力墙转角墙柱的另外一侧不是墙身而是连梁的时候,墙身的外侧水平分布筋不能拐到连梁外侧进行搭接,而应该把连梁的外侧水平分布筋拐过转角墙柱,与墙身的水平分布筋进行搭接。

2.6 剪力墙平法施工图与钢筋构造任务

结合剪力墙平法结构施工图(图 2.6.1~图 2.6.19,表 2.6.1~表 2.6.6),完成下述任务:
1. 剪力墙钢筋计算
(1) 图示一面墙,剪力墙组成图示,如 A 轴线,或 3 轴线。
(2) 图示墙中钢筋,水平分布筋和竖向分布筋。
(3) 墙中水平分布筋和竖向分布筋编号。
(4) 计算墙中水平分布筋和竖向分布筋的长度和根数。

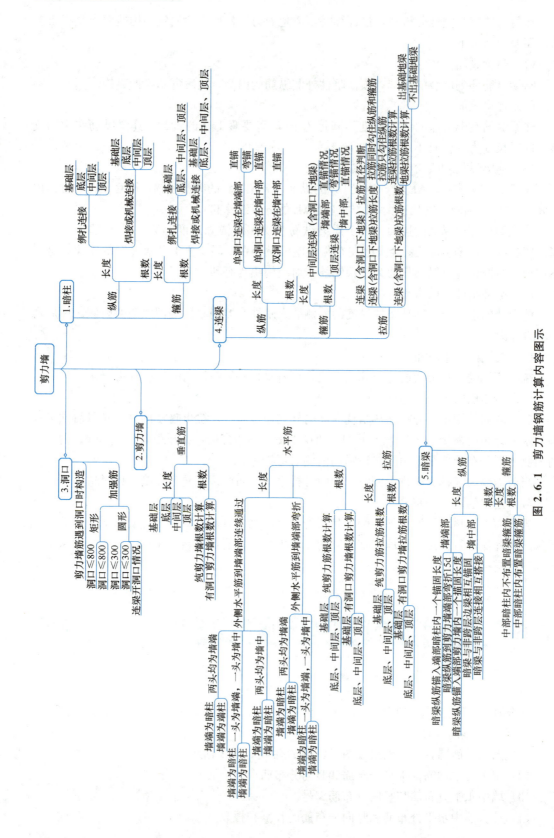

图 2.6.1 剪力墙钢筋计算内容图示

学习情境 2 混凝土剪力墙结构平法施工图与钢筋构造

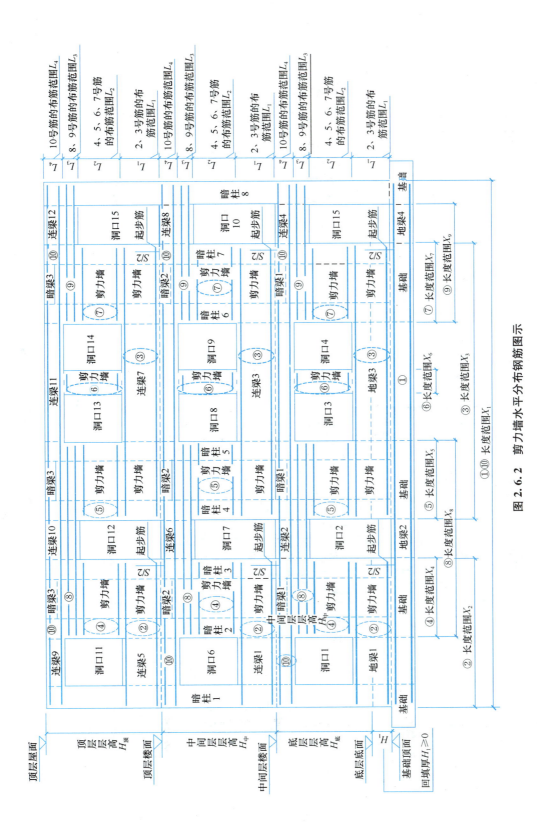

图 2.6.2 剪力墙水平分布钢筋图示

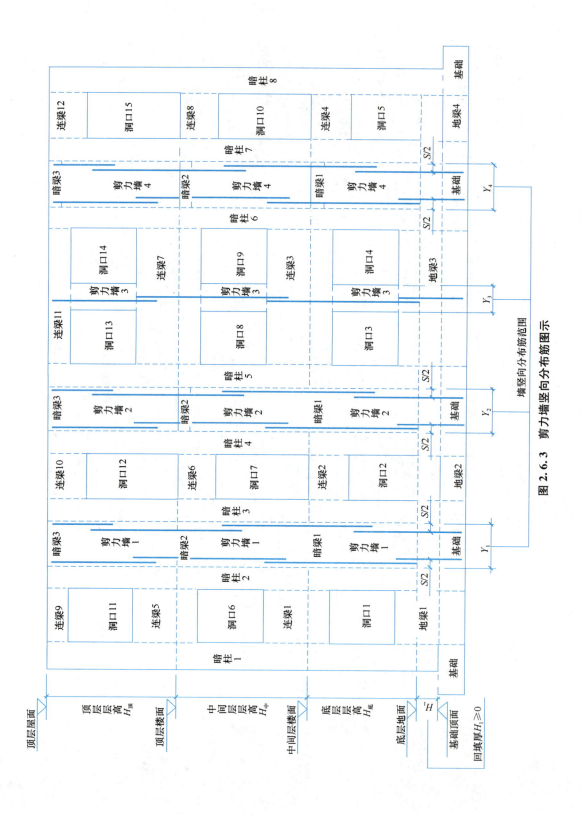

图 2.6.3 剪力墙竖向分布筋图示

学习情境 2　混凝土剪力墙结构平法施工图与钢筋构造

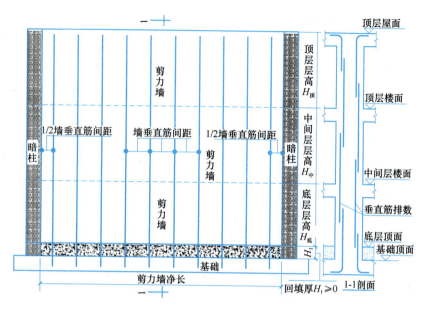

图 2.6.4　剪力墙竖向钢筋

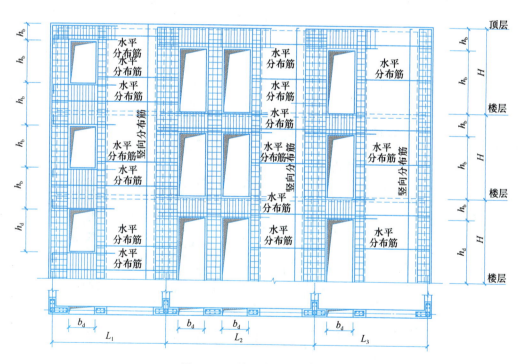

图 2.6.5　剪力墙钢筋排布示意

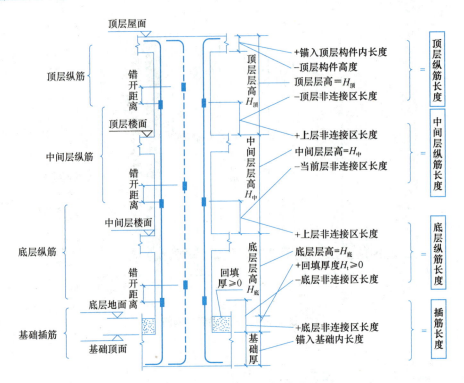

图 2.6.6 边缘构件竖向钢筋图示

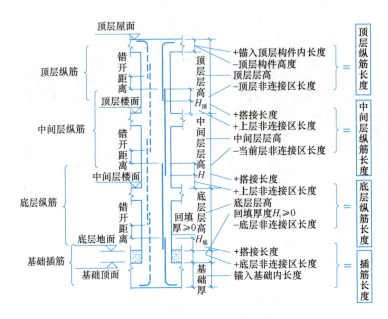

图 2.6.7 剪力墙竖向钢筋示意

学习情境 2　混凝土剪力墙结构平法施工图与钢筋构造

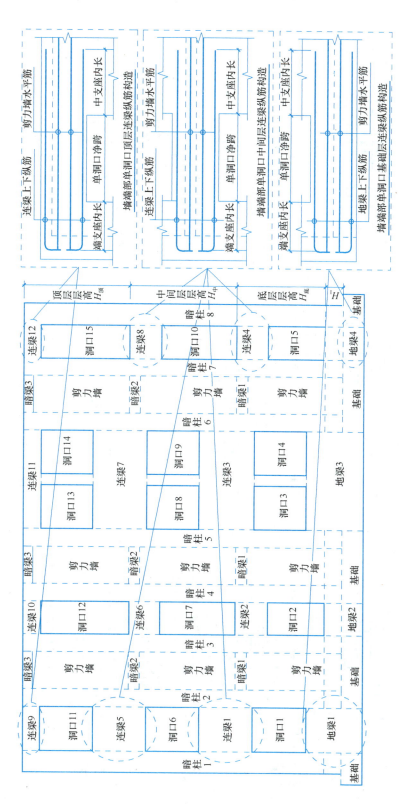

图 2.6.8　剪力墙连梁钢筋图示

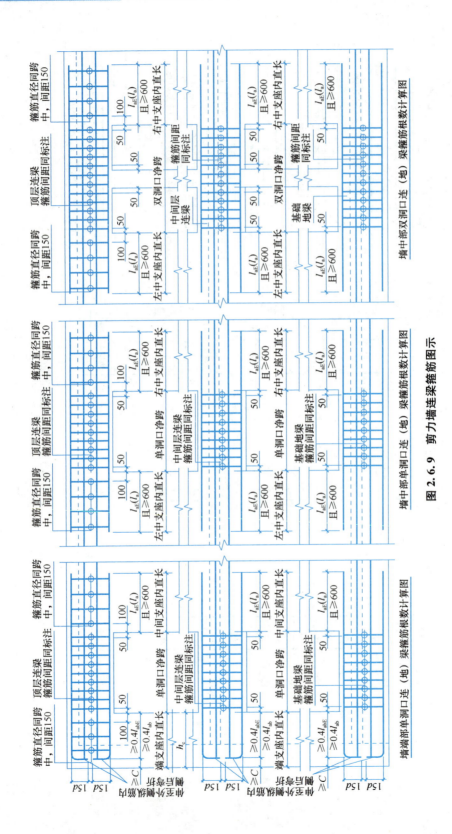

图 2.6.9 剪力墙连梁箍筋图示

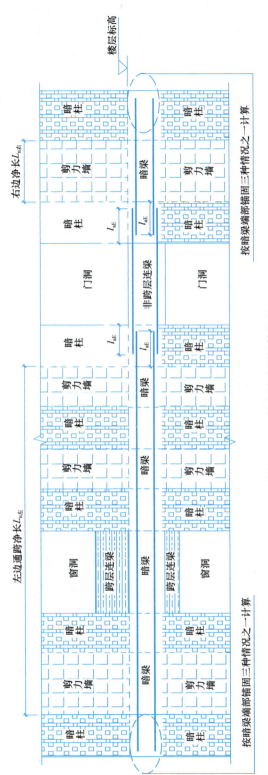

图 2.6.10 剪力墙暗梁钢筋图示

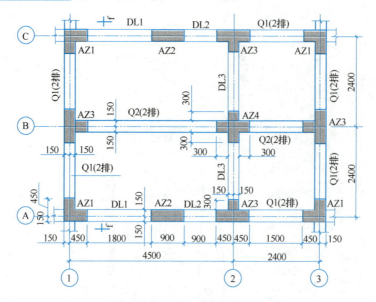

图 2.6.11 剪力墙基础平面图

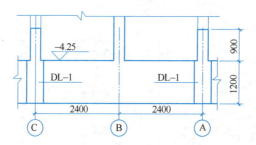

图 2.6.12 剪力墙基础剖面图

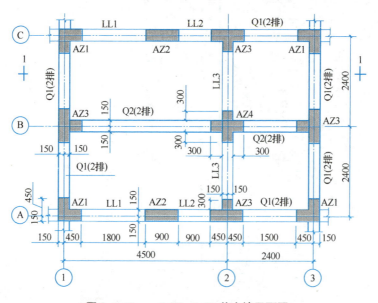

图 2.6.13 −4.25～3.55 剪力墙平面图

学习情境 2 混凝土剪力墙结构平法施工图与钢筋构造

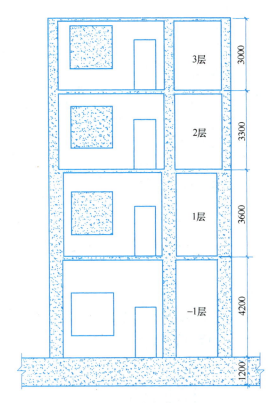

图 2.6.14 剪力墙剖面图

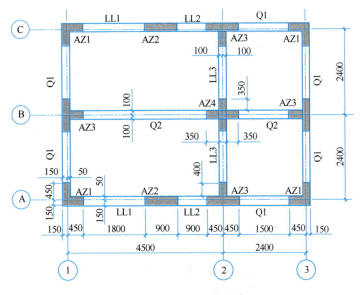

图 2.6.15 3.55~9.85 剪力墙平面图

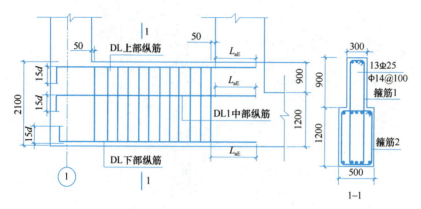

图 2.6.16　DL1 详图

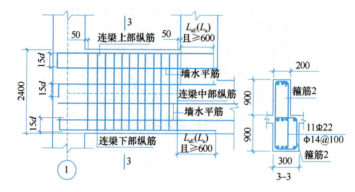

图 2.6.17　连梁 LL1 详图

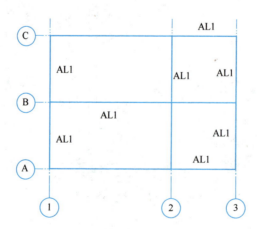

图 2.6.18　暗梁 AL1 详图

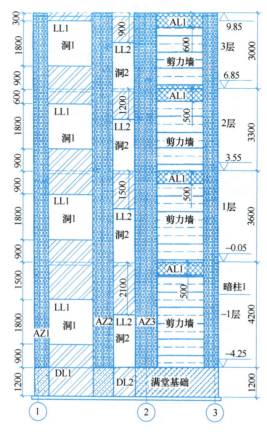

图 2.6.19 剪力墙立面图

（5）完成钢筋列表（清单）。

2. 剪力墙墙梁钢筋计算

（1）连梁钢筋图示。

（2）连梁钢筋计算。

（3）连梁钢筋清单列表。

3. 剪力墙墙柱钢筋计算

（1）墙柱钢筋图示。

（2）墙柱竖向钢筋计算与图示。

（3）墙柱箍筋计算与图示。

（4）墙柱钢筋清单列表。

剪力墙结构楼面标高表　　　　　　　　　表 2.6.1

层　　号	结构标高（m）	层高（m）
屋面	9.85	
3	6.85	3.00
2	3.55	3.30
1	−0.05	3.60
−1	−4.25	4.20

剪力墙墙梁表 表2.6.2

编号	所在楼层号	梁顶相对标高高差	梁截面尺寸	上部纵筋	下部纵筋	侧面纵筋	箍筋
DL1	基础层	H+0.9	见截面图			同墙1水平分布筋	⏀10@100(4)
DL2	基础层	H+0.0	500×1200	5⏀25	5⏀25		⏀10@100(4)
DL3	基础层	H+0.0	500×1200	5⏀25	5⏀25		⏀10@100(4)
LL1	−1	H+0.9	500×2400	4⏀22	4⏀22	同墙1水平分布筋	⏀10@100(2)
	1	H+0.9	见截面图				⏀10@100(2)
	2	H+0.9	200×1500	3⏀20	3⏀20		⏀10@100(2)
	3	H+0.9	200×300	3⏀20	3⏀20		⏀10@100(2)
LL2	−1	H+0.0	300×2100	4⏀22	4⏀22	同墙1水平分布筋	⏀10@100(2)
	1	H+0.0	300×1500	4⏀22	4⏀22		⏀10@100(2)
	2	H+0.0	200×1200	3⏀20	3⏀20		⏀10@100(2)
	3	H+0.0	200×900	3⏀20	3⏀20		⏀10@100(2)
LL3	−1	H+0.0	300×2100	4⏀22	4⏀22	同墙2水平分布筋	⏀10@100(2)
	1	H+0.0	300×1500	4⏀22	4⏀22		⏀10@100(2)
	2	H+0.0	300×1200	3⏀20	3⏀20		⏀10@100(2)
	3	H+0.0	300×900	3⏀20	3⏀20		⏀10@100(2)

剪力墙暗梁表 表2.6.3

编号	所在楼层号	梁顶相对标高高差	梁截面尺寸	上部纵筋	下部纵筋	侧面纵筋	箍筋
AL1	−1	0.00	300×500	4⏀20	4⏀20	同墙1水平分布筋	⏀10@150(2)
	1	0.00	300×500	4⏀20	4⏀20		⏀10@150(2)
	2	0.00	200×500	3⏀20	3⏀20		⏀10@150(2)
	3	0.00	200×500	3⏀20	3⏀20		⏀10@150(2)

剪力墙身表 表2.6.4

编号	标高	墙厚	水平分布筋	竖向分布筋	拉筋
Q1(2排)	−4.25~3.55	300	⏀14@200	⏀14@200	⏀6@400
	3.55~9.85	200	⏀12@200	⏀12@200	⏀6@400
Q2(2排)	−4.25~3.55	300	⏀14@200	⏀14@200	⏀6@400
	3.55~9.85	200	⏀12@200	⏀12@200	⏀6@400

学习情境 2 混凝土剪力墙结构平法施工图与钢筋构造

剪力墙的条件　　　　　　　　　　　　　　　　　　　　　　表 2.6.5

抗震等级	混凝土等级	梁柱保护层	墙体保护层	板厚	接头形式
3 级	C40	25mm	15mm	120mm	直径≤18mm 绑扎，直径＞18mm 为焊接

剪力墙柱表　　　　　　　　　　　　　　　　　　　　　　表 2.6.6

截面	(L形截面图，h_1、h_2=300，b_1、b_2=300，12Φ20，Φ10@100，箍筋1、箍筋2、拉筋1、拉筋2)	(L形截面图，h_1=400，h_2=200，b_1=200，b_2=400，12Φ18，Φ10@100，箍筋1、箍筋2、拉筋1、拉筋2)
编号	GBZ1	GBZ1
标高	－4.25－3.55	3.55－9.85
纵筋	12Φ20	12Φ18
箍筋	Φ10@100	Φ10@100
截面	(矩形截面图，h_1=300，b_1=900，10Φ20，Φ10@100，箍筋1、箍筋2)	(矩形截面图，h_1=200，b_1=900，10Φ18，Φ10@100，箍筋1、箍筋2)
编号	GBZ2	GBZ2
标高	－4.25－3.55	3.55－9.85
纵筋	10Φ20	10Φ18
箍筋	Φ10@100	Φ10@100
截面	(T形截面图，h_1=300，h_2=300，b_1、b_2、b_3=300，16Φ20，Φ10@100，箍筋1、箍筋2、拉筋1、拉筋2)	(T形截面图，h_1=400，h_2=200，b_1=350，b_2=200，b_3=350，16Φ18，Φ10@100，箍筋1、箍筋2、拉筋1、拉筋2)
编号	GBZ3	GBZ3
标高	－4.25－3.55	3.55－9.85
纵筋	16Φ20	16Φ18
箍筋	Φ10@100	Φ10@100

续表

截面		
编号	GBZ4	GBZ4
标高	−4.25—3.55	3.55—9.85
纵筋	20Φ20	20Φ18

学习情境 3

混凝土结构钢筋分项工程

钢筋分项工程是钢筋进场检验、钢筋加工、钢筋连接、钢筋安装等一系列技术工作和完成实体的总称。

3.1 钢筋质量检验

3.1.1 钢筋进场检验

钢筋进场时，应按国家现行相关标准的规定抽取试件作屈服强度、抗拉强度、伸长率、弯曲性能和重量偏差检验。

1. 验收内容

钢筋材料进入施工现场后，主要有两项检查验收内容。一是作为产品对其质量证明文件的检查验收，以及对相应钢筋实物的品种、规格、外观、数量等的检查核对；二是对钢筋重量偏差和钢筋力学性能的复验。此外，对用于某些特殊部位或有特殊要求的钢筋，尚应符合某些特殊的性能要求，并进行相应的检验。

对于绝大多数建筑钢筋的进场验收，上述两项都是必须执行的。

2. 质量合格文件

钢筋质量合格文件的检查验收，主要是检查产品合格证和出厂检验报告。产品合格证是该批产品质量符合相关标准要求的证明，同时也是生产厂家承诺该批产品质量责任的"责任书"。我国的产品质量法对此有详细规定。施工时，进场钢筋的质量证明文件是最重要的工程技术资料之一，应纳入施工档案进行管理。

质量合格文件的检查并非仅对资料本身进行翻阅查看，更重要的是应该将资料与其所代表的实物对照核查。当然，对于钢筋实物，仅凭外观、规格等检查还难以判定其真实质量，但是，按照质量证明文件对实物进行检查仍然是必不可少的环节。有时，从外观瑕疵观察和资料分析对比的某些矛盾迹象，也能够发现进场钢筋存在的问题，如混料错批等。质量合格文件检查中，对于不能取得原件的资料，当采用复印件代替时，应符合复印文件的有关规定。

3. 钢筋的进场复验

钢筋进场时，应按国家现行相关标准的规定抽取试件进行力学性能和重量偏差检验，检验结果必须符合有关标准的规定。重量负偏差按式 $(w_0 - w_d)/w_0 \times 100\%$ 计算，其中 w_0 为理论重量（1kg/m），w_d 为调直后钢筋重量（kg/m）。表 3.1.1 规定了钢筋断后伸长率（量测标距为 $5d$，d 为公称直径）和重量负偏差的要求。由于钢筋力学性能对于混凝土结构的重要性，且我国目前钢材市场存在着相当数量的伪劣产品，为确保混凝土结构的安全，规范要求：钢筋进场时，应按产品标准的规定抽取试件进行力学性能检验。通常将这种检验称之为材料进场复验。钢筋的质量指标较多，除了外观、尺寸等外部性状外，化学成分、可焊性、力学性能等均对钢筋及其在混凝土结构中的抗力有很大的影响。限于施工现场的条件，只能选择最主要的指标进行复验，规范规定应对进场钢筋的"力学性能"进行复验。力学性能检验主要指强度和变形性能两项指标。强度包括屈服强度和抗拉强度；变形性能则为延伸率和冷弯性能。上述的几项指标中，前三项应给出量化数据，最后一项通常只作出是否合格的判定。有关的钢筋产品标准规定，当试验只有一个参数不符合要求时，允许进行加倍抽样检查，如仍有一项参数不合格时，即判为不合格，否则仍可以判为合格。这种复式抽样再检的方法，以加大抽样比率的方式，减少了由于抽样偶然性可能引起的误判。

钢筋断后伸长率、重量负偏差要求　　　　　　　表 3.1.1

钢筋牌号	伸长率（%）	最大力下总伸长率（Agt）不小于（%）	重量偏差（%）		
			直径 6~12mm	直径 14~20mm	≥22mm
HPB300	≥21	10.0	±7	±6	±4
HRB400、HRBF400	≥15	7.5			
HRBE400、HRBE500	—	9.0			
HRB500、HRBF500	≥15	7.5			
HRB600 HRB600E	7.5 9.0	—	±6	±5	±4

4. 见证检验

根据国务院《建设工程质量管理条例》规定和建设部文件要求，钢筋的进场抽样复验，应至少有 30% 的比例进行见证取样和送检。即在监理或建设单位人员的现场见证下，由施工单位的试验人员现场取样，送至具备资质的检测单位进行检测。见证取样和送检，是为了规范施工试验行为，提高抽样真实性和合法性的措施。对于重要的建筑材料。如钢筋及钢筋接头、水泥、砌块等，都要求进行见证取样和送检。

3.1.2 钢筋材料的验收

综上所述，对材料质量证明文件的检查以及对力学性能、外观质量的复验，是钢筋进场时质量验收的主要内容。按照规范的规定，钢筋进场验收的检验项目可归纳为以下 5 点。

1. 资料检查

钢筋进场时应检查出厂合格证，出厂检验报告和进场复验报告。钢筋实物的规格、外观等应与上述文件相符。

2. 力学性能复验

钢筋进场应根据现行国家标准《钢筋混凝土用钢 第 2 部分：热轧带肋钢筋》GB/T 1499.2 等的规定抽取试件进行力学性能检验，其质量必须符合有关标准的规定。

3. 对抗震钢筋的强度和延性要求

对按一、二级抗震等级设防的框架结构，其纵向受力钢筋的强度应满足设计要求；当设计无具体要求时，检验所得的强度实测值应符合下列规定，以保证结构的延性。

(1) 钢筋的抗拉强度实测值与屈服强度实测值的比值不应小于 1.25；

(2) 钢筋的屈服强度实测值与强度标准值的比值不应大于 1.3；

(3) 对有抗震设防要求的结构，应对其纵向受力钢筋进行最大力下总伸长率的检测，钢筋的最大力下的总伸长率不应小于 9%。

4. 非正常情况

当发现钢筋有脆断、焊接性能不良或力学性能显著不正常等现象时，应对该批钢筋进行化学成分检验或其他专项检验。

以上项目在验收时均被列为主控项目，主要是各项力学性能指标的检验。这是工程质量和结构安全的关键所在，应加强控制。

5. 外观质量

对钢筋材料，验收时的一般项目实际只有外观质量。对于外观质量的要求比较简单和直观。钢筋应外形平直、外观无损伤，表面不得有裂纹、油污、颗粒状或片状老锈。这些检查项目中，不平直的弯曲钢筋可能影响加工和安装；带有折痕的钢筋容易脆断；钢筋损伤、裂纹可能影响其力学性能；而油污沾染和表面锈蚀可能影响其握裹性能，导致锚固力下降，严重锈蚀还可能影响钢筋的强度。

6. 钢筋代换

在工程中由于材料供应等原因，往往会对钢筋混凝土构件中的受力钢筋进行代换。钢筋代换一般不可以简单地采用等面积或者用大直径代换，特别是在抗震设防要求的框架梁、柱、剪力墙边缘构件部位，当代换后的纵向钢筋总承载力设计值大于原设计纵向钢筋总承载力设计值时，会造成薄弱部位的转移，以及构件在有影响的部位发生混凝土脆性破坏（混凝土压碎、剪切破坏等），对结构并不安全。钢筋代换应遵循以下原则：

等强度代换或等面积代换。当构件配筋受强度控制时，按钢筋代换前后强度相等的原则进行代换；当构件按最小配筋率配筋时，或同钢号钢筋之间的代换，按钢筋代换前后面积相等的原则进行代换。当构件受裂缝宽度或挠度控制时，代换前后应进行裂缝宽度和挠度验算。

钢筋代换时，应征得设计单位的同意，相应费用按有关合同规定（一般应征得业主同意）并办理相应手续。代换后钢筋的间距、锚固长度、最小钢筋直径、数量等构造要求和受力、变形情况均应符合相应规范要求。

3.2 钢筋加工

钢筋调直

钢筋宜采用无延伸功能的机械设备进行调直，也可采用冷拉方法调直。当采用冷拉方法调直时，HPB300 光圆钢筋的冷拉率不宜大于 4%；HRB400、HRB500、HRBF400、HRBF500 及 RRB400 带肋钢筋的冷拉率不宜大于 1%。钢筋调直过程中不应损伤带肋钢筋的横肋。调直后的钢筋应平直，不应有局部弯折。

3.2.1 钢筋加工要求

1. 基本要求

钢筋加工包括调直、除锈、下料切断、接长、弯曲成型等。

钢筋宜采用无延伸功能的机械设备进行调直；也可采用冷拉调直。当采用冷拉调直时，HPB300 光圆钢筋的冷拉率不宜大于 4%；HRB400、HRB500、HRBF400、HRBF500 及 RRB400 带肋钢筋的冷拉率不宜大于 1%。

钢筋除锈：一是在钢筋冷拉或调直过程中除锈；二是可采用机械除锈机除锈、喷砂除锈、酸洗除锈和手下除锈等。

钢筋下料切断可采用钢筋切断机或手动液压切断器进行。钢筋的切断口不得有马蹄形或起弯等现象。

钢筋加工宜在常温状态下进行，加工过程中不应加热钢筋。钢筋弯曲成型可采用钢筋弯曲机、四头弯筋机及手工弯曲工具等进行。钢筋弯折应一次完成，不得反复弯折。

由于钢筋加工的形状不同，验收规范将钢筋加工分为"主筋加工"和"箍筋加工"两类。规范对主筋和箍筋的弯钩角度、弯曲部分的内弧直径以及弯后平直段长度均提出了要求。

钢筋加工前，需根据工艺要求准备钢筋加工机械和工具。通常包括钢筋切断机、砂轮锯、钢筋弯曲机、不同直径的弯曲机轴和工具卡盘等。

关于钢筋加工，钢筋弯折的弯弧内直径应符合下列规定：光圆钢筋，不应小于钢筋直径的 2.5 倍；400MPa 级带肋钢筋，不应小于钢筋直径的 4 倍；500MPa 级带肋钢筋，当直径为 25mm 以下时，不应小于钢筋直径的 6 倍，直径为 25mm 及以上时不应小于钢筋直位的 7 倍；箍筋弯折处尚不应小于纵向受力钢筋的直径。对位于框架结构顶层端部节点的梁上部纵筋和柱子外部纵筋，在节点角部弯折处，当钢筋直径为 25mm 以下时，不应小于钢筋直径的 12 倍，直径为 25mm 及以上时不应小于钢筋直位的 16 倍；采用尺量检测方法，按每工作班同一类型钢筋、同一加工设备抽查不应少于 3 件。

为保证工艺质量，钢筋加工前应制作钢筋加工大样图（或称翻样图），按翻样尺寸试加工后再进行批量生产。形状较复杂的钢筋（如特殊箍筋、梯子筋、元宝筋、吊筋等）宜做出加工样板，配上详细的加工交底图和专门的验收模具或工具，以便于进行加工和验收。

钢筋弯曲加工时，弯曲机的芯轴直径应同时满足验收要求和绑扎施工对弯弧半径的要求。弯折钢筋的短边尺寸和长边尺寸应同时满足允许偏差的要求，弯折角度应准确，用验收模具检查。加工箍筋的卡盘应分规格制作，并专盘专用，以使主筋与箍筋贴合严密。箍筋加工时应对每一个弯折长度进行控制。箍筋 135°弯钩弯后平直段应两肢平行，不能有劈口，平直段应等长。两钩垂直距离应满足单排钢筋或双排钢筋的绑扎需要，平直段长度尺寸应符合验收规范要求。箍筋的形状、尺寸、平面翘曲等也应符合要求。

加工后的钢筋应进行标识，通常采用挂标识牌的方法。标识牌应注明钢筋规格、数量、图形、几何尺寸、使用部位、加工人员、加工时间和检验状态等内容。钢筋加工场和存放场应搭设棚架，集中码放材料和成品、半成品，防止雨淋锈蚀。由加工厂加工的钢筋，对于施工现场是成品或半成品，其加工的基本要求与上述现场加工的要求相同。但是在钢筋资料管理和验收管理上，应符合相关的规定。

2. 钢筋加工的允许偏差

（1）主控项目

1) 受力钢筋的弯钩和弯折应符合上述规定；

2）箍筋弯钩的弯弧内直径、弯折角度、平直段长度应符合上述规定。

检查数量：按每工作班同一类型钢筋、同一加工设备抽查不应少于3件。

检查方法：钢尺检查。

（2）一般项目

1）钢筋调直冷拉率应符合规定。

2）钢筋加工的形状与尺寸应符合设计要求，其偏差应符合表3.2.1的规定。

检查数量与方法，与主控项目相同。

钢筋加工的允许偏差　　　　表 3.2.1

项　　目	允许偏差（mm）
受力钢筋顺长度方向全长的净尺寸	±10
弯起钢筋的弯折位置	±20
箍筋内的净尺寸	±5
箍筋135°弯钩平直长度	0，+5
顶模棍	±1
梯子筋、马凳	±2

3.2.2　钢筋配料与下料

1. 钢筋配料

钢筋配料是根据构件配筋图，先绘出各种形状和规格的单根钢筋简图并加以编号，然后分别计算钢筋下料长度、根数及重量，填写钢筋配料单，作为申请、备料、加工的依据。为使钢筋满足设计要求的形状和尺寸，需要对钢筋进行弯折，而弯折后钢筋各段的长度总和并不等于其在直线状态下的长度，所以，要对钢筋剪切下料长度加以计算。各种钢筋下料长度计算如下：

上述钢筋如需要搭接，还要增加钢筋搭接长度。

平直钢筋下料长度＝构件长度－保护层厚度＋弯钩的增加长度

弯起钢筋下料长度＝直段长度＋斜段长度＋弯钩的增加长度－弯曲调整值

箍筋下料长度＝外皮周长尺寸＋箍筋调整值（或＝内皮周长尺寸＋箍筋调整值）

计算钢筋造价时，则按照上述计算公式不扣减弯曲调整值即可。钢筋如有接长，则另加搭接长度。

2. 单个弯钩增加长度计算

钢筋弯钩有三种形式：半圆弯钩、直弯钩及斜弯钩，如图3.2.1所示。

三种弯钩增加长度：

半圆弯钩：$l_z = 1.071D + 0.57d + l_p$

直弯钩：$l_z = 0.285D + 0.215d + l_p$

斜弯钩：$l_z = 0.678D + 0.178d + l_p$

式中 D——圆弧弯曲直径，对 HPB235 级钢筋取 $2.5d$，HRB335 级钢筋取 $4d$，HRB400 级钢筋取 $5d$；

d——钢筋直径；

l_p——弯钩的平直部分长度。

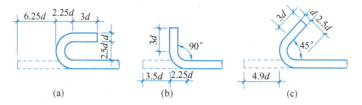

图 3.2.1 钢筋弯钩计算简图

(a) 半圆弯钩；(b) 直弯钩；(c) 斜弯钩

弯钩增加长度计算可参表 3.2.2～表 3.2.3。

弯钩增加长度计算表   表 3.2.2

弯钩形式	弯钩增加值计算公式	弯曲直径 D	弯钩平直部分长度 l_p	弯钩增加长度 l_z
半圆弯钩	$l_z=1.071D+0.57d+l_p$	$2.5d$	$3d$	$6.25d$
			0	$3.25d$
直弯钩	$l_z=0.285D+0.215d+l_p$	$2.5d$	$3d$	$3.5d$
			$5d$	$5.5d$
斜弯钩	$l_z=0.678D+0.178d+l_p$	$2.5d$	$3d$	$4.9d$
			$10d$	$11.9d$（$12d$）
备注：	取尾数为 5 或 0 的弯钩增加长度			

某些施工或预算手册中的弯钩增加长度公式   表 3.2.3

弯钩角度 α	180°	135°	90°
弯钩增长公式 L_z	$3d+\dfrac{3.5d\pi}{2}-2.25d$	$3d+\dfrac{1.5 \cdot 3.5d\pi}{4}-2.25d$	$3d+\dfrac{3.5d\pi}{4}-2.25d$
弯钩增加长度	$6.25d$	$4.9d$	$3.5d$

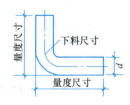

图 3.2.2 钢筋弯曲时的度量方法

3. 钢筋弯曲调整值

由于钢筋弯曲时，外侧伸长，内侧缩短，只有轴线长度不变。因弯曲处形成圆弧，而设计图中注明的量度尺寸一般是沿直线量外包尺寸。外包尺寸和钢筋轴线长度（下料尺寸）之间存在一个差值，即弯曲钢筋的量度尺寸大于下料尺寸，如图 3.2.2 所示。两者之间的差值叫弯曲调整值，表 3.2.4 给出钢筋弯曲调整值。图 3.2.3 给出钢筋弯曲形式及调整值计算的简图。

量度尺寸－下料尺寸＝弯曲调整值或下料尺寸＝量度尺寸－弯曲调整值

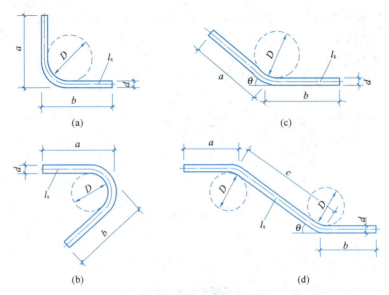

图 3.2.3 钢筋弯曲形式及调整值计算简图

（a）钢筋弯曲 90°；（b）钢筋弯曲 135°；（c）钢筋一次弯曲 30°、45°、60°；（d）钢筋弯曲 30°、45°、60°

a、b—量度尺寸；l_x—下料长度

钢筋弯折时的弯曲调整值 1   表 3.2.4

弯折角度 α	弯曲调整值公式	弯曲直径 D 取值	弯曲调整值
30°	$0.006D+0.274d$	$D=4d$	$0.298d$
		$D=5d$	$0.304d$
45°	$0.022D+0.436d$	$D=4d$	$0.52d$
		$D=5d$	$0.55d$
60°	$0.053D+0.631d$	$D=4d$	$0.85d$
		$D=5d$	$0.9d$
90°	$0.215D+1.215d$	$D=4d$	$2.08d$
		$D=5d$	$2.29d$
		$D=6d$	$2.50d$
		$D=8d$	$2.94d$
		$D=12d$	$3.80d$
		$D=16d$	$4.66d$
135°	$0.236D+1.65d$	$D=4d$	$2.59d$
		$D=5d$	$2.83d$
		$D=6d$	$3.06d$

《建筑施工计算手册》根据经验提出的各种形状钢筋弯曲调整值（图 3.2.4），可供现场施工下料人员操作时参考。

4．箍筋弯钩规定及箍筋调整值

（1）箍筋弯钩规定

用Ⅰ级钢筋或冷拔低碳钢筋制作的箍筋：①弯钩的弯曲直径应大于受力钢筋直径，且

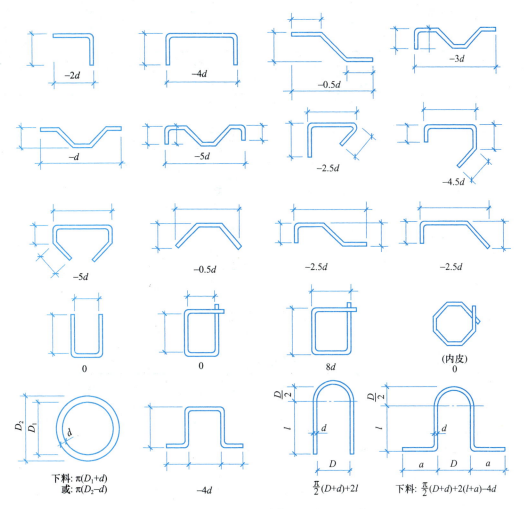

图 3.2.4 各种形状钢筋弯曲延伸下料调整值

不小于箍筋直径的 2.5 倍；②弯钩平直部分的长度，对于一般结构，不宜小于 $5d$；对于有抗震要求的结构，不应小于 $10d$（d 为箍筋直径）。

对于无抗震要求的结构，箍筋弯钩按 90°/180° 或 90°/90° 形式加工；对于有抗震要求或受扭的结构可按 135°/135° 形式加工。箍筋弯钩形式如图 3.2.5 所示。

箍筋调整值，即为弯钩增加长度和弯曲调整值两项之差或之和，根据箍筋量外包尺寸或内皮尺寸确定见图 3.2.6 与表 3.2.5。

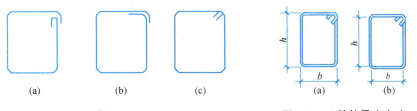

图 3.2.5　　　　　　　　图 3.2.6　箍筋量度方法
　　　　　　　　　　　　（a）量外包尺寸；（b）量内皮尺寸

(2) 箍筋调整值

箍筋调整值　　　　　　　　　　　　表 3.2.5

箍筋量度方法	箍筋直径（mm）			
	4～5	6	8	10～12
量外包尺寸	40	50	60	70
量内皮尺寸	80	100	120	150～170

注：工地经验有时根据内包尺寸$+27d$确定下料长度（对于平直段长度为$10d$）。

5. 弯起钢筋斜长

弯起钢筋斜长计算简图，见图 3.2.7。弯起钢筋斜长系数见表 3.2.6。

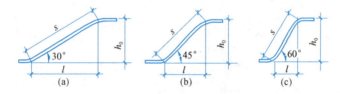

图 3.2.7　弯起钢筋斜长计算简图
（a）弯起角度 30°；（b）弯起角度 45°；（c）弯起角度 60°

弯起钢筋斜长系数　　　　　　　　　　表 3.2.6

弯起角度	$\alpha=30°$	$\alpha=45°$	$\alpha=60°$
斜边长度 s	$2h_0$	$1.41h_0$	$1.15h_0$
底边长度 l	$1.732h_0$	h_0	$0.575h_0$
增加长度 $s-l$	$0.268h_0$	$0.41h_0$	$0.575h_0$

注：h_0 为弯起高度。

3.3　钢筋连接

工程中常用的钢筋连接形式有三种：绑扎搭接连接、焊接连接和机械连接。钢筋焊接接头有多种不同工艺：电渣压力焊、气压焊、电弧焊、闪光接触对焊等。钢筋机械接头也有多种不同工艺：锥螺纹接头、各种直螺纹接头、套筒冷挤压接头等。采用何种连接方式，应由设计确定并在设计文件中明确表达。施工应严格执行设计要求，并在施工后全面观察检验加以落实。

钢筋绑扎连接是利用混凝土的粘结锚固作用，实现两根锚固钢筋的应力传递。

钢筋接头位置宜设在受力较小处。同一纵向受力钢筋不宜设置两个或两个以上接头。接头末端至钢筋弯起点的距离不应小于钢筋直径的 10 倍。构件同一截面内钢筋接头数应符合设计和规范要求。

钢筋连接方式应根据设计要求和施工条件选用。

3.3.1 绑扎搭接连接

1. 绑扎要求

(1) 纵向受力钢筋的连接方式应符合设计要求。

(2) 钢筋接头宜设置在受力较小处。同一纵向受力钢筋不宜设置2个或2个以上接头。接头末端至钢筋弯起点的距离不应小于钢筋直径的10倍。

(3) 钢筋绑扎搭接接头连接区段及接头面积百分率符合规范要求。

(4) 纵向受力钢筋绑扎搭接接头的最小搭接长度应符合设计和规范的规定。

钢筋绑扎方法见图3.3.1。

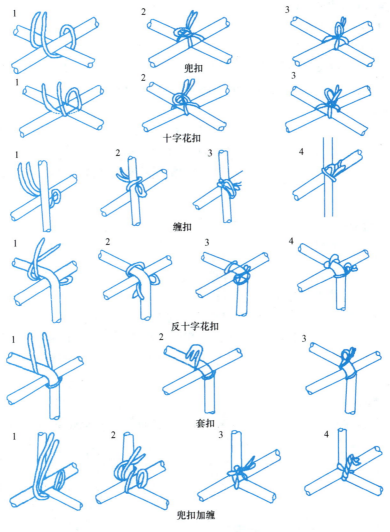

图 3.3.1 钢筋的绑扎方法

2. 绑扎工艺要点

(1) 钢筋搭接处,应在中心和两端用镀锌钢丝扎牢,如图3.3.2所示。

(2) 钢筋的交叉点都应采用镀锌铁丝扎牢。

(3) 焊接骨架和焊接网采用绑扎连接时,应符合下列规定。

1) 焊接骨架的焊接网的搭接接头,不宜位于构件的最大弯矩处。

2) 焊接网在非受力方向的搭接长度,不宜小于 100mm。

3) 受拉焊接骨架和焊接网在受力钢筋方向的搭接长度,应符合设计规定;受压焊接骨架和焊接网在受力钢筋方向的搭接长度,可取受拉焊接骨架和焊接网在受力钢筋方向的搭接长度的 0.7 倍。

(4) 在绑扎骨架中非焊接的搭接接头长度范围内,当搭接钢筋为受拉时,其箍筋的间距不应大于 $5d$,且不应大于 100mm。当搭接钢筋为受压时,其箍筋间距不应大于 $10d$,且不应大于 200mm(d 为受力钢筋中的最小直径)。

(5) 钢筋绑扎用的镀锌钢丝,可采用 20～22 号镀锌钢丝,其中 22 号镀锌钢丝只用于绑扎直径 12mm 以下的钢筋。

(6) 控制混凝土保护层应采用水泥砂浆垫块或塑料卡。

水泥砂浆垫块的厚度应等于保护层厚度。垫块的平面尺寸:当保护层厚度等于或小于 20mm 时为 30mm×30mm;大于 20mm 时为 50mm×50mm。当在垂直方向使用垫块时,可在垫块中埋入 20 号镀锌钢丝。

塑料卡的形状有 2 种:塑料垫块和塑料环圈,见图 3.3.3。塑料垫块用于水平构件(如梁、板),在两个方向均有凹槽,以便适应两种保护层厚度。塑料环圈用于垂直构件(如柱、墙),使用时钢筋从卡嘴进入卡腔;由于塑料环圈有弹性,可使卡腔的大小能适应钢筋直径的变化。

3.3.2 焊接连接

钢筋的焊接质量与钢材的可焊性、焊接工艺有关。可焊性与含碳量、合金元素的数量有关,含碳、锰数量增加,则可焊性差;而含适量的钛可改善可焊性。焊接工艺(焊接参数与操作水平)亦影响焊接质量,即使可焊性差的钢材,若焊接工艺合宜,亦可获得良好的焊接质量。当环境温度低于-5℃,即为钢筋低温焊接,此时应调整焊接工艺参数,使焊缝和热影响区缓慢冷却。风力超过 4 级时,应有挡风措施。环境温度低于-20℃时不得进行焊接。

(1) 一般规定

钢筋焊接方法分类及适用范围,见表 3.3.1。钢筋焊接质量检验,应符合现行行业

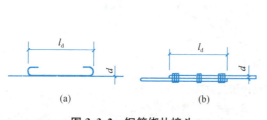

图 3.3.2 钢筋绑扎接头

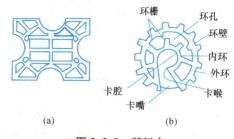

图 3.3.3 塑料卡
(a) 塑料垫块;(b) 塑料环圈

标准《钢筋焊接及验收规程》JGJ 18 和《钢筋焊接接头试验方法标准》JGJ/T 27 的规定。

电渣压力焊应用于柱、墙、烟囱等现浇混凝土结构中竖向受力钢筋的连接；不得用于梁、板等构件中水平钢筋的连接。

在工程开工或每批钢筋正式焊接前，应进行现场条件下的焊接性能试验。合格后，方可正式生产。

钢筋焊接施工之前，应清除钢筋或钢板焊接部位和与电极接触的钢筋表面上的锈斑油污、杂物等；钢筋端部若有弯折、扭曲时，应予以矫直或切除。

进行电阻点焊、闪光对焊、电渣压力焊或埋弧压力焊时，应随时观察电源电压的波动情况。对于电阻点焊或闪光对焊，当电源电压下降大于5%、小于8%时，应采取提高焊接变压器级数的措施；当大于或等于8%时，不得进行焊接。对于电渣压力焊或埋弧压力焊，当电源电压下降大于5%时，不宜进行焊接。

对从事钢筋焊接施工的班组及有关人员应经常进行安全生产教育，并应制定和实施安全技术措施，加强焊工的劳动保护，防止发生烧伤、触电、火灾、爆炸以及烧坏焊接设备等事故。

焊机应经常维护保养和定期检修，确保正常使用。

钢筋焊接方法分类及适用范围　　　　　　　　　　表 3.3.1

焊接方法		接 头 形 式	适用范围	
			钢筋级别	钢筋直径（mm）
电阻点焊			HPB300 HRB400、HRB500 HRBF400、HRBF500	6～16 6～16 6～16
闪光对焊			HPB300 HRB400、 RRB400、HRB500	8～40
电弧焊	帮条双面焊		HPB300、 HRB400、HRBF400 HRB500、HRBF500	10～22 10～40 10～32
	帮条单面焊		HPB300 HRB400、HRBF400、 HRB500、HRBF500	10～22 10～40 10～32
	搭接双面焊		HPB300 HRB400 RRB500	10～22 10～40 10～32

续表

焊接方法		接头形式	适用范围	
			钢筋级别	钢筋直径（mm）
电弧焊	搭接单面焊		HPB300 HRB400、HRBF400 HRB500、HRBF500	10～22 10～40 10～32
	熔槽帮条焊		HPB300 HRB400、HRBF400 HRB500、HRBF500	20～22 20～40 20～32
	坡口平焊		HPB300 HRB400、HRBF400 HRB500、HRBF500	18～22 18～40 18～32
	坡口立焊		HPB300 HRB400、HRBF400 HRB500、HRBF500	18～22 18～40 18～32
	钢筋与钢板搭接焊		HPB300 HRB400 HRB500	8～22 8～40 8～32
	预埋件角焊		HPB300 HRB400 HRB500	6～22 6～25 10～20
	预埋件穿孔塞焊		HPB300 HRB400 HRB500	20～22 20～32 20～28
电渣压力焊			HPB300 HRB400 HRB500	12～22 12～32 12～32
气压焊			HPB300 HRB400 HRB500	12～22 12～40 12～32

注：表引用现行《钢筋焊接及验收规程》JGJ 18。

（2）焊接检验

在现行《钢筋焊接及验收规程》JGJ 18 中规定：

钢筋焊接接头或焊接制品应按检验批进行质量检验与验收，并划分为主控项目和一般项目两类。质量检验时，应包括外观检查和力学性能检验。

纵向受力钢筋焊接接头，包括闪光对焊接头、电弧焊接头、电渣压力焊接头、气压焊接头的连接方式检查和接头的力学性能检验规定为主控项目。

接头连接方式应符合设计要求，并应全数检查，检验方法为观察。

接头试件进行力学性能检验时，其质量和检查数量应符合本规程有关规定。检验方法包括：检查钢筋出厂质量证明书、钢筋进场复验报告、各项焊接材料产品合格证、接头试件力学性能试验报告等。

焊接接头的外观质量检查规定为一般项目。

非纵向受力钢筋焊接接头，包括交叉钢筋电阻点焊焊点、封闭环式箍筋闪光对焊接头、钢筋与钢板电弧搭接焊接头、预埋件钢筋电弧焊接头、预埋件钢筋埋弧压力焊接头的质量检验与验收，规定为一般项目。

焊接接头外观检查时，首先应由焊工对所焊接头或制品进行自检；然后由施工单位专业质量检查员检验；监理（建设）单位进行验收记录。

纵向受力钢筋焊接接头外观检查时，每一检验批中应随机抽取10%的焊接接头。检查结果，当外观质量各小项不合格数均小于或等于抽检数的10%，则该批焊接接头外观质量评为合格。

当某一小项不合格数超过抽检数的10%时，应对该批焊接接头该小项逐个进行复检，并剔出不合格接头；对外观检查不合格接头采取修整或焊补措施后，可提交二次验收。

钢筋闪光对焊接头、电弧焊接头、电渣压力焊接头、气压焊接头拉伸试验结果均应符合下列要求：

3个热轧钢筋接头试件的抗拉强度均不得小于该牌号钢筋规定的抗拉强度；RRB400钢筋接头试件的抗拉强度均不得小于 $570N/mm^2$，焊接试件接头形式及取样尺寸见表3.3.3。

至少应有2个试件断于焊缝之外，并应呈延性断裂。

当达到上述2项要求时，应评定该批接头为抗拉强度合格。

当试验结果有2个试件抗拉强度小于钢筋规定的抗拉强度，或3个试件均在焊缝或热影响区发生脆性断裂时，则一次判定该批接头为不合格品。

当试验结果有1个试件的抗拉强度小于规定值，或2个试件在焊缝或热影响区发生脆性断裂，其抗拉强度均小于钢筋规定抗拉强度的1.10倍时，应进行复验。复验时，应再切取6个试件。复验结果，当仍有1个试件的抗拉强度小于规定值，或有3个试件断于焊缝或热影响区，呈脆性断裂，其抗拉强度小于钢筋规定抗拉强度的1.10倍时，应判定该批接头为不合格品。

注：当接头试件虽断于焊缝或热影响区，呈脆性断裂，但其抗拉强度大于或等于钢筋规定抗拉强度的1.10倍时，可按断于焊缝或热影响区之外，呈延性断裂同等对待。

闪光对焊接头、气压焊接头进行弯曲试验时，应将受压面的金属毛刺和镦粗凸起部分消除，且应与钢筋的外表齐平。弯曲试验可在万能试验机、手动或电动液压弯曲试验器上进行，焊缝应处于弯曲中心点，弯心直径和弯曲角应符合表 3.3.2 的规定。

弯曲试验指标　　　　　　　　　　　　表 3.3.2

钢筋牌号	弯心直径	弯曲角度（°）	钢筋牌号	弯心直径	弯曲角度（°）
HPB300	$2d$	90	HRB500	$5d$	90
HRB400、RRB400	$5d$	90			

注：d 为钢筋直径（mm）；直径大于 25mm 的钢筋焊接接头，弯心直径应增加 1 倍钢筋直径。

当试验结果，弯至 90°，有 2 个或 3 个试件外侧（含焊缝和热影响区）未发生破裂，应评定该批接头弯曲试验合格。

当 3 个试件均发生破裂，则 1 次判定该批接头为不合格品。当有 2 个试件发生破裂，应进行复验，复验时，应再切取 6 个试件。复验结果，当有 3 个试件发生破裂时，应判定该批接头为不合格品。

注：当试件外侧横向裂纹宽度达到 0.5mm 时，应认定已经破裂。

拉伸试验的尺寸　　　　　　　　　　　　表 3.3.3

焊接方法	接头形式	试样尺寸（mm）	
		l_s	$L \geqslant$
电阻点焊		—	$300l_s+2l_j$
闪光对焊		$8d$	l_s+2l_j
电弧焊	双面帮条焊	$8d+2l_h$	l_s+2l_j
	单面帮条焊	$5d+l_h$	l_s+2l_j
	双面搭接焊	$8d+l_h$	l_s+2l_j
	单面搭接焊	$5d+l_h$	l_s+2l_j
	熔槽帮条焊	$8d+l_h$	l_s+2l_j

续表

焊接方法	接头形式		试样尺寸（mm）	
			l_s	$L \geq$
电弧焊	坡口焊		$8d$	$l_s + 2l_j$
	窄间隙焊		$8d$	$l_s + 2l_j$
电渣压力焊			$8d$	$l_s + 2l_j$
气压焊			$8d$	$l_s + 2l_j$
预埋件电弧焊			—	200
预埋件埋弧压力焊				

注：l_s—受试长度；
l_h—焊缝（或镦粗）长度；
l_j—夹持长度（100～200mm）；
L—试样长度。

3.3.3 机械连接

钢筋机械连接是通过连接件的机械咬合作用或钢筋端面的承压作用，将 1 根钢筋中的力传递至另一根钢筋的连接方法。具有施工简便、工艺性能良好、接头质量可靠、不受钢筋焊接性的制约、可全天候施工、节约钢材和能源等优点。常用的机械连接接头类型有：挤压套筒接头、锥螺纹套筒接头、直螺纹套筒接头、熔融金属充填套筒接头、水泥灌浆充填套筒接头和受压钢筋端面平接头等。

1. 带肋钢筋套筒挤压连接

带肋钢筋套筒挤压连接是将需要连接的带肋钢筋，插于特制的钢套筒内，利用挤压机压缩套筒，使之产生塑性变形，靠变形后的钢套筒与带肋钢筋之间的紧密咬合来实现钢筋的连接。适用于钢筋直径为 16～50mm 的热轧 HRB400 级带肋钢筋的连接。

钢筋挤压连接有钢筋径向挤压连接和钢筋轴向挤压连接两种形式。

(1) 带肋钢筋套筒径向挤压连接。带肋钢筋套筒径向挤压连接，是采用挤压机沿径向（即与套筒轴线垂直方向）将钢套筒挤压产生塑性变形，使之紧密地咬住带肋钢筋的横肋，实现两根钢筋的连接（图3.3.4）。当不同直径的带肋钢筋采用挤压接头连接时，若套筒两端外径和壁厚相同，被连接钢筋的直径相差不应大于5mm。

挤压连接工艺流程：钢筋套筒检验→钢筋断料→刻画钢筋套入长度定出标记→套筒套入钢筋→安装挤压机→开动液压泵→逐渐加压套筒至接头成型→卸下挤压机→接头外形检查。

(2) 带肋钢筋套筒轴向挤压连接。钢筋轴向挤压连接，是采用挤压机和压模对钢套筒及插入的两根对接钢筋，沿其轴向方向进行挤压，使套筒咬合到带肋钢筋的肋间，使其结合成一体，见图3.3.5。

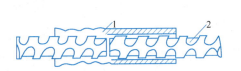 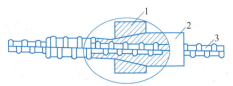

图 3.3.4　钢筋径向挤压
1—钢套管；2—钢筋

图 3.3.5　钢筋轴向挤压
1—压模；2—钢套管；3—钢筋

(3) 带肋钢筋套筒径向挤压连接应符合下列要求：

1) 钢套筒的屈服承载力和抗拉承载力应大于钢筋的屈服承载力和抗拉承载力的1.1倍。

2) 套筒的材料及几何尺寸应符合检验认定的技术要求，并应有相应的出厂合格证。

3) 钢筋端头的锈、泥沙、油污、杂物都应清理干净，端头要直、面宜平，不同直径钢筋的套筒不得相互串用。

4) 钢筋端头要画出标记，用以检查钢筋伸入套筒内的长度。

5) 挤压后钢筋端头离套筒中线不应超过10mm，压痕间距应为1～6mm，挤压后套筒长度应增长为原套筒的1.10～1.15倍，挤压后压痕处套筒的最小外径应为原套筒外径的85%～90%。

6) 接头处弯折角度不得大于4°。

7) 接头处不得有肉眼可见裂纹及过压现象。

8) 现场每500个相同规格、相同制作条件的接头为1个验收批，抽取不少于3个试件（每结构层中不应少于1个试件）作抗拉强度检验。若1个不合格，应取双倍试件送试，再有不合格，则该批挤压接头评为不合格。

2. 钢筋锥螺纹套筒连接

锥螺纹钢筋接头是利用锥形螺纹能承受轴向力和水平力以及密封性能较好的原理，依靠机械力将钢筋连接在一起。操作时，先用专用套丝机将钢筋的待连接端加工成锥形外螺纹；然后，通过带锥形内螺纹的钢连接套筒将2根待接钢筋连接；最后利用力矩扳手按规定的力矩值使钢筋和连接钢套筒拧紧在一起（图3.3.6）。

这种接头工艺简便，能在施工现场连接直径16～40mm的热轧HRB400级同径和异径的竖向或水平钢筋，且不受钢筋是否带肋和含碳量的限制。适用于按一、二级抗震等级设计的工业和民用建筑钢筋混凝土结构的热轧 HRB335 级、HRB400 级钢筋的连接施工。但不得用于预应力钢筋的连接。对于直接承受动荷载的结构构件，其接头还应满足抗疲劳性能等设计要求。锥螺纹连接套筒的材料宜采用 45 号优质碳素结构钢

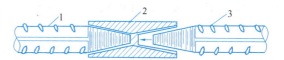

图 3.3.6　钢筋锥螺纹套筒连接
1—已连接的钢筋；2—锥螺纹套筒；3—待连接的钢筋

或其他经试验确认符合要求的钢材制成，其抗拉承载力不应小于被连接钢筋受拉承载力标准值的 1.10 倍。

（1）钢筋锥螺纹加工应符合下列要规定：

1）钢筋应先调直再下料。钢筋下料可用钢筋切断机或砂轮锯，但不得用气割下料。下料时，要求切口端面与钢筋轴线垂直，端头不得挠曲或出现马蹄形。

2）加工好的钢筋锥螺纹丝头的锥度、牙形、螺距等必须与连接套的锥度、牙形、螺距一致，并应进行质量检验。

3）其加工工艺为：下料→套丝→用牙形规和卡规（或环规）逐个检查钢筋套丝质量→质量合格的丝头用塑料保护帽盖封→待查和待用。

4）钢筋经检验合格后，方可在套丝机上加工锥螺纹。为确保钢筋的套丝质量，操作人员必须坚持上岗证制度。操作前应先调整好定位尺，并按钢筋规格配置相对应的加工导向套。对于大直径钢筋要分次加工到规定的尺寸，以保证螺纹的精度和避免损坏梳刀。

5）钢筋套丝时，必须采用水溶性切削冷却润滑液，当气温低于 0℃ 时，应掺入 15%～20% 亚硝酸钠，不得采用机油作冷却润滑液。

（2）钢筋连接。连接钢筋之前，先回收钢筋待连接端的保护帽和连接套上的密封盖，并检查钢筋规格是否与连接套规格相同，检查锥螺纹丝头是否完好无损、有无杂质。

连接钢筋时，应先把已拧好连接套的一端钢筋对正轴线拧到被连接的钢筋上，然后用力矩扳手按规定的力矩值把钢筋接头拧紧，不得超拧，以防止损坏接头丝扣。拧紧后的接头应画上油漆标记，以防有的钢筋接头漏拧。锥螺纹钢筋连接方法，见图 3.3.7。

拧紧时要拧到规定扭矩值，待测力扳手发出指示响声时，才认为达到了规定的扭矩值。锥螺纹接头拧紧力矩值见表 3.3.4，但不得加长扳手杆来拧紧。质量校核与施工安装使用的力矩扳手应分开使用，不得混用。

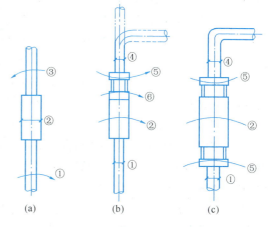

图 3.3.7　锥螺纹钢筋连接方法
(a) 普通接头；(b) 单向可调接头；(c) 双向可调接头
①、④—钢筋；②—连接套筒；
③、⑥—可调套筒；⑤—锁母

在构件受拉区段内，同一截面连接接头数量不宜超过钢筋总数的 50%；受压区

不受限制。连接头的错开间距大于 500mm，保护层不得小于 15mm，钢筋间净距应大于 50mm。

在正式安装前要做 3 个试件，进行基本性能试验。当有 1 个试件不合格，应取双倍试件进行试验，如仍有 1 个不合格，则该批加工的接头为不合格，严禁在工程中使用。

连接钢筋拧紧力矩值　　　　　　　　　　　　表 3.3.4

钢筋直径（mm）	16	18~20	22~25	28~32	36~40
扭紧力矩（N·m）	100	200	260	320	360

对连接套应有出厂合格证及质保书。每批接头的基本试验应有试验报告。连接套与钢筋应配套一致。连接套应有钢印标记。

安装完毕后，质量检测员应用自用的专用测力扳手对拧紧的扭矩值加以抽检。

3.3.4　钢筋接头质量验收

在施工现场，应按国家现行标准《钢筋机械连接技术规程》JGJ 107《钢筋焊接及验收规程》JGJ 18 的规定抽取钢筋机械连接接头、焊接接头试件作力学性能检验，其质量应符合有关规程的规定。

检查数量：按有关规程确定。

检验方法：检查产品合格证、接头力学性能试验报告。

如对机械连接接头，质量验收要求如下：

1. 工艺检验

工艺检验应符合下列规定：

（1）每种规格钢筋的接头试件不应少于 3 根；

（2）每根试件的抗拉强度和 3 根接头试件的残余变形的平均值均应符合规定；

（3）接头试件在测量残余变形后可再进行抗拉强度试验，并宜按单向拉伸加载制度进行试验；

（4）第一次工艺检验中 1 根试件抗拉强度或 3 根试件的残余变形平均值不合格时，允许再抽 3 根试件进行复验，复验仍不合格时判为工艺检验不合格。

2. 外观质量检查

接头安装前应检查连接件产品合格证及套筒表面生产批号标识；产品合格证应包括适用钢筋直径和接头性能等级、套筒类型、生产单位、生产日期以及可追溯产品原材料力学性能和加工质量的生产批号。

3. 现场检验

（1）接头的现场检验应按验收批进行，同一施工条件下采用同一批材料的同等级、同型式、同规格接头，应 500 个为一个验收批进行检验与验收，不足 500 个也应作为一个验收批。

（2）螺纹接头安装后应按规定的验收批，抽取其中 10% 的接头进行拧紧扭矩校核，拧紧扭矩值不合格数超过被校核接头数的 5% 时，应重新拧紧全部接头，直到合格为止。

（3）对接头的每一验收批，必须在工程结构中随机截取 3 个接头试件作抗拉强度试验，按设计要求的接头等级进行评定。当 3 个接头试件的抗拉强度均符合规程中相应等级的强度要求时，该验收批应评为合格。如有 1 个试件的抗拉强度不符合要求，应再取 6 个试件进行复检。复检中如仍有 1 个试件的抗拉强度不符合要求，则该验收批应评为不合格。

（4）现场检验连续 10 个验收批抽样试件抗拉强度试验一次合格率为 100% 时，验收批接头数量可扩大 1 倍。

（5）现场截取抽样试件后，原接头位置的钢筋可采用同等规格的钢筋进行搭接连接，或采用焊接及机械连接方法补接。

（6）对抽检不合格的接头验收批，应由建设方会同设计等有关方面研究后提出处理方案。

3.4 钢筋安装

3.4.1 钢筋现场绑扎

1. 准备工作

（1）核对成品钢筋的钢号、直径、形状、尺寸和数量等是否与料单料牌相符。如有错漏，应纠正增补。

（2）准备绑扎用的钢丝、绑扎工具（如钢筋钩、带扣口的小撬棍），绑扎架等。

钢筋绑扎用的钢丝，可采用 20—22 号钢丝，其中 22 号钢丝只用于绑扎直径 12mm 以下的钢筋。钢丝长度可参考表 3.4.1 的数值采用；因钢丝是成盘供应的，故习惯上是按每盘钢丝周长的几分之一来切断。

钢筋绑扎钢丝长度参考表（mm）　　　　表 3.4.1

钢筋直径	3～5	6～8	10～12	14～16	18～20	22	25	28	32
3～5	120	130	150	170	190				
6～8		150	170	190	220	250	270	290	320
10～12			190	220	250	270	290	310	340
14～16				250	270	290	310	330	360
18～20					290	310	330	350	380
22						330	350	370	400

（3）准备控制混凝土保护层用的水泥砂浆垫块或塑料卡。

水泥砂浆垫块的厚度，应等于保护层厚度。垫块的平面尺寸：当保护层厚度等于或小于 20mm 时为 30mm×30mm，大于 20mm 时 50mm×50mm。当在垂直方向使用垫块时，可在垫块中埋入 20 号钢丝。

塑料卡的形状有两种：塑料垫块和塑料环圈，见图 3.4.1。塑料垫块用于水平构件

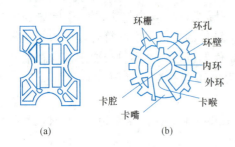

图 3.4.1　控制混凝土保护层用的塑料卡
(a) 塑料垫块；(b) 塑料环圈

(如梁、板)，在两个方向均有凹槽，以便适应两种保护层厚度。塑料环圈用于垂直构件（如柱、墙），使用时钢筋从卡嘴进入卡腔；由于塑料环圈有弹性，可使卡腔的大小能适应钢筋直径的变化。

（4）划出钢筋位置线。平板或墙板的钢筋，在模板上划线；柱的箍筋，在两根对角线主筋上划点；梁的箍筋，则在架立筋上划点；基础的钢筋，在两向各取一根钢筋划点或在垫层上划线。

钢筋接头的位置，应根据来料规格，结合有关接头位置、数量的规定，使其错开，在模板上划线。

（5）绑扎形式复杂的结构部位时，应先研究逐根钢筋穿插就位的顺序，并与模板工联系讨论支模和绑扎钢筋的先后次序，以减少绑扎困难。

2. 钢筋绑扎接头

（1）钢筋绑扎接头宜设置在受力较小处。同一纵向受力钢筋不宜设置两个或两个以上接头。接头末端至钢筋弯起点的距离不应小于钢筋直径的 10 倍。

（2）同一构件中相邻纵向受力钢筋的绑扎搭接接头宜相互错开。同一连接区段内，纵向受拉钢筋绑扎搭接接头面积百分率及箍筋配置要求，符合《混凝土结构设计规范》GB 50010 等的规定。

绑扎搭接接头中钢筋的横向间距不应小于钢筋直径，且不应小于 25mm。

（3）当纵向受拉钢筋的绑扎搭接接头面积百分率不大于 25% 时，其最小搭接长度应符合表 3.4.2 的规定。

纵向受拉钢筋的最小搭接长度　　　　表 3.4.2

钢筋种类	混凝土强度等级			
	C15	C20~C25	C30~C35	≥C40
HPB300 级光圆钢筋	$45d$	$35d$	$30d$	$25d$
HRB400 级带肋钢筋	—	$55d$	$40d$	$35d$

注：1. 受压钢筋绑扎接头的搭接长度应为表中数值的 0.7 倍。
　　2. 在任何情况下，纵向受拉钢筋的搭接长度不应小于 300mm，受压钢筋搭接长度不应小于 200mm。
　　3. 两根直径不同钢筋的搭接长度，以较细钢筋直径计算。
　　4. 当纵向受拉钢筋搭接接头面积百分率大于 25% 时，表 3.4.2 中数值应增大。
　　5. 当出现下列情况，如钢筋直径大于 25mm，混凝土凝固过程中受力钢筋易受扰动、涂环氧的钢筋、带肋钢筋末端采取机械锚固措施、混凝土保护层厚度大于钢筋直径的 3 倍、抗震结构构件等，纵向受拉钢筋的最小搭接长度应按规定修正。
　　6. 在绑扎接头的搭接长度范围内，应采用钢丝绑扎三点。

3. 基础钢筋绑扎

（1）钢筋网的绑扎。四周两行钢筋交叉点应每点扎牢，中间部分交叉点可相隔交错扎牢，但必须保证受力钢筋不位移。双向主筋的钢筋网，则须将全部钢筋相交点扎牢。绑扎时应注意相邻绑扎点的钢丝扣要成八字形,以免网片歪斜变形。

(2) 基础底板采用双层钢筋网时,在上层钢筋网下面应设置钢筋撑脚或混凝土撑脚,以保证钢筋位置正确。

钢筋撑脚的形式与尺寸如图 3.4.2 所示,每隔 1m 放置一个。其直径选用:当板厚 $h \leqslant 30 \text{cm}$ 时为 8~10mm;当板厚 $h=30$~50cm 时为 12~14mm;当板厚 $h>50\text{cm}$ 时为 16~18mm。

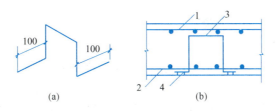

图 3.4.2 钢筋撑脚
(a) 钢筋撑脚;(b) 撑脚位置
1—上层钢筋网;2—下层钢筋网;3—撑脚;4—水泥垫块

(3) 钢筋的弯钩应朝上,不要倒向一边;但双层钢筋网的上层钢筋弯钩应朝下。

(4) 独立柱基础为双向弯曲,其底面短边的钢筋应放在长边钢筋的上面。

(5) 现浇柱与基础连接用的插筋,其箍筋应比柱的箍筋缩小一个柱筋直径,以便连接。插筋位置一定要固定牢靠,以免造成柱轴线偏移。

(6) 对厚片筏板上部钢筋网片,可采用钢管临时支撑体系。图 3.4.3(a) 示出绑扎上部钢筋网片用的钢管支撑。在上部钢筋网片绑扎完毕后,需置换出水平钢管;为此另取一些垂直钢管通过直角扣件与上部钢筋网片的下层钢筋连接起来(该处需另用短钢筋段加强),替换了原支撑体系,见图 3.4.3(b)。在混凝土浇筑过程中,逐步抽出垂直钢管,见图 3.4.3(c)。此时,上部荷载可由附近的钢管及上、下端均与钢筋网焊接的多个拉结筋来承受。由于混凝土不断浇筑与凝固,拉结筋细长比减少,提高了承载力。

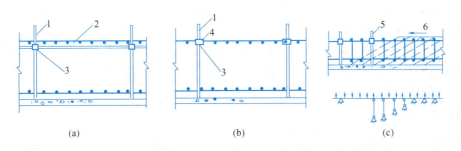

图 3.4.3 厚片筏上部钢筋网片的钢管临时支撑
(a) 绑扎上部钢筋网片时;(b) 浇筑混凝土前;(c) 浇筑混凝土时
1—垂直钢管;2—水平钢管;3—直角扣件;4—下层水平钢筋;5—待拔钢管;6—混凝土浇筑方向

4. 柱钢筋绑扎

(1) 柱钢筋的绑扎,应在模板安装前进行。

(2) 柱钢筋接头位置应位于楼面顶部非连接区。

(3) 柱中的竖向钢筋搭接时，角部钢筋的弯钩应与模板成 45°（多边形柱为模板内角的平分角，圆形柱应与模板切线垂直），中间钢筋的弯钩应与模板成 90°。如果用插入式振捣器浇筑小型截面柱时，弯钩与模板的角度不得小于 15°。

(4) 箍筋的接头（弯钩叠合处）应交错布置在四角纵向钢筋上；箍筋转角与纵向钢筋交叉点均应扎牢（箍筋平直部分与纵向钢筋交叉点可间隔扎牢），绑扎箍筋时绑扣相互间应成八字形。

(5) 下层柱的钢筋露出楼面部分，宜用工具式柱箍将其收进一个柱筋直径，以利上层柱的钢筋搭接。当柱截面有变化时，其下层柱钢筋的露出部分，必须在绑扎梁的钢筋之前，先行收缩准确。

(6) 框架梁、牛腿及柱帽等钢筋，应放在柱的纵向钢筋内侧。

5．墙钢筋绑扎

(1) 墙（包括水塔壁、烟囱筒身、池壁等）的竖向钢筋每段长度不宜超过 4m（钢筋直径≤12mm）或 6m（直径＞12mm），水平钢筋每段长度不宜超过 8m，以利绑扎。

(2) 墙的钢筋网绑扎同基础，钢筋的弯钩应朝向混凝土内。

(3) 采用双层钢筋网时，在两层钢筋间应设置撑铁，以固定钢筋间距。撑铁可用直径 6～10mm 的钢筋制成，长度等于两层网片的净距（图 3.4.4），间距约为 1m，相互错开排列。

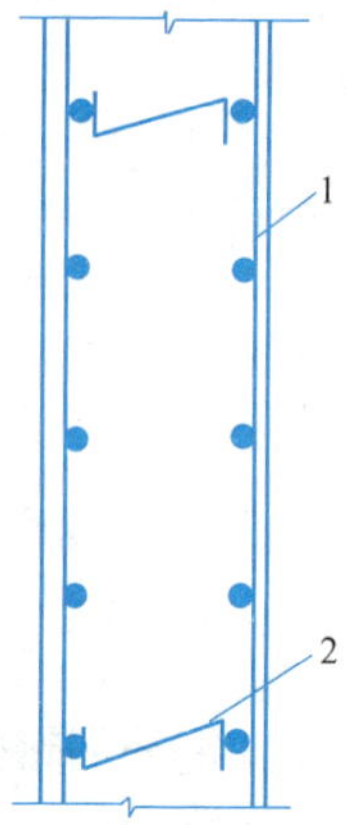

(4) 墙的钢筋，可在基础钢筋绑扎之后浇筑混凝土前插入基础内。

(5) 墙钢筋的绑扎，也应在模板安装前进行。

图 3.4.4 墙钢筋的撑铁
1—钢筋网；2—撑铁

6．梁板钢筋绑扎

(1) 纵向受力钢筋采用双层排列时，两排钢筋之间应垫以直径≥25mm 的短钢筋，以保持其设计距离。

(2) 箍筋的接头（弯钩叠合处）应交错布置在两根架立钢筋上，其余同柱。

(3) 板的钢筋网绑扎与基础相同，但应注意板上部的负筋，要防止被踩下；特别是雨篷、挑檐、阳台等悬臂板，要严格控制负筋位置，以免拆模后断裂。

(4) 板、次梁与主梁交叉处，板的钢筋在上，次梁的钢筋居中，主梁的钢筋在下；当有圈梁或垫梁时，主梁的钢筋在上，梁板钢筋排布层次关系参见图 3.4.5 与图 3.4.6。

(5) 框架节点处钢筋穿插十分稠密时，应特别注意梁顶面主筋间的净距要有 30mm，以利浇筑混凝土。

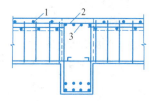

图 3.4.5 板、次梁与主梁交叉处钢筋
1—板的钢筋；2—次梁钢筋；3—主梁钢筋

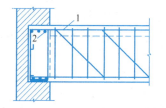

图 3.4.6 主梁与垫梁交叉处钢筋
1—主梁钢筋；2—垫梁钢筋

(6) 梁钢筋的绑扎与模板安装之间的配合关系：

1) 梁的高度较小时，梁的钢筋架空在梁顶上绑扎，然后再落位；

2) 梁的高度较大（≥1.0m）时，梁的钢筋宜在梁底模上绑扎，其两侧模或一侧模后装。

(7) 梁板钢筋绑扎时应防止水电管线将钢筋抬起或压下。

3.4.2 钢筋网与钢筋骨架安装

1. 绑扎钢筋网与钢筋骨架安装

(1) 钢筋网与钢筋骨架的分段（块），应根据结构配筋特点及起重运输能力而定。一般钢筋网的分块面积以 $6\sim20m^2$ 为宜，钢筋骨架的分段长度宜为 $6\sim12m$。

(2) 钢筋网与钢筋骨架，为防止在运输和安装过程中发生歪斜变形，应采取临时加固措施，图 3.4.7 是绑扎钢筋网的临时加固情况。

(3) 钢筋网与钢筋骨架的吊点，应根据其尺寸、重量及刚度而定。宽度大于 1m 的水平钢筋网宜采用四点起吊；跨度小于 6m 的钢筋骨架宜采用二点起吊（图 3.4.8a），跨度大、刚度差的钢筋骨架宜采用横吊梁（铁扁担）四点起吊（图 3.4.8b）。为了防止吊点处钢筋受力变形，可采取兜底吊或加短钢筋。

(4) 绑扎钢筋网与钢筋骨架的交接处做法，与钢筋的现场绑扎同。

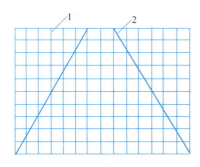

图 3.4.7 绑扎钢筋网的临时加固
1—钢筋网；2—加固筋

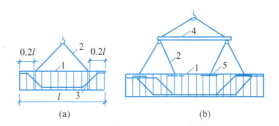

图 3.4.8 钢筋骨架的绑扎起吊
(a) 二点绑扎；(b) 采用铁扁担四点绑扎
1—钢筋骨架；2—吊索；3—兜底索；4—铁扁担；5—短钢筋

2. 钢筋焊接网安装

(1) 钢筋焊接网运输时应捆扎整齐、牢固，每捆重量不应超过 2t，必要时应加刚性支撑或支架。

(2) 进场的钢筋焊接网宜按施工要求堆放，并应有明显的标志。

(3) 对两端须插入梁内锚固的焊接网，当网片纵向钢筋较细时，可利用网片的弯曲变形性能，先将焊接网中部向上弯曲，使两端能先后插入梁内，然后铺平网片；当钢筋较粗焊接网不能弯曲时，可将焊接网的一端少焊 $1\sim2$ 根横向钢筋，先插入该端，然后退插另一端，必要时可采用绑扎方法补回所减少的横向钢筋。

(4) 钢筋焊接网的搭接、构造。两张网片搭接时，在搭接区中心及两端应采用铁丝绑扎牢固。在附加钢筋与焊接网连接的每个节点处均应采用铁丝绑扎。

(5) 钢筋焊接网安装时,下部网片应设置与保护层厚度相当的水泥砂浆垫块或塑料卡;板的上部网片应在短向钢筋两端,沿长向钢筋方向每隔 600～900mm 设一钢筋支墩(图 3.4.9)。

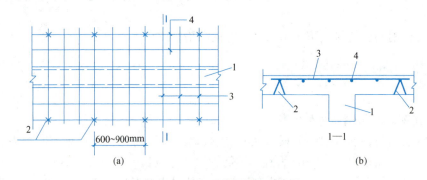

图 3.4.9　上部钢筋焊接网的支墩
1—梁;2—支墩;3—短向钢筋;4—长向钢筋

3.4.3　钢筋安装质量检验

钢筋安装质量包括:纵向、横向钢筋的品种、规格、数量、位置、保护层厚度和钢筋连接方式、接头位置、接头面积百分率及箍筋、横向钢筋的品种、规格、数量、间距、预埋件的规格、数量、位置等。

钢筋安装完成之后,在浇筑混凝土之前,应进行钢筋隐蔽工程验收,其内容包括:
(1) 纵向受力钢筋的品种、规格、数量、位置等;
(2) 钢筋连接方式、接头位置、接头数量、接头面积百分率等;
(3) 箍筋、横向钢筋的品种、规格、数量、间距等;
(4) 预埋件的规格、数量、位置等。

钢筋隐蔽工程验收前,应提供钢筋出厂合格证与检验报告及进场复验报告,钢筋焊接接头和机械连接接头力学性能试验报告。

1. 主控项目

(1) 钢筋安装时,受力钢筋的品种、级别、规格和数量必须符合设计要求。

检查数量:全数检查

检查方法:观察、钢尺检查。

(2) 纵向受力钢筋的连接方式应符合设计要求。

检查数量:全数检查

检查方法:观察。

此外,在浇筑混凝土之前,应进行钢筋隐蔽工程验收。当钢筋的品种、级别或规格需作变更时,应办理设计变更文件。

2. 一般项目

(1) 钢筋接头位置、接头面积百分率、绑扎搭接长度等应符合设计或构造要求。
(2) 箍筋、横向钢筋的品种、规格、数量、间距等应符合设计要求。
(3) 钢筋安装位置的偏差,应符合表 3.4.3 的规定。

钢筋安装位置的允许偏差和检验方法　　　　　　　表 3.4.3

项　　目			允许偏差（mm）	检验方法
绑扎钢筋网	长、宽		±10	钢尺检查
	网眼尺寸		±20	钢尺量连续三档，取最大值
绑扎钢筋骨架	长		±10	钢尺检查
	宽、高		±5	钢尺检查
受力钢筋	间距		±10	钢尺量两端、中间各一点，取最大值
	排距		±5	
	保护层厚度	基础	±10	钢尺检查
		柱、梁	±5	钢尺检查
		板、墙、壳	±3	钢尺检查
绑扎箍筋、横向钢筋间距			±20	钢尺量连续三档，取最大值
钢筋弯起点位置			20	钢尺检查
预埋件	中心线位置		5	钢尺检查
	水平高差		+3，0	钢尺和塞尺检查

注：1. 检查预埋件中心线位置时，应沿纵、横两个方向量测，并取其中的较大值；
　　2. 表中梁类、板类构件上部纵向受力钢筋保护层厚度的合格点率应达到 90% 及以上，且不得有超过表中数值 1.5 倍的尺寸偏差。

检查数量：在同一检验批内，对梁、柱和独立基础，应抽查构件数量的 10%，且不少于 3 件；对墙和板，应按有代表性的自然间抽查 10%，且不少于 3 间；对大空间结构，墙可按相邻轴数间高度 5m 左右划分检查面，板可按纵、横轴线划分检查面，抽查 10%，且均不少于 3 面。

检验方法：观察、钢尺检查。

学习情境 3 附录

附：　　　　　　　　　　　　隐蔽工程验收制度

隐蔽工程验收是工程质量控制的重要手段，是工程竣工资料的必要组成部分。因其有隐蔽性，工程完工后复查复检比较困难，有的甚至无法复检，这就要求现场应及时、认真、严格地进行隐蔽工程检查验收，严把质量关，如实填写隐蔽工程验收记录单，以备后查。为此特作如下规定：

1. 承包单位应在工程隐蔽前 24 小时向监理工程师提交"隐蔽工程报验表"，监理工程师应在接到通知后 24 小时内到现场进行隐蔽验收。如超过 24 小时不进行隐蔽验收，承包单位可自行对工程进行隐蔽验收，建设单位代表和现场监理工程师应对其认可。隐蔽验收报告由承包单位、监理单位、建设单位各执一份。

2. 对要进行隐蔽的工程，承包单位必须按相关规范要求对隐蔽工程做好自查自检工作，承包单位应按规范要求准备好隐蔽工程验收记录单，以便建设单位代表和现场监理工程师及时验收及时记录。承包单位的隐蔽验收记录单要规范化，记录单上要设立建设单位代表、监理工程师、质检站验收、签字的栏目位置，以备建设单位代表和现场监理工程师在上签字。

3. 对重要工程、重要部位或应现场监理工程师特别要求，施工员或承包单位技术负责人应在"隐蔽工程报验表"上签字。

4. 承包单位自行隐蔽或没有通过建设单位代表和现场监理工程师验收的隐蔽工程，现场监理工程师应拒绝在隐蔽记录单上签字或在记录单监理签字栏目上注明"此隐蔽工程未经监理验收"的字样。隐蔽验收记录单需由建设单位代表及监理工程师共同签字方有效。

5. 承包单位对未达到现场监理工程师要求的隐蔽工程应及时整改，直至达到要求，否则不得进行下一道工序的施工。

6. 对于人工挖孔桩工程，现场监理工程师必须到现场实地勘测，认真计量。不能仅凭承包单位提供的资料及样品来判断桩孔深度、入岩情况、地下水位情况等。

7. 对于钢筋绑扎、预埋件的定位、防雷引线的连通等控制点，现场监理工程师要做好事先控制及采点检查。

8. 对于土方超挖方量，由超挖引起的垫层厚度的增加及其他与设计图纸不符的隐蔽，现场监理工程师要实地计量确定工程量，做好记录并及时提供给投资监理工程师备案。

9. 对于因承包单位责任致使隐蔽工程有着无法补救的缺陷，现场监理工程师应在隐蔽记录单上注明实际情况以备后查。

10. 现场监理工程师要保管好所有的隐蔽记录单，待工程完工后装订成册备案。

附： 隐蔽工程验收单示例

编号	主体003		
单位工程名称		建设单位	施工单位
	分部工程、分项工程、验收批名称		图纸编号
隐蔽工程验收内容	主体分部工程 钢筋分项工程 1～20轴线一层梁、楼板、楼梯配筋安装隐蔽验收 钢筋品种、规格、数量、间距、尺寸 搭接长度、接头位置 保护层厚度、间距 钢筋绑扎 钢筋表面 预埋件位置、数量 拉结筋 工作量： 一层1～20轴线全数梁、楼板、楼梯钢筋安装		结施—5 结施—6 结施—10 施工图纸
验收意见	符合施工验收规范和设计要求 同意下道工序施工		
建设单位签章		监理单位签章	施工单位签章

学习情境 4

混凝土结构模板分项工程

模板体系是由面板、支架和连接件组成的体系,简称模板。

混凝土结构模板分项工程包括模板体系的安装、拆除工作。主要任务包括模板设计与计算、模板安装、模板拆除、模板验收等。

4.1 模板工程材料

4.1.1 一般要求

（1）模板系统应具有满足施工要求的强度和刚度，不得在混凝土工程施工过程中发生破坏和超出规范容许的变形。

（2）模板安装应具有良好的严密性，在混凝土工程施工过程中不得漏浆，影响混凝土的密实性和表面质量。

（3）模板的几何尺寸必须准确，必须满足施工图纸的尺寸要求。

（4）模板的配置必须具有良好的可拆性，以便于混凝土工程之后的模板拆除工作顺利进行。

（5）模板的支撑体系必须具备可靠的局部稳定及整体稳定性，以确保混凝土工程的正常施工。

4.1.2 模板种类

根据不同需要或按照不同角度，模板可以有多种分类方法。通常模板可按使用材料、施工部位、施工工艺、构件类别、支模方式、周转次数等进行分类。

使用材料：钢模板、木模板、塑料模板、玻璃钢模板等；

施工部位：地下室模板、框架模板、剪力墙模板等；

施工工艺：组合钢模板、大模板、滑升模板等；

构件类别：梁模板、柱模板、基础模板等；

支模方式：整体式模板、拼装模板、独立模板等；

周转次数：一次性模板、重复使用模板等。

模板分类方式很多，证明了其复杂性。不同类型的模板，其施工工艺、质量要求、周转次数等均可能不同，对施工安全的要求和影响也不尽相同（表 4.1.1、表 4.1.2）。

常用模板的类型及其适用范围　　　　　表 4.1.1

模板类型	适用范围说明
大钢模板	周转次数较多；冬期施工时，模板背面利于做固定保温；适用于多、高层建筑的墙体模板
组合钢模板	主要由钢模板、连接体和支撑体三部分组成。优点是轻便灵活、拆装方便、通用性强、周转率高等；缺点是接缝多且严密性差，导致混凝土成型后外观质量差
钢框木（竹）胶合模板	以热轧异形钢为钢框架，以覆面胶合板做板面，并加焊若干钢肋承托面板的一种组合式模板。与组合钢模板相比，其特点为自重轻，用钢量少、面积大、模板拼缝少、维修方便

续表

模板类型	适用范围说明
小钢模板	适用于模板变化较大的结构非标准层施工;周转次数少;采用组合钢模板进行散拼整装,经济性好,也能达到较好的质量效果显著
多层胶合板、竹胶板、压强板模板	模板块大缝少,混凝土观感效果较好;但自身刚度小,作墙体模板时需适当加密小龙骨;在模板侧拼、阴角处的拼缝处理较为困难;周转次数少;成本相对较高;适用于柱模板、梁模板和楼板模板
定型模板(钢、木、塑料、玻璃钢等材料)	适用于外形复杂、圆模、密肋板等构件;当遇到倾斜或弧形结构、装饰线条、要求较高的滴水线等复杂部位时,使用定型模板,能够更好地满足工程要求
滑动模板	适用于外形简单、截面单一的高耸结构或水平面长条形结构
爬升模板(即爬模和倒模)	爬升模板(即爬模和倒模),是一种适用于现浇钢筋混凝土竖直或倾斜结构施工的模板工艺,如墙体、桥梁、塔柱等。可分为"有架爬模"(即模板爬架子、架子爬模板)和"无架爬模"(即模板爬模板)两种
大模板	大模板由面板结构、支撑系统和操作平台以及附件组成。面板的材料有钢板、木(竹)胶合板。整块钢面板用4~6mm(以6mm为宜)钢板拼焊而成。这种面板具有良好的强度和刚度,能承受较大的混凝土侧压力及其他施工荷载,重复利用率高,一般周转次数在200次以上。由于钢板面平整光洁,耐磨性好,易于清理,这些均有利于提高混凝土表面的质量。对于施工清水混凝土较有利。缺点是:耗钢量大,重量大(40kg/m²),易生锈,不保温,损坏后不易修复

构件或部位对模板支撑体系的选择　　　　表 4.1.2

构件或部位	可选择的支撑体系
墙面	大钢模板体系
柱	组合小钢模体系;工具式支撑体系
楼板、梁	常用钢支撑体系;钢管脚手架;碗扣式桁架;快拆体系也可采用支撑体系;门式刚架体系

4.2 模板安装与验收要求

4.2.1 模板制作与安装要求

现行《混凝土结构工程施工规范》GB 50666 中对模板的制作与安装提出如下要求:
(1) 模板应按图加工、制作。通用性强的模板宜制作成定型模板。
(2) 模板面板背侧的木方高度应一致。制作胶合板模板时,其板面拼缝处应密封。地下室外墙和人防工程墙体的模板对拉螺栓中部应设止水片,止水片应与对拉螺栓环焊。

(3) 与通用钢管支架匹配的专用支架，应按图加工、制作。搁置于支架顶端可调托座上的主梁，可采用木方、木工字梁或截面对称的型钢制作。

(4) 支架立柱和竖向模板安装在基土上时，应设置具有足够强度和支承面积的垫板，且应中心承载；基土应坚实，并应有排水措施；对湿陷性黄土，应有防水措施；对冻胀性土，应有防冻融措施；对软土地基，当需要时可采用堆载预压的方法调整模板面安装高度。

(5) 竖向模板安装时，应在安装基层面上测量放线，并应采取保证模板位置准确的定位措施。对竖向模板及支架，安装时应有临时稳定措施。安装位于高空的模板时，应有可靠的防倾覆措施。应根据混凝土一次浇筑高度和浇筑速度，采取合理的竖向模板抗侧移、抗浮和抗倾覆措施。

(6) 对跨度不小于 4m 的梁、板，其模板起拱高度宜为梁、板跨度的 1/1000～3/1000。

(7) 采用扣件式钢管作高大模板支架的立杆时，支架搭设应完整，并应符合下列规定：钢管规格、间距和扣件应符合设计要求；立杆上应每步设置双向水平杆，水平杆应与立杆扣接；立杆底部应设置垫板。

(8) 采用扣件式钢管作高大模板支架的立杆时，对大尺寸混凝土构件下的支架，其立杆顶部应插入可调托座。可调托座距顶部水平杆的高度不应大于 600mm，可调托座螺杆外径不应小于 36mm，插入深度不应小于 180mm；立杆的纵、横向间距应满足设计要求，立杆的步距不应大于 1.8m；顶层立杆步距应适当减小，且不应大于 1.5m；支架立杆的搭设垂直偏差不宜大于 5/1000，且不应大于 100mm；在立杆底部的水平方向上应按纵下横上的次序设置扫地杆；承受模板荷载的水平杆与支架立杆连接的扣件，其拧紧力矩不应小于 40N·m，且不应大于 65N·m。

(9) 采用碗扣式、插接式和盘销式钢管架搭设模板支架时，应符合下列规定：碗扣架或盘销架的水平杆与立柱的扣接应牢靠，不应滑脱；立杆上的上、下层水平杆间距不应大于 1.8m；插入立杆顶端可调托座伸出顶层水平杆的悬臂长度不应超过 650mm，螺杆插入钢管的长度不应小于 150mm，其直径应满足与钢管内径间隙不小于 6mm 的要求。架体最顶层的水平杆步距应比标准步距缩小一个节点间距；立柱间应设置专用斜杆或扣件钢管斜杆加强模板支架。

(10) 采用门式钢管架搭设模板支架时，支架应符合现行行业标准《建筑施工门式钢管脚手架安全技术标准》JGJ/T 128 的有关规定；当支架高度较大或荷载较大时，宜采用主立杆钢管直径不小于 48mm 并有横杆加强杆的门架搭设。

(11) 支架的垂直斜撑和水平斜撑应与支架同步搭设，架体应与成形的混凝土结构拉结。钢管支架的垂直斜撑和水平斜撑的搭设应符合国家现行有关钢管脚手架标准的规定。

(12) 对现浇多层、高层混凝土结构，上、下楼层模板支架的立杆应对准，模板及支架钢管等应分散堆放。

(13) 模板安装应保证混凝土结构构件各部分形状、尺寸和相对位置准确，并应防止漏浆。

(14) 模板安装应与钢筋安装配合进行，梁柱节点的模板宜在钢筋安装后安装。

（15）模板与混凝土接触面应清理干净并涂刷脱模剂，脱模剂不得污染钢筋和混凝土接槎处。

（16）模板安装完成后，应将模板内杂物清除干净。

（17）后浇带的模板及支架应独立设置。

（18）固定在模板上的预埋件、预留孔和预留洞均不得遗漏，且应安装牢固、位置准确。

4.2.2 模板安装施工工艺流程

工艺流程可以理解为"施工操作的顺序"。对于不同的混凝土结构构件或不同的模板类型，安装的工艺流程也不尽相同。但是各种模板安装工艺流程的基本过程是相似的。以下分别列出了混凝土梁、柱、板、墙模板工程的主要工艺流程：

1. 混凝土梁

弹线→安装立柱→安装梁底龙骨→调整标高→安装梁的底模→梁底起拱→绑扎梁钢筋→设置预埋件→安装侧模→进行预检。

2. 混凝土柱

绑扎柱钢筋→弹出柱的位置线→剔除接槎处混凝土软弱层→沿柱皮外侧5mm粘贴泡沫塑料密封条→安装柱模→固定预埋件→安装柱模环箍→安装拉杆或斜杆→进行预检。

3. 混凝土板

地面夯实并铺设垫板→安装立柱及支撑→安装大小龙骨→在墙顶四周加贴泡沫塑料密封条并用50mm×100mm木枋顶紧、板跨度大于4m时板面起拱→铺设板的底模→校正标高→绑扎板钢筋→安装侧模→进行预检。

4. 混凝土墙

弹出墙皮线和模板控制线→剔除接槎处混凝土软弱层→安装门窗洞口模板→在接触墙模的两侧加贴泡沫塑料密封条→从钢筋上焊接支洞口横顶棍→沿墙皮外侧5mm粘贴泡沫塑料密封条→安装角模→安装单侧模板、安装对穿螺栓及顶撑、安装另一侧模板→调整固定→进行预检。

模板安装施工中，由于具体工程的设计要求不同，上述工艺流程可以做适当的调整。

模板设计完成之后，对模板及其支架的各项技术要求均已确定。为达到设计要求，高效、安全地组织模板施工，施工单位在模板安装之前，应编制模板施工组织设计。对于规模不大的普通工程，通常称之为施工方案。

模板施工方案与模板设计虽密切相关，但内容并不相同。模板施工方案落实模板设计的要求，提出施工工艺、施工安全、施工组织安排、施工条件、施工机具、模板材料拼装以及模板安装过程中各种工艺操作过程监控与检查验收的要求。施工方案中不仅有技术性要求，还规定了整个模板施工过程中的主要组织管理措施。模板安装前，必须按照模板施工方案向施工、检验人员进行技术交底，然后才能进行安装施工，使模板安装质量处于受控状态。

4.2.3 模板验收

模板验收依据验收规范（《混凝土结构工程施工质量验收规范》GB 50204，本节简称为验收规范），结合模板安装（含预制构件）工程检验批质量验收记录进行。验收包括主控项目（质量控制要点）和一般项目。

4.2.3.1 模板主控项目控制

包括模板及其支架的承载力、模板的刚度、模板隔离剂要求。

1. 承载力

模板承载力包括模板及其支架本身的承载力以及支撑模板及其支架的结构或地面的承载力两项。

模板及支架的承载力已通过设计计算确定，安装时所需的是实施模板设计的要求。施工中，除了应严格按照图施工外，还应对模板使用的材料、加工、连接件等进行检查，必要时应进行试验，以判断模板及支架的材料是否符合规定。当发现模板或支架使用的材料不合格时，应停止使用。例如，发现作为模板立柱或支撑用的钢管壁厚不够，或扣件质量可疑等问题时，应立即停止施工，向有关部门反映，及时采取处理措施。

模板安装时，其立柱、支撑、连接点做法、数量、间距等，均应严格按照模板设计要求进行施工，不得任意减少或改变。

结构或地面的承载力：直接支撑于地面的模板立柱，其地面承载力已在模板设计时考虑。必要时，应对地面作夯实碾压处理，并应在支模前完成。模板安装前，应检查核实承载地面与模板设计是否相符，地面是否平整均匀，有无局部浸水或塌陷现象。模板安装时，立柱的间距应符合设计要求，立柱下应放置垫板。立柱之间应有可靠的拉结。模板安装完成后，应采取措施预防下雨或施工用水对地面承载力的影响。

为了使荷载的传递更为直接，不至对结构产生不利影响，规范要求上、下层模板的立柱应对准，立柱下应铺设垫板。铺设垫板的要求不仅对于地面，对于在楼层上安装的模板立柱也同样适用。

2. 刚度和稳定性的控制

模板的刚度主要指模板体系中某个构件模板的刚度。只要模板安装时采用的材料（板面材料、大小龙骨、螺栓等）和节点做法（拼装与连接、数量、位置、紧固等）严格按照模板设计的规定进行施工，其刚度一般应能满足要求。由于刚度针对的是具体的构件，故其影响范围相对较小。模板体系的整体刚度由稳定性解决。

模板的稳定性是针对一个相互联系的支撑系统，各个构件之间的联系是否稳固可靠，这是整个模板支撑系统是否会失稳的关键。稳定性涉及的范围较大，从立柱、杆件、支撑、扣件、螺栓等支撑系统使用的材料和零配件，到整个支撑系统内的立杆与杆件设置数量、安装位置、节点做法等，均可能引起稳定性问题，而且稳定性问题是相互联系的，一处失稳有可能引起较大范围的连锁反应，导致局部或整个支撑系统的失稳破坏或倒塌。

因此，为满足安装中模板支撑系统的整体稳定性要求，除了严格按照设计要求安装施工外，还应采取保证整体稳定性的措施，包括：

(1) 控制施工荷载

施工荷载在模板设计时虽已考虑，但是由于现场条件和情况的变化，实际施工中不易控制在规定的范围内。过大的超载容易造成模板及支架的承载力不足甚至引发稳定破坏，造成模板倒塌的安全事故。因此在浇筑混凝土时应严格控制不均匀施工荷载，尤其应控制振动（如布料机）、冲击（放下吊装的重物）和集中荷载（在楼板上集中堆放物料或设备）。

(2) 增加连系构造，加强支撑系统的整体性

模板支撑体系的各种连系杆件如水平连系杆（顺水杆、扫地杆）、剪刀撑等，是保证模板支撑系统整体稳定的重要措施。但是实际施工中，往往得不到施工人员的重视，经常发生少装、遗漏、间距过大、连接件不紧固等现象。由于通道等原因，还经常出现大量扫地杆被提前拆除的情况。

此外，防止模板体系侧移、扭转，必须保证横向支撑可靠，如斜撑、拉索、与周围建筑的连接等。但是，在实际施工中这些连接和支撑并不被重视，往往被省略或简化。

针对上述情况，应随时检查，发现后应及时加以弥补。对于重要或复杂的模板体系，可适当增加一些构造措施，加强支撑系统的可靠性。

(3) 严格执行检查验收制度

模板工程的验收不仅是对构件模板本身的验收，也应包括对支撑体系的验收。根据规范的要求，应对照模板设计要求，认真仔细地检查验收模板及支撑体系。对于检查中发现的少装、遗漏、早拆、间距过大等现象，应立即弥补。

在杆件密集的支撑体系中进行检查，有时的确很困难。但这是必须进行的工作，而且直接涉及施工人员的安全，关系重大。检查验收应作出记录，填写模板验收记录单，并由施工技术负责人和监理工程师签字确认。参加模板验收的人员应承担相应的责任。

(4) 浇筑施工时监控

根据规范的规定，混凝土浇筑时应责成专门的观察维护人员，对浇筑施工的混凝土结构进行同步监控和必要的维护。这是防止模板工程出现重大质量问题和安全事故的一种有效手段。

上述监控任务，通常由经验较丰富的技术人员担任。监控手段主要有观察、量取尺寸、测量标高等。例如，每层拉通线支模，浇筑混凝土时通线不撤，监控人员可以根据通线观察模板有无移位、变形等。又如，监控人员可以使用水准仪，测量模板或构件的标高，判断有无异常下沉等，也可以使用经纬仪测量竖向构件的垂直度，防止倾斜和倒塌。模板的监控和维护工作应事先理顺信息渠道，并应建立应急预案。

在浇筑混凝土时，负责监控的人员必须全过程到位，进行观察和测量，随时向生产指挥调度人员报告情况，以便对出现的问题及时采取纠正或补救措施。在浇筑混凝土过程中出现的较小问题，通常由现场的模板维修人员随时进行修理。

例如，在浇筑混凝土时，模板及支架在混凝土拌合物的重力、侧压力及施工荷载等作用下不应胀模（变形过大）、跑模（位移过大），当然更不允许坍塌。一旦监控人员发现异常情况或出现某些缺陷的征兆，应立即报告，并按施工技术方案及时进行处理。

近年来混凝土施工技术进步，泵送、免振等快速浇筑工艺比较普遍地应用，而实际混凝土结构的体量也越来越大，保证模板体系的刚度和稳定性需要进行更为严密的设计计

算，制定和实施安全的施工方案。鉴于浇筑混凝土过程中模板失稳乃至整体坍塌等严重安全事故时有发生，为了确保工程质量和施工安全，验收规范专门纳入了对模板安装验收和混凝土施工过程的监控要求。

3. 防止隔离剂污染

为了保证混凝土表面平整以及脱模方便，模板表面常需涂刷隔离剂。

隔离剂分为水性和油性两类。水性隔离剂涂刷后很快干燥，附着力强，污染钢筋的可能性相对较小，通常用于楼板模板。水性隔离剂一旦遇水容易被冲掉，隔离效果受到影响。因此，使用水性隔离剂时应注意防止雨淋或水冲。

油性隔离剂脱模效果较好，但是容易触碰钢筋或混凝土接槎处，造成污染。因此油性隔离剂不可用于楼板模板，只能用于竖向模板。使用油性隔离剂时，应注意不要涂刷过厚，且不得流淌。合模前应绑好钢筋垫块，避免模板触碰钢筋。

如果隔离剂沾污钢筋或混凝土接槎处，会对混凝土结构构件受力性能造成明显的不利影响。钢筋受污后会严重影响混凝土对钢筋的握裹力。混凝土接槎处沾污会导致混凝土出现不连续的"冷缝""两张皮"等现象。

验收规范强调，在涂刷模板隔离剂时，不得沾污钢筋和混凝土接槎处，又在规定，隔离剂不得影响混凝土结构的性能或妨碍装饰装修工程施工，并要求验收时应全数观察检查。

在模板检查验收时，隔离剂沾污现象并不易被发现。因此，应主要依靠施工操作过程中的控制。隔离剂的种类、使用工具、涂刷操作要领、防止漏刷和误刷的注意事项等，均应纳入施工方案并进行技术交底，使操作人员熟练掌握。

应强调的是，当选择油性隔离剂时，不得使用废机油，并应注意使用部位的限制。模板隔离剂涂刷应当坚持"先清理、后涂刷"以及"先涂刷、后支模"的原则。水性隔离剂在涂刷后，应防止雨淋。如果水性隔离剂被水冲掉，应予以补刷。

4.2.3.2 质量控制要求（一般项目）

模板质量控制要求（一般项目）主要包括：接缝处理、清理内部、模板起拱、预埋件和留洞要求、安装偏差、地坪胎膜等。

1. 接缝处理

规范提出模板接缝不应漏浆，这是对模板工程的一项基本要求。模板漏浆会造成混凝土外表的蜂窝麻面，而且还影响混凝土的局部强度和与钢筋的粘结锚固，直接影响混凝土结构质量。因此无论采用何种材料制作模板，其接缝都应严密，浇筑混凝土时不致漏浆。

不同材料的模板板面，拼缝处理方法也不同。采用木模板时，由于木材吸水会膨胀，故安装时拼缝不宜过于严密，且应在浇筑混凝土前浇水湿润，使木板膨胀闭合接缝。浇水不可过多，湿润即可，模板内不应积水。

当采用钢模板、塑料模板、竹胶板等材料时，由于这些材料不吸水、不膨胀，故板缝处理主要靠接缝严密来实现。为使接缝严密，可将模板侧边改做成企口以实现两侧边严密对接。对容易漏浆的接缝，可采用胶带纸粘贴，泡沫塑料挤紧或在拼缝中填塞堵漏材料等方法。

2. 清理内部

模板安装施工难免有杂物落入模板内部，这些杂物应在浇筑混凝土之前予以清除。如不清理干净,模板内遗留的杂物会造成混凝土夹碴、孔洞等缺陷。规范对此提出了要求。为了清除模板内的杂物,模板在接搓处应预留清扫口。对于不易清除杂物的模板(通常是深度较大或钢筋较密集的模板),应适当采取遮盖、围挡等保护措施,避免杂物掉入。

当模板内掉入杂物时,可采用从预留清扫口清除或人工捡拾的方法清除。有时工程中还采用压缩空气吹或水冲等方法清理模板内的杂物。这种方法有一定效果,但是往往并不能完全解决问题。模板内杂物较难全部被吹出或冲出,甚至有可能被吹(冲)至其他更为隐蔽的部位。

3. 有特殊要求的模板

对设计要求装饰效果的清水混凝土工程及装饰混凝土工程,为了得到理想的表面效果,对所使用的模板均有较高要求。但由于要求的性能和效果不同,各种具体的要求难以一一列出,故验收规范只提出原则性的要求:应使用能达到设计效果的模板。

保证装饰效果的主要环节是模板材料和板面加工。在模板内表面附加其他能够起到装饰效果的材料也是一种方法。在这种情况下,模板应能符合设计给出的特殊要求或其他有关的专门规定。

4. 地坪和胎模

当用地面做底模或采用胎模时,应保证能达到规范的质量要求。一般按照设计要求制定施工方案,按方案进行施工。用作底模的地坪应平整坚实,不易沉降和产生裂缝。胎模的形状、尺寸应正确,表面平整光洁,不易起砂起鼓,且位置应符合设计要求。

5. 模板起拱

为消除挠曲变形对观感的不良影响,规范要求:对跨度不小于4m的现浇钢筋混凝土梁、板,模板安装时应预先起拱。起拱高度按设计要求确定;当设计无具体要求时,起拱高度可取跨度的1/1000~3/1000。

对现浇钢筋混凝土梁、板,适度起拱有利于保证构件的形状、尺寸和受力状况。执行验收规范要求的起拱高度时,主要考虑的是抵消模板在自重和混凝土重量等荷载作用下的下垂,未包括设计要求的起拱值(抵消构件在承受外荷载后引起的挠度)。上述起拱高度,通常对钢模板取偏小值,对木模板则取偏大值。

模板起拱时,应注意不能减少构件跨中的截面高度(厚度),且起拱数值不宜过大或过小,否则均可能影响构件的外观质量并对后续装饰施工造成影响。

6. 预埋件和预留洞

模板安装时,对预埋件、预留孔洞、预埋螺栓和插筋应按照设计要求设置并安装牢固。必要时,应与其他专业图纸对照,确保其位置和尺寸正确。当与其他专业图纸的要求不一致时,不应各行其是,而应及时进行协调,防止遗漏或设置错误。

固定在模板上的预埋件、预留孔和预留洞均不得遗漏,且应安装牢固,并给出了安装位置的允许偏差,见表4.2.1。

预埋件和预留孔洞的允许偏差　　　　表 4.2.1

项　目	允许偏差(mm)
预埋钢板中心线位置	3
预埋管、预留孔中心线位置	3

续表

项　　目		允许偏差（mm）
插　筋	中心线位置	5
	外露长度	+10，0
预埋螺栓	中心线位置	2
	外露长度	+10，0
预留洞	中心线位置	10
	截面内部尺寸	+10，0

注：检查中心线位置时，应沿纵、横两个方向量测，并取其中的较大值。

7. 模板安装的允许偏差

验收规范给出了现浇结构和预制构件模板的允许偏差及检验方法（表4.2.2、表4.2.3）。在理解和执行有关规定时，尽管其均列为"一般项目"，但在安装施工中仍应区别对待。由于对结构性能及使用功能影响程度的不同，模板的轴线位置、标高、垂直度等偏差，显然要比平整度、相邻板面高低差等更为重要，应作更严格的控制。这些项目在模板验收时均应进行抽样检查，抽查数量至少应为总数的10%。合格点率应不小于80%。发现问题时应予以修理。

现浇结构模板安装的允许偏差及检验方法　　　　表4.2.2

项　　目		允许偏差（mm）	检验方法
轴线位置		5	钢尺检查
底模上表面标高		±5	水准仪或拉线、钢尺检查
截面内部尺寸	基础	±10	钢尺检查
	柱、墙、梁	+4，-5	钢尺检查
层高垂直度	不大于5m	6	经纬仪或吊线、钢尺检查
	大于5m	8	经纬仪或吊线、钢尺检查
相邻两板表面高低差		2	钢尺检查
表面平整度		5	2m靠尺和塞尺检查

注：检查轴线位置时，应沿纵、横两个方向量测，并取其中的较大值。

预制构件模板安装的允许偏差及检验方法　　　　表4.2.3

项　　目		允许偏差（mm）	检验方法
长度	板、梁	±5	钢尺量两角边，取其中较大值
	薄腹梁、桁架	±10	
	柱	0，-10	
	墙板	0，-5	
宽度	板、墙板	0，-5	钢尺量一端及中部，取其中较大值
	梁、薄腹梁、桁架、柱	+2，-5	

续表

项　　目		允许偏差（mm）	检验方法
高（厚）度	板	+2，-3	钢尺量一端及中部，取其中较大值
	墙板	0，-5	
	梁、薄腹梁、桁架、柱	+2，-5	
侧向弯曲	梁、板、柱	$l/1000$ 且 $\leqslant 15$	拉线、钢尺量最大弯曲处
	墙板、薄腹梁、桁架	$l/1500$ 且 $\leqslant 15$	
板的表面平整度		3	2m 靠尺和塞尺检查
相邻两板表面高低差		1	钢尺检查
对角线差	板	7	钢尺量两个对角线
	墙板	5	
翘曲	板、墙板	$l/1500$	调平尺在两端量测
设计起拱	薄腹梁、桁架、梁	±3	拉线、钢尺量跨中

注：l 为构件长度（mm）。

8. 模板、支架杆件和连接件的进场检查应符合下列规定：

（1）模板表面应平整；胶合板模板的胶合层不应脱胶翘角；支架杆件应平直，应无严重变形和锈蚀；连接件应无严重变形和锈蚀，并不应有裂纹；

（2）模板规格、支架杆件的直径、壁厚等，应符合设计要求；

（3）对在施工现场组装的模板，其组成部分的外观和尺寸应符合设计要求；

（4）有必要时，应对模板、支架杆件和连接件的力学性能进行抽样检查；

（5）对外观，应在进场时和周转使用前全数检查；

（6）对尺寸和力学性能可按国家现行有关标准的规定进行抽样检查。

9. 对扣件式钢管支架，应对下列安装偏差进行检查：

（1）混凝土梁下支架立杆间距的偏差不应大于 50mm，混凝土板下支架立杆间距的偏差不应大于 100mm；水平杆间距的偏差不应大于 50mm；

（2）应全数检查承受模板荷载的水平杆与支架立杆连接的扣件；

（3）采用双扣件构造设置的抗滑移扣件，其上下顶紧程度应全数检查，扣件间隙不应大于 2mm。

10. 对碗扣式、门式、插接式和盘销式钢管支架，应对下列安装偏差进行全数检查：

（1）插入立杆顶端可调托撑伸出顶层水平杆的悬臂长度；

（2）水平杆杆端与立杆连接的碗扣、插接和盘销的连接状况，不应松脱；

（3）按规定设置的垂直和水平斜撑。

模板分项工程质量控制应包括模板的设计、制作、安装和拆除。模板工程施工前应编制施工方案，并应经过审批或论证。施工过程重点检查：施工方案是否可行及落实情况，模板的强度、刚度、稳定性、支撑面积、平整度、几何尺寸、拼缝、隔离剂涂刷、平面位置及垂直度、梁底模起拱预埋件及预留孔洞、施工缝及后浇带处的模板支撑安装等是否符合设计和规范要求，严格控制拆模时混凝土的强度和拆模顺序。

4.2.4 模板检验内容

模板工程验收的具体检查内容如下:
(1) 模板工程是否进行了设计;检查设计计算书和模板施工图。
(2) 模板工程是否编制了施工技术方案,是否进行了技术交底;检查模板工程的施工方案和技术交底记。
(3) 模板使用材料(含零配件)的性能、各项质量指标是否符合设计要求和有关标准的规定;检查模板所用材料的合格证明书、试验报告、进场验收记录等,并与实际的模板材料相对照。应该注意,当模板材料及零配件的质量(材质、尺寸、壁厚、力学性能等)不符合设计要求和有关标准的规定时,对于模板承载力、刚度和稳定性将产生重要影响,应进行调整或重新进行设计验算。
(4) 模板及其支架的安装,包括立柱、支撑、连杆、扣件和连接件等,其数量、间距、位置、节点做法是否与模板设计相一致;对照模板设计图纸逐项检查,可采用观察、尺量、计数等方法检查,并对模板的承载力、刚度、稳定性作出判断。
(5) 支撑模板的下层结构承载力是否满足要求;对下层结构的施工日期、混凝土强度增长情况、底模是否拆除等情况进行检查判断。
(6) 涂刷模板的隔离剂是否符合规定,对钢筋及混凝土接槎等部位有无污染;对工艺要求及其执行情况进行检查。
(7) 模板安装尺寸是否符合允许偏差的规定;应进行抽样量测。
(8) 模板的接缝是否符合要求。
(9) 模板内的杂物是否已经清理。
(10) 混凝土接槎处的清理(剔除松动的石子、剔除浮浆、凿毛等)是否符合要求。
(11) 梁、板模板的起拱是否符合要求。
(12) 固定在模板上的预埋件、预留孔洞等是否位置正确,安装牢固。
(13) 对检查发现的问题是否进行了返修;检查返修记录及再次进行检查验收的记录,并对返修部位的模板实体进行再次检查。
(14) 对模板工程的相关技术资料进行核查。
(15) 施工单位是否进行了预检;了解预检情况,并检查预检记录。
以上验收内容基本上涵盖了验收规范对模板工程验收的要求。当模板工程通过验收达到合格后,即办理验收手续。施工单位应对验收合格的模板工程加以保护。

4.3 模板拆除

4.3.1 模板拆除方案

模板及其支架的拆除并不是一件简单的事情。拆除受到许多因素的制约,在拆除的时间、顺序和方法上都应当遵守相关规定，否则，不仅会影响工程质量，甚至会发生安全事故。验收规范十分重视模板拆除这一环节，规定模板及其支架拆除的顺序及安全措施应按施工技术方案执行，并列为强制性条文。这实际赋予施工技术方案以重要责任。模板拆除的顺序及安全措施应在施工技术方案中加以详细规定，现场施工应严格按照施工技术方案执行。

为确保施工安全，避免盲目操作、野蛮拆除，施工单位应首先制定模板拆除方案。方案应经过项目技术负责人和监理工程师的审批并向施工操作人员交底，然后按照方案进行拆除操作。制定方案时，应针对工程和构件的具体情况，尽可能考虑周全。实际上，模板拆除的关键在于底模的拆除。为了确保质量和安全，应充分考虑拆除底模时混凝土结构的实际强度，以及构件可能尚未形成设计所要求的最终的受力体系等情况，必要时应加设临时支撑。正式拆模前，应检查确认具备相应条件，并经项目技术负责人批准。

（1）侧模的拆除

混凝土结构侧模的拆除相对比较简单，通常只要混凝土构件具备一定强度即可。过早拆模，容易出现混凝土强度不足而造成缺棱掉角等缺陷。规范将侧模拆除列为一般项目，规定应"保证其表面及棱角不受损伤"。这个强度通常认为是 $1.2N/mm^2$，但是施工现场不易准确判断强度数值，通常只能用手掰、脚踏或小锤轻击判断，如无损坏就可以拆除侧模。

（2）底模及支架的拆除

底模拆除涉及构件的质量和人员安全，是整个模板拆除工作的重点。从混凝土强度要求考虑，底模拆除的合理时间应是浇筑之后 28d，由于工期的原因，往往需要提前拆模。底模及其支架拆除时的混凝土强度应符合设计要求；当设计无具体要求时，混凝土强度应符合表 4.3.1 的规定。

检查数量：全数检查。

检验方法：检查同条件养护试件强度试验报告。

底模拆除时的混凝土强度要求　　　　　　　　表 4.3.1

构件类型	构件跨度（m）	达到设计的混凝土立方体抗压强度标准值的百分率（%）
板	≤2	≥50
	>2，≤8	≥75
	>8	≥100
梁、拱、壳	≤8	≥75
	>8	≥100
悬臂构件	—	≥100

4.3.2　模板拆除方法

正确的拆模方法是：按照模板拆除方案的顺序和要求，首先做好模板拆除的各项准备工作，包括使用工具、起重设备、分类堆放场地等。然后按照规定的方法进行模板拆除。高处模板应采取缓冲措施。拆除过程中应专设安全监控人员。拆下的模板应按照施工方案分类堆放在规定的场地，并立即进行清理，涂刷防锈剂或隔离剂等。模板拆除时，可采取先支承后拆，后支的先拆，先拆非承重模板、后拆承重模板的顺序，并应从上而下进行拆除。

当拆除下来的模板和支架需要在楼层上短暂存放时，应分散堆放，不宜过于集中，并应及时清运移走，以免在楼层上积压，形成过大的荷载。

如果拆模时由于上部继续施工，需要对梁或板继续支顶，应按照施工方案要求边拆边支顶，不得先将大片立柱拆除，然后再进行支顶。即使梁板的混凝土强度已经达到或超过100%设计强度，拆除模板及支架后仍必须继续控制施工荷载。工程实践证明：施工荷载如不加以控制，往往会超过设计值，造成楼板开裂损坏。

例如，拆除下来的木制模板，若堆积高度为 50cm，其荷载即可达 $4kN/m^2$；钢制模板的碗扣式脚手架若堆积高度为 50cm，其荷载更可高达 $7.8kN/m^2$，而普通住宅的楼面允许荷载值仅为 $1.5\sim2.0kN/m^2$。由此不难看出控制楼面堆积荷载和其他施工荷载的重要性。

4.3.3　模板拆模程序

（1）模板拆除一般是先支的后拆，后支的先拆，先拆非承重部位，后拆承重部位，并做到不损伤构件或模板。

（2）肋形楼盖应先拆柱模板，再拆楼板底模，梁侧模板，最后拆梁底模板。拆除跨度较大的梁下支柱时，应先从跨中开始分别拆向两端。侧立模的拆除应按自上而下的原则进行。

（3）工具式支模的梁、板模板的拆除，应先拆卡具，顺口方木、侧板，再松动木楔，使支柱、桁架等平稳下降，逐段抽出底模板和横档木，最后取下桥架、支柱、托具。

（4）多层楼板模板支柱的拆除：当上层模板正在浇筑混凝土时，下一层楼板的支柱不得拆除，再下一层楼板支柱，仅可拆除一部分。跨度 4m 及 4m 以上的梁，均应保留支柱，其间距不得大于 3m；其余再下一层楼的模板支柱，当楼板混凝土达到设计强度时，可全部拆除。

4.3.4　模板拆模注意事项

（1）拆除时不要用力过猛、过急，拆下来的木料应整理好及时运走，做到活完场清。

（2）在拆除模板过程中，如发现混凝土有影响结构安全的质量问题时，应暂停拆除。经处理后，方可继续拆除。

（3）拆除跨度较大的梁下支柱时，应先从跨中开始，分别拆向两端。

（4）多层楼板模板支柱的拆除，其上层楼板正在浇灌混凝土时，下一层楼板模板的支柱不得拆除，再下一层楼板的支柱，仅可拆除一部分。

（5）拆模间歇时，应将已活动的模板、牵杆、支撑等运走或妥善堆放，防止因扶空、踏空而坠落。

（6）模板上有预留孔洞者，应在安装后将洞口盖好。混凝土板上的预留孔洞，应在模板拆除后随即将洞口盖好。

(7) 模板上架设的电线和使用的电动工具，应用 36V 的低压电源或采用其他有效的安全措施。

(8) 拆除模板一般用长撬棍。人不许站在正在拆除的模板下。在拆除模板时，要防止整块模板掉下，拆模人员要站在门窗洞口外拉支撑，防止模板突然全部掉落伤人。

(9) 高空拆模时，应有专人指挥，并在下面标明工作区，暂停人员过往。

(10) 定型模板要加强保护，拆除后即清理干净，堆放整齐，以利再用。

(11) 已拆除模板及其支架的结构，应在混凝土强度达到设计强度等级后，才允许承受全部计算荷载、当承受施工荷载大于计算荷载时，必须经过核算，加设临时支撑。

对后张法预应力混凝土结构构件，侧模宜在预应力张拉前拆除；底模支架的拆除应按施工技术方案执行，当无具体要求时，不应在结构构件建立预应力前拆除。

检查数量：全数检查。

检验方法：观察。

4.4 模板设计

模板工程的施工根据其自身特点，可以划分为三个阶段：模板设计、模板安装和模板拆除。这三个阶段均应由施工单位完成。它们之间既有区别，又有密切联系。

与建筑工程的施工图设计不同，模板的设计通常由承担工程施工任务的施工单位完成。对于大型、复杂或有特殊功能要求的模板体系也可以由施工单位委托设计单位或其他具备设计资质的相关单位进行设计。但是，其质量、安全责任仍应由施工承包单位承担。在这种情况下，施工单位有责任对模板委托设计的设计质量进行严格审查，必要时还可以组织对模板设计方案的专项审查或评估。

模板设计虽然与模板安装及拆除由同一单位完成，但是不能因此就减少或简化模板设计这一重要环节。对于模板的质量与安全，模板设计人员有不可推卸的责任。模板设计的计算书和施工图应列为工程档案长期保存。模板设计人员应参与模板安装与混凝土浇筑的整个施工过程，随时参与监控模板工程的质量与安全等项工作。

4.4.1 模板设计要求

为了保证施工质量和安全，模板及其支架都应该进行设计，以保证其具有足够的承载能力、刚度和稳定性。模板设计的内容主要包括以下 4 个方面：

(1) 模板方案选择（选型和选材）；

(2) 模板荷载及效应分析；

(3) 模板计算（承载力、刚度与稳定性）及构造措施；

(4) 模板施工图绘制及模板安装说明。

模板设计的基本要求（设计目的）可以具体化为以下 5 条：

(1) 保证工程结构和构件各部分形状、尺寸和相互位置正确，满足建筑工程结构设计的要求和国家有关标准的规定；

（2）使模板具有足够的承载能力、刚度和稳定性，能够可靠地承受浇筑混凝土的重量和侧压力，以及施工中产生的各种荷载，并留有一定安全富余量；

（3）模板应构造简单，装拆方便，并便于钢筋绑扎、安装和混凝土的浇筑、养护；

（4）模板的接缝不应漏浆，模板表面应能满足在浇筑后混凝土构件的外观要求；

（5）具有相对较好的经济技术指标。

4.4.2 模板设计内容

4.4.2.1 设计过程

包括选型、计算、调整、确定几个过程。

（1）选型：首先应根据工程特点、施工部位和施工条件，选择适当的模板类型和模板材料，确定适宜的模板支撑体系。

（2）计算：根据初步确定的模板类型、材料和模板支撑体系，进行荷载分析与结构计算，完成模板设计计算书，确定对于模板安装的主要参数及相应的构造措施。

（3）调整：对各个要素进行综合分析，进行必要的调整和补充。

（4）确定：明确模板施工的各项技术要求，完成模板施工图绘制，并编制模板设计说明。

对于简单的工程，如果已经做过类似的计算，或已有成熟的施工经验，能够确定材料规格和模板构造，也可以不再重新进行模板的结构计算而直接引用，从而作出模板的施工图和设计说明。

4.4.2.2 设计内容

根据工程结构形式的不同，模板设计所包括的内容也有所不同。以混凝土框架结构的模板工程为例，列出模板设计应包括的主要内容如下：

模板及支架的选型与选材；模板结构体系计算书；模板平面布置图；不同房间的模板平面图；模板分块图、模板组装图、模板节点大样图、模板连接零件加工图、模板支撑埋件布置图；模板体系纵横龙骨的规格、数量、排列尺寸；柱箍的形式、间距；模板的组装形式（就位组装或预制组装）；梁、板模板支撑的间距、数量、连接节点大样图；模板设计说明；结合施工流水段的划分和施工方案；模板配置的数量。

4.4.3 模板的荷载

4.4.3.1 荷载分析

完成模板的选型和选材后，模板设计下一个重要的步骤就是确定模板承受的荷载。因此，必须进行模板的荷载分析，分析结果将作为模板结构计算的主要依据。正确的荷载分析可以有效保证模板体系的可靠承载，并留有一定的安全裕量。如前所述，作用于模板上的荷载受施工条件的影响，实际是动态的、多变的，不确定性很大。为了不遗漏荷载，通常应首先列出模板体系可能承受的各种荷载及其数值。模板及支架的设计应计算不同工况下的各项荷载。常遇的荷载应包括模板及支架自重（G_1）、新浇筑混凝土自重（G_2）、钢筋自重（G_3）、新浇筑混凝土对模板侧面的压力（G_4）、施工人员及施工设备荷载（Q_1）、泵送混凝土及倾倒混凝土等因素产生的荷载（Q_2）、风荷载（Q_3）等。

(1) 模板及其支架自重标准值 G_{1k}

如对于楼板模板也可参考表 4.4.1 中的经验数据计算。

模板及支架自重标准值（kN/m²）　　　　　　　　　　　表 4.4.1

模板构件的名称	木模板	组合钢模板	钢框胶合板模板（钢管＋胶合板模板）
平板的模板及小楞	0.30	0.50	0.40
楼板模板（其中包括梁的模板）	0.50	0.75	0.60
楼板模板及其支架（楼层高度 4m 以下）	0.75	1.10	0.95

(2) 施工时浇筑混凝土自重标准值 G_{2k}

对普通混凝土可采用 24kN/m³，对于其他混凝土可按照重力密度确定。

(3) 钢筋自重标准值 G_{3k}

钢筋重量标准值应根据工程结构设计图纸确定。对于一般钢筋混凝土梁板结构，钢筋重量标准值可采用下列数值：

楼板：1.1kN/m³。

梁：1.5kN/m³。

对于各种特殊的结构，可以根据实际情况酌情增减。

(4) 新浇混凝土对模板的侧压力：

采用内部振捣器时，新浇筑的混凝土作用于模板的最大侧压力，可按以下两式计算，并取两式中的较小值。

$$F = 0.43\gamma_c t_0 \beta_1 V^{1/4}$$

$$F = \gamma_c H$$

式中　F——新浇混凝土对模板的最大侧压力（kN/m²）；

　　　γ_c——混凝土的重力密度（kN/m³）；

　　　t_0——新浇混凝土的初凝时间（h），可按实测确定。当缺乏试验资料时，可采用 $t_0 = \dfrac{200}{T+15}$ 计算（T 为混凝土的温度）；

　　　V——混凝土浇筑高度（厚度）与浇筑时间的比值，即混凝土的浇筑速度（m/h）；

　　　H——混凝土侧压力计算位置处至新浇混凝土顶面的总高度（m）；

　　　β_1——混凝土坍落度影响修正系数：当坍落度在50～90mm时，β_1 取 0.85；坍落度在 100～130mm 时，β_1 取 0.9；坍落度在 140～180mm 时，β_1 取 1.0。

混凝土侧压力的计算分布见图 4.4.1，图中 $h = F/\gamma_c$。

(5) 施工人员及施工设备的重量

作用在模板及支架上的施工人员及施工设备荷载标准值 Q_{1k}，可按实际情况计算，正常情况可取 3.0kN/m²。

(6) 泵送混凝土、倾倒混凝土产生的水平荷载标准值 Q_{2k}

施工中的泵送混凝土、倾倒混凝土等未预见因素产生的水平荷载标准值 Q_{2k}，可取模板上混凝土和钢筋重量的 2% 作为标准值，并应以线荷载形式作用在模板支架上端水平方向。

(7) 风荷载标准 Q_{3k}

风荷载标准 Q_{3k} 可按现行国家标准《建筑结构荷载规范》GB 50009 的有关规定计算。

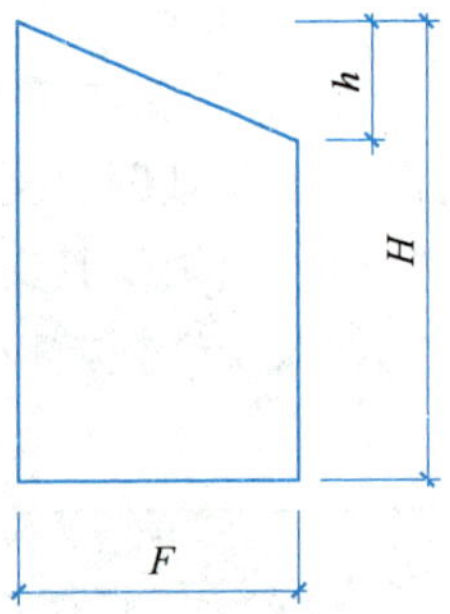

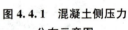

图 4.4.1 混凝土侧压力分布示意图

4.4.3.2 模板荷载组合与设计

(1) 荷载组合

混凝土水平构件的底模板及支架、高大模板支架、混凝土竖向构件和水平构件的侧面模板及支架，应按表 4.4.2 的规定确定最不利的作用效应组合。承载力验算应采用荷载基本组合，变形验算应采用荷载标准组合。

最不利的作用效应组合　　　　　　　　　　表 4.4.2

模板结构类别	最不利的作用效应组合	
	计算承载力	变形验算
混凝土水平构件的底模板及支架	$G_1+G_2+G_3+Q_1$	$G_1+G_2+G_3$
高大模板支架	$G_1+G_2+G_3+Q_1$	$G_1+G_2+G_3$
	$G_1+G_2+G_3+Q_2$	
混凝土竖向构件或水平构件的侧面模板及支架	G_4+Q_3	G_4

注：1. 对于高大模板支架，表中（$G_1+G_2+G_3+Q_2$）的组合用于模板支架的抗倾覆验算；
2. 混凝土竖向构件或水平构件的侧面模板及支架的承载力计算效应组合中的风荷载 Q_3 只用于模板位于风速大和离地高度大的场合；
3. 表中的"+"仅表示各项荷载参与组合，而不表示代数相加。

(2) 承载能力极限状态

模板及支架结构构件应按短暂设计状况下的承载能力极限状态进行设计，并应符合下式要求：

$$\gamma_0 S \leqslant \gamma_R R$$

式中　γ_0——结构重要性系数。对重要的模板及支架宜取 $\gamma_0 \geqslant 1.0$；对于一般的模板及支架应取 $\gamma_0 \geqslant 0.9$；

　　　S——荷载基本组合的效应设计值；

　　　R——模板及支架结构构件的承载力设计值，应按国家现行有关标准计算；

　　　γ_R——承载力设计值调整系数，应根据模板及支架重复使用情况取用，不应大于 1.0。

(3) 荷载基本组合的效应设计值

模板及支架的荷载基本组合的效应设计值，可按下式计算：

$$S_d = 1.35 \sum_{i \geqslant 1} S_{G_{ik}} + 1.4 \psi_{cj} \sum_{j \geqslant 1} S_{Q_{jk}}$$

式中　$S_{G_{ik}}$——第 i 个永久荷载标准值产生的荷载效应值；

　　　$S_{Q_{jk}}$——第 j 个可变荷载标准值产生的荷载效应值；

ψ_{cj} ——第 j 个可变荷载的组合值系数，宜取 $\psi_{cj} \geqslant 0.9$。

(4) 模板及支架的变形验算

模板及支架的变形验算应符合下列要求：

$$a_{fk} \leqslant a_{f,lim}$$

式中 a_{fk} ——采用荷载标准组合计算的构件变形值；

$a_{f,lim}$ ——变形限值，模板及支架的变形限值应符合下列规定：

1) 对结构表面外露的模板，挠度不得大于模板构件计算跨度的 1/400；
2) 对结构表面隐蔽的模板，挠度不得大于模板构件计算跨度的 1/250；
3) 清水混凝土模板，挠度应满足设计要求；
4) 支架的轴向压缩变形值或侧向弹性挠度值不得大于计算高度或计算跨度的 1/1000。

(5) 模板支架进行抗倾覆验算

模板支架的高宽比不宜大于 3；当高宽比大于 3 时，应增设稳定性措施，并应进行支架的抗倾覆验算。模板支架进行抗倾覆验算时应符合下列规定：

$$\gamma_0 k M_{sk} \leqslant M_{rk}$$

式中 γ_0 ——结构重要性系数；

k ——模板及支架的抗倾覆安全系数，不应小于 1.4；

M_{sk} ——按最不利工况下倾覆荷载标准组合计算的倾覆力矩标准值；

M_{rk} ——按最不利工况下抗倾覆荷载标准组合计算的抗倾覆力矩标准值，其中永久荷载标准值和可变荷载标准值的组合系数取 1.0。

(6) 长细比要求

模板支架结构钢构件的长细比不应超过表 4.4.3 规定的容许值。

模板支架结构钢构件容许长细比　　表 4.4.3

构件类别	容许长细比
受压构件的支架立柱及桁架	180
受压构件的斜撑、剪刀撑	200
受拉构件的钢杆件	350

4.4.4 模板计算

1. 计算内容

模板计算主要解决模板体系的承载力、刚度和稳定性问题。具体有 6 项：

(1) 混凝土侧压力及荷载计算；
(2) 板面承载力及刚度验算；
(3) 次龙骨承载力及刚度验算；
(4) 主龙骨承载力及刚度验算；
(5) 穿墙螺栓承载力的验算；
(6) 水平构件模板支撑体系承载力与稳定性的验算。

2. 依据标准规范

我国目前尚没有针对模板的通用技术要求或临时工程的专门规范。各类模板的结构设计仍应遵守各种相关的结构设计规范和安全规范。例如，对于钢模板及其支架的设计，应遵守《钢结构设计标准》GB 50017；采用冷弯薄壁型钢时应符合《冷弯薄壁型钢结构技术规范》GB 50018；使用扣件式钢管脚手架作为模板支撑体系时应遵守《建筑施工扣件钢管脚手架安全技术规范》JGJ 130；采用木结构时应遵守《木结构设计规范》GB 50005 等。此外，对于组合钢模板、大模板、滑升模板等的设计、制作和施工，尚应符合现行相关的专门标准规范《组合钢模板技术规范》《大模板多层住宅结构设计与施工规程》《液压滑动模板施工技术规范》等的要求。

3. 模板体系的刚度验算

当验算模板体系的刚度时，最大变形值不得超过下列允许值：对结构表面外露的模板，为模板构件计算跨度的 1/400；

对结构表面隐蔽的模板，为模板构件计算跨度的 1/250；

支架的压缩变形值或弹性挠度，为相应的结构计算跨度的 1/1000。

4. 支撑体系的稳定性验算

对水平构件模板要进行支撑体系的稳定性验算。当验算模板及其支架在自重和风荷载作用下的抗倾覆稳定性时，抗倾覆系数和风荷载取值应符合专门的规定。

所有支架的立柱或桁架均应设置刚性的水平拉压联系杆件以及必要的剪刀型斜撑，以控制水平位移，确保模板立柱或桥架在各个方向上保持稳定。当高度较大时，应增加联系杆件，防止支撑系统失稳。

5. 构造措施

除设计验算外，维持结构整体稳定性的构造措施非常重要。由于施工情况的复杂性和各种载荷的不确定性，许多因素难以进行定量计算和验算。许多构造措施实际上是大量经验与教训的结晶，属于概念设计的范畴。例如，设置斜向剪刀撑，防止水平倾覆及受荷不均匀引起的扭转倾覆。对模板工程安全事故的分析表明，未对模板体系的整体稳定性给予充分考虑，采取的构造措施不足或缺少，往往是造成模板体系倾覆、倒塌的重要原因之一。

6. 模板施工图绘制

完成模板结构计算后，应根据计算结果绘制模板施工图。模板施工图依模板工程的规模与复杂程度不同有较大差异。复杂的模板施工图实际就是一套完整的结构设计图；而对简单的模板工程，施工图则比较简单。通常，模板施工图设计应包括以下内容：

（1）模板体系设计：根据工程结构设计图纸的要求及模板加工的要求确定，并应包括模板位置、标高等信息。

（2）模板板面设计：按照可能达到或要求达到的周转次数及投入条件确定。

（3）模板拼缝设计：按照结构的功能要求及模板加工条件，确定采用的拼缝方式（硬拼缝、企口缝等）。

（4）螺栓、龙骨、支撑设计：经计算确定其数量、位置、间距、直径、断面尺寸、连接方式等。

（5）模板起拱设计：根据构件跨度和荷载，确定起拱高度和相关要求。

(6) 模板构造设计：应采取增强模板整体稳定性的构造措施，模板重要部位的构造措施应予以加强。

(7) 细部设计：在完成模板体系的设计后，为使模板施工安装有可操作性，还需要进行某些节点的细部设计。通常需要对下列部位进行节点细部设计：清水楼梯踏步、外门窗口滴水线、外墙企口式门窗口模板、装饰线条模板、拆装式门窗口钢模板、丁字墙门口处整体模板、墙体门窗口一体式大钢模板等。

(8) 编制模板施工图说明，以文字形式完善模板设计的各种具体要求，增加模板施工图的可读性，以便于施工操作。

1. 工程概况

某高层住宅楼，为框架剪力墙结构。地下1层，地上26层，总建筑面积42100m²，由地下部分和地上部分组成，其中地下部分为机动车库和设备用房，地面1~3层为商场，4层为设备管道转换层，5层以上为住宅部分，是一座集商场、商品住宅为一体的大型高级商住建筑。本工程转换层大梁截面为800mm×2000mm，板厚为200mm，自重较大，施工难度较大，特别是支模的安全度和稳定性极为重要，施工中必须重视。

2. 支模施工方案

通过多方案比较，决定采用φ48×3.5钢管模板支撑系统，详见图4.4.2。

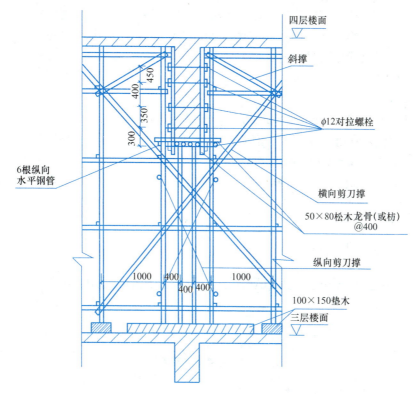

图4.4.2 模板支撑系统

(1) 侧模

大梁侧模采用18mm厚竹胶合板、50mm×80mm木方，以φ48×3.5钢管、M12（纵向@500mm）对拉螺栓加固。为了防止大梁在浇筑混凝土时向一侧倾斜，采用脚手架水平钢管和斜撑钢管加固。

(2) 梁底模板支撑

确定梁底的模板支撑系统是转换层大梁的施工关键,它直接影响结构施工安全、工程质量和施工成本,该转换层大梁施工时其下层为商场楼面(设计荷载 3.5kN/m²),不具备单独承受大梁底部荷载的能力,需三层楼面共同承担转换层大梁的所有荷载。

1) 梁底模板

梁底模板采用 18mm 厚竹胶合板,50mm×80mm@400 松木龙骨传至纵向水平钢管 ϕ48×3.5,再传至下面 4 根立杆 ϕ48×3.5 钢管。

2) 三层楼层上模板支撑系统

转换层大梁底采用 4 根立柱钢管 ϕ48×3.5@500,承受所有大梁施工荷载,除纵向与横向扫地杆外,底下一层水平杆步高为 1800mm,上面水平杆步高为 1200~1500mm,为了确保大梁施工的稳定性,大梁下部设置纵向与横向剪刀撑 ϕ48×3.5 钢管。转换层大梁的钢管支撑系统与两侧楼板支模钢管连成整体,提高整个支模体系的刚度与稳定性。

3) 二层楼面上模板支承系统

由于施工进度要求,在施工转换层大梁时,三层楼面的混凝土强度仅达到设计强度的 70% 左右,故施工三层楼面混凝土的模板支承系统不能拆除,即二层楼面上所有支模钢管不能拆除。这表明已施工完毕的二层与三层楼板来承担转换层大梁楼面的施工荷载。为了安全起见,在一层楼面梁部位,立 ϕ100@500mm 的圆木,上端用木锲塞紧,即一层楼面大梁来承担一部分转换层大梁的荷载。

3. 转换层大梁支模系统计算

(1) 计算资料:

转换层大梁截面尺寸 800mm×2000mm,板厚为 200mm。

模板支撑体系采用 ϕ48×3.5 钢管排架,纵距为 0.5m,钢管重 38.4N/m,$A=4.89cm^2$,$i=1.58$,$W=5.08cm^3$。

模板采用九层板 (18mm 厚) $E=1.0×10^4 MPa$,$W=54cm^3$,$I=48.6cm^4$,$f=17MPa$。

扣件每只重 13.2N。

架子搭设方法见图 4.4.3。

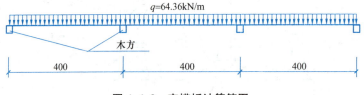

图 4.4.3 底模板计算简图

(2) 大梁模板强度与刚度计算

1) 底模强度及刚度验算

选最不利情况进行验算:梁截面长×宽=800mm×2000mm。

① 模板及支架自重 $G_{1k}=0.3kN/m^2$

② 钢筋混凝土自重 $G_{2k}=(24+1.5)×2=51kN/m^2$

③ 施工人员及设备荷载 $Q_{1k}=30\text{kN/m}^2$

2）底模强度验算

荷载组合 q_{01} 为 [①+②]×1.35+③×1.4×0.9

$$q_{01}=73.04\text{kN/m}^2$$

50mm×80mm 松木龙骨间距为 400mm，故底模板计算跨度为：

$$l=（400-50）\times1.05=367\text{mm}$$

按 1m 宽板带计算，

$$q=73.04\text{kN/m}^2\times1\text{m}=73.04\text{kN/m}$$

按三跨连续梁计算得：

$$M=0.1ql^2=0.1\times73.04\times0.3672=0.983\text{kN}\cdot\text{m}$$

$$\sigma=\frac{M}{W_x}\leqslant f$$

$\sigma=\dfrac{0.983\times10^6}{54\times10^3}=18.2\text{N/mm}>f=18\text{N/mm}^2$，不满足要求可调整木方间距或底模板强度。

3）刚度验算

荷载组合为（①+②）取 1m 宽板带，

$$q_{02}=51+0.3=51.3\text{kN/m}=51.3\text{N/mm}$$

按三跨连续梁计算，查静力计算手册得，最大弯矩系数取为 0.677，故

$$w=0.677\frac{ql^4}{100EI}\leqslant\frac{l}{250}$$

$$w=0.677\times\frac{51.3\times0.367^4\times10^{12}}{100\times1.0\times10^4\times48.6\times10^4}=1.29\text{mm}<\frac{l}{250}=\frac{367}{250}=1.47\text{mm}$$

经验算，底模强度与刚度均满足要求。

4）侧模强度计算

新浇混凝土对模板产生的荷载：$F_1=0.43r_ct_0\beta v^{1/4}$

$$F_2=\gamma h$$

混凝土的浇筑速度：$v=3\text{m/h}$

混凝土的浇筑温度为 30℃，（即 $t_0=4.44\text{h}$），坍落度为 110~150mm。

$$F_1=0.43\times24\times4.44\times1.0\times3^{0.25}=60.3\text{kN/m}^2$$

$$F_2=24\times2=48\text{kN/m}^2$$

取较小值：$F=48\text{kN/m}^2$

取 1m 宽板带计算，

$$q=1.0\times48=48\text{kN/m}$$

竖向方木间距取 400mm，

$$M = 0.1 \times q \times l^2 = 0.1 \times 48 \times 0.4^2 = 0.77 \text{kN/m}$$

$$\sigma = \frac{M}{W} \leqslant f$$

$$\sigma = \frac{0.77 \times 10^6}{54 \times 10^3} = 14.2 \text{N/mm}^2 \leqslant f = 18 \text{N/mm}^2$$

对拉螺栓的验算：

梁板间用 $\phi 12$ 对拉螺栓，设置间距为 $400 \text{mm} \times 500 \text{mm}$，则每根对拉螺栓杆的受力面积为：

$$A = 0.4 \times 0.5 = 0.2 \text{m}^2$$

$$N = qA = 48 \times 0.2 = 9.6 \leqslant [N] = 12.9 \text{kN}$$

(3) 木方（$50 \text{mm} \times 80 \text{mm}$）强度及刚度计算

1) 强度验算

木方间距为 400mm，则每根木楞所承担的线荷载为：

$$q = q_{01} \times l = 73.04 \text{kN/m}^2 \times 0.4 \text{m} = 29.2 \text{kN/m}$$

按三跨连续梁计算（图 4.4.4）

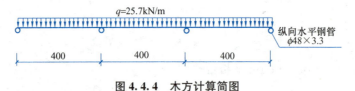

图 4.4.4　木方计算简图

$$M = 0.1 q l^2 = 0.1 \times 29.2 \times 0.4^2 = 0.467 \text{kN} \cdot \text{m}$$

支座反力 $= 29.2 \times 0.4 = 11.68 \text{kN}$

$$\sigma = \frac{M}{W_x} \leqslant f$$

木方（$50 \text{mm} \times 80 \text{mm}$） $W_x = 1/6 \times 50 \times 80^2 = 53.3 \text{cm}^3$

$$\sigma = \frac{0.467 \times 10^6}{53.3 \times 10^3} = 8.76 \text{N/mm}^2 \leqslant f = 10 \text{N/mm}^2$$

2) 刚度验算

$$q = q_{02} \times 0.4 = 51.3 \times 0.4 = 20.52 \text{kN/m} = 20.52 \text{N/mm}$$

$$W = 0.677 \frac{q l^4}{100 EI} \leqslant \frac{l}{250}$$

$$I = 1/12 \times 50 \times 80^3 = 213.3 \text{cm}^4$$

$$E = 8.5 \times 10^3 \text{N/mm}^2$$

$$W = 0.677 \times \frac{20.52 \times 0.4^4 \times 10^{12}}{100 \times 8.5 \times 10^3 \times 213.3 \times 10^4} = 0.2 \text{mm} < \frac{l}{250} = \frac{400}{250} = 1.6 \text{mm}$$

满足要求。

(4) 纵向水平钢管强度与挠度计算

1) 强度计算

由图 4.4.4 可得木方传给水平钢管的集中力为

$$P = 29.2 \text{kN/m} \times 0.4 = 11.68 \text{kN}$$

按三跨连续梁（图 4.4.5）最不利工况计算，查得支座弯矩最大系数为 0.213。

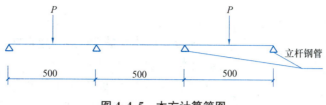

图 4.4.5　木方计算简图

则

$$M = 0.213 \times 11.68 \times 0.4 = 0.995 \text{kN} \cdot \text{m}$$

$$\sigma = \frac{0.995 \times 10^6}{5.08 \times 10^3} = 195.9 < f = 205 \text{N/mm}^2$$

2）挠度计算

$$P = 20.52 \times 0.4 = 8.21 \text{kN}$$

查得

$$W = \frac{8.21 \times 10^3 \times 500^3}{100 \times 2.06 \times 10^5 \times 12.9 \times 10^4} = 0.63 \text{mm} \leqslant \frac{500}{250} = 2.0 \text{mm}$$

为了提高安全度，大梁中间两根纵向水平钢管采用双钢管支撑，故纵向水平钢管共 6 根。

（5）支模钢管立杆计算

1）荷载计算

模板及支架自重 $G_{1k} = 0.75 \text{kN/m}^2$

混凝土自重 $G_{2k} = 24 \times 2 = 48 \text{kN/m}^2$

钢筋自重 $G_{3k} = 1.5 \times 2 = 3 \text{kN/m}^2$

施工人员及设备荷载 $Q_{1k} = 3 \text{kN/m}^2$

荷载组合 $q_{01} = (0.75 + 48 + 3) \times 0.8 \times 1.35 + 1.4 \times 0.9 \times 1 \times 3 = 59.67 \text{kN/m}$

2）钢管内力计算

根据《建筑施工扣件式钢管脚手架安全技术规范》JGJ 130 立杆的稳定性应按下列公式计算：

$$\frac{N}{\varphi A} \leqslant f$$

钢管间距 500mm，每排 4 根钢管，两侧需承担一半楼板荷载，实按 3 根钢管计算，每根钢管的荷载：$N = 59.67 \times 0.5/3 = 9.95 \text{kN}$

$$A = 4.89 \text{cm}^2, \quad f = 205 \text{N/mm}^2$$

立杆计算长度：$l_0 = 1.155 \times 1.5 \times 1.8 = 3.12 \text{m}$

长细比：$\lambda = l_0/i = 3.12/0.0158 = 197$

查表得：$\varphi = 0.186$

$$\frac{N}{\varphi A}=\frac{9.95\times10^3}{0.186\times480}=109.3\text{N/mm}^2 \leqslant f=205\text{N/mm}^2$$

满足要求。

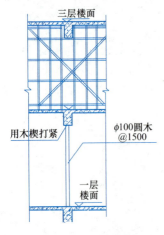

图 4.4.6 设圆方木支撑做法

(6) 施工要求

1) 模板支撑体系搭设按照《建筑施工扣件式钢管脚手架安全技术规范》JGJ 130。

2) 转换层大梁模板支撑体系排架下部垫 150mm×100mm 方木,排架下部设扫地杆。

3) 为了安全起见,在转换层大梁位置一层楼面上设圆木或钢管支撑二层楼面大梁,间距为 1500mm。上部用木楔塞紧。详细做法见图 4.4.6。

4) 后浇带处左右各 1000mm 脚手架支撑体系不拆除,待后浇带施工完毕,混凝土强度达到设计强度值后方可拆除。

5) 柱与梁分开施工,先施工柱后施工转换层大梁。纵向设两道剪刀撑,横向设两道剪刀撑,并与支模架连成整体。

4.5 模板用量计算

在现浇混凝土和钢筋混凝土结构施工中,为了进行施工准备和实际支模,常需估量模板的需用量和耗费,即计算每立方米混凝土结构的展开面积用量,再乘以混凝土总量,即可得模板需用总量。一般 1m³ 混凝土结构的展开面积模板用量 U(m²)的基本表达式为:

$$U=\frac{A}{V}$$

式中 A——模板的展开面积;
V——混凝土的体积。

1. 各种截面柱模板用量

(1) 正方形截面柱,其边长为 $a\times a$ 时,每立方米混凝土模板用量 U_1(m²)按下式计算:

$$U_1=\frac{4}{a}$$

(2) 圆形截面柱,其直径为 d 时,每立方米混凝土模板用量 U_2(m²)按下式计算:

$$U_2=\frac{4}{d}$$

(3) 矩形截面柱,其边长为 $a\times b$ 时,每立方米混凝土模板用量 U_3(m²)按下式计算:

$$U_3=\frac{2(a+b)}{ab}$$

2. 主梁、次梁的模板用量

钢筋混凝土主梁和次梁,宽和高为 $b\times h$,每立方米混凝土模板用量 U_4(m²)按下式计算：

$$U_4 = \frac{2h+b}{bh}$$

3. 楼板模板用量

钢筋混凝土楼板，板厚为 h，每立方米混凝土模板用量 U_5（m²）按下式计算：

$$U_5 = \frac{1}{h}$$

4. 墙模板用量

钢筋混凝土墙，墙厚 h，每立方米混凝土模板用量 U_6（m²）按下式计算：

$$U_6 = \frac{2}{h}$$

案例：

住宅楼工程钢筋混凝土柱截面尺寸为 0.7m×0.7m 和 0.7m×0.35m；梁高为 $h=0.6$m，宽为 0.3m；楼板厚 $h=0.08$m；墙厚为 0.25m，试计算每立方米混凝土柱、梁、楼板和墙的模板用量（表 4.4.4、图 4.4.7～图 4.4.9）。

柱、梁、墙的模板用量　　　　表 4.4.4

类型	截面尺寸	每立方米混凝土用量（计算公式）
柱	0.7×0.7	$U_1 = \frac{4}{a} = \frac{4}{0.7} = 5.71$
柱	0.7×0.35	$U_3 = \frac{2(a+b)}{ab} = \frac{2(0.7+0.35)}{0.7 \times 0.35} = 8.57$
梁	0.6×0.30	$U_4 = \frac{2h+b}{bh} = \frac{2 \times 0.6 + 0.3}{0.6 \times 0.3} = 8.33$
墙	0.25	$U_6 = \frac{2}{h} = \frac{2}{0.25} = 8.0$

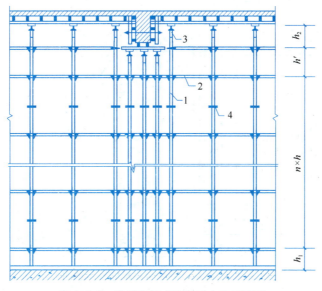

图 4.4.7　直插盘销式模板及支架剖面图
1—立杆；2—水平杆；3—可调托撑；4—连接盘

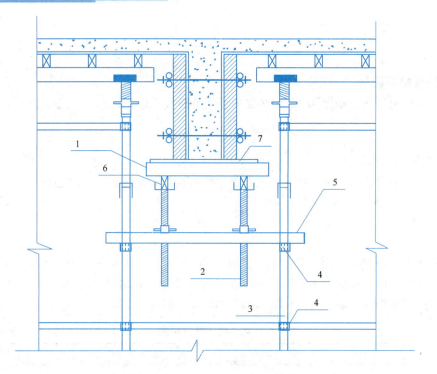

图 4.4.8 建筑施工插槽式双槽钢抬梁

1—模板次楞;2—可调托撑;3—立杆;4—插槽座;5—专用双槽钢托梁;6—模板主楞;7—模板

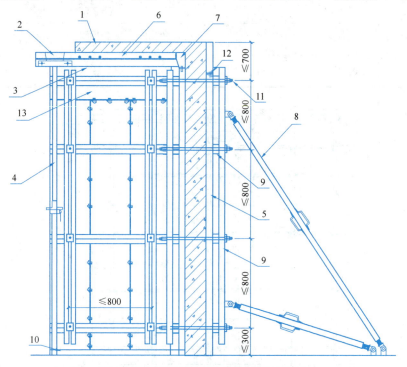

图 4.4.9 拉杆式铝合金模板体系示意图

1—混凝土结构;2—早拆头;3—早拆铝梁;4—可调钢支撑;5—墙柱模板;6—楼面模板;7—阴角转角模板;
8—斜撑;9—横向/竖向背楞;10—底脚模板;11—螺杆;12—销钉/销片;13—接高板

学习情境 5

混凝土结构混凝土分项工程

混凝土结构混凝土分项工程是混凝土原材料控制、配比设计、混凝土搅拌、运输、输送、浇筑、振捣、养护等一系列技术工作和完成实体的总称。

5.1 混凝土的性能

普通混凝土是以胶凝材料（水泥）、水、细骨料（砂）、粗骨料（石）、外加剂和矿物掺合料为原料，按适当比例配合，经过均匀拌制，密实成型及养护硬化而成的人工石材。在混凝土中，砂、石起骨架作用，称为骨料或集料；水泥与水形成水泥浆，包裹在骨料的表面并填充其空隙。在混凝土硬化前，水泥浆、外加剂与掺合料起润滑作用，赋予拌合物一定的流动性，便于施工操作。水泥浆硬化后，则将砂、石骨料胶结成一个结实的整体。砂、石一般不参与水泥与水的化学反应，其主要作用是节约水泥、承担荷载和限制硬化水泥的收缩。外加剂、掺合料除了起改善混凝土性能的作用外，还有节约水泥的作用。

5.1.1 混凝土组成材料的技术要求

（1）水泥

配制普通混凝土的水泥，可采用六大常用水泥，必要时也可采用快硬硅酸盐水泥或其他品种水泥。水泥品种的选用应根据混凝土工程特点、所处环境条件及设计施工的要求进行，常用水泥品种的选择可参照表 5.1.1。

常用水泥选用　　　　　　　　　　　　　　表 5.1.1

混凝土工程特点或所处环境条件	优先选用	可以使用	不得使用
在普通气候环境中的混凝土	普通硅酸盐水泥	矿渣硅酸盐水泥、火山灰质硅酸盐水泥、粉煤灰硅酸盐水泥	
在干燥环境中的混凝土	普通硅酸盐水泥	矿渣硅酸盐水泥	火山灰质硅酸盐水泥、粉煤灰硅酸盐水泥
在高湿度环境中或永远处在水下的混凝土	矿渣硅酸盐水泥	普通硅酸盐水泥、火山灰质硅酸盐水泥、粉煤灰硅酸盐水泥	
严寒地区的露天混凝土、寒冷地区的处在水位升降范围内的混凝土	普通硅酸盐水泥	矿渣硅酸盐水泥	火山灰质硅酸盐水泥、粉煤灰硅酸盐水泥
严寒地区处在水位升降范围内的混凝土	普通硅酸盐水泥		火山灰质硅酸盐水泥、粉煤灰硅酸盐水泥、矿渣硅酸盐水泥
受侵蚀性环境水或侵蚀性气体作用的混凝土	根据侵蚀性介质的种类、浓度等具体条件按专门（或设计）规定选用		
厚大体积的混凝土	粉煤灰硅酸盐水泥、矿渣硅酸盐水泥	普通硅酸盐水泥、火山灰质硅酸盐水泥	硅酸盐水泥、快硬硅酸盐水泥

续表

混凝土工程特点或所处环境条件	优先选用	可以使用	不得使用
要求快硬的混凝土	快硬硅酸盐水泥、硅酸盐水泥	普通硅酸盐水泥	矿渣硅酸盐水泥、火山灰质硅酸盐水泥、粉煤灰硅酸盐水泥
高强（大于C60）的混凝土	硅酸盐水泥	普通硅酸盐水泥、矿渣硅酸盐水泥	火山灰质硅酸盐水泥、粉煤灰硅酸盐水泥
有抗渗性要求的混凝土	普通硅酸盐水泥、火山灰质硅酸盐水泥		不宜使用矿渣硅酸盐水泥
有耐磨性要求的混凝土	硅酸盐水泥、普通硅酸盐水泥	矿渣硅酸盐水泥	火山灰质硅酸盐水泥、粉煤灰硅酸盐水泥

（2）细骨料

细骨料包括天然砂和机制砂，宜选用级配良好、质地坚硬、颗粒洁净的天然砂或机制砂，并应符合下列规定：

细骨料宜选用Ⅱ区中砂。当选用Ⅰ区砂时，应提高砂率，并应保持足够的胶凝材料用量，满足混凝土的工作性要求；当采用Ⅲ区砂时，宜适当降低砂率。

混凝土细骨料中氯离子含量应符合下列规定：

1）对钢筋混凝土，按干砂的质量百分率计算不得大于0.06%；

2）对预应力混凝土，按干砂的质量百分率计算不得大于0.02%；

3）含泥量、泥块含量指标应符合现行规范《混凝土结构工程施工规范》GB 50666 的规定；海砂应符合现行行业标准《海砂混凝土应用技术规范》JGJ 206 的有关规定。

（3）粗骨料

粗骨料粒径大于5mm，宜选用粒形良好、质地坚硬的洁净碎石或卵石，并应符合下列规定：

粗骨料最大粒径不应超过构件截面最小尺寸的1/4，且不应超过钢筋最小净间距的3/4；对实心混凝土板，粗骨料的最大粒径不宜超过板厚的1/3，且不应超过40mm；粗骨料宜采用连续粒级，也可用单粒级组合成满足要求的连续粒级；强度、坚固性、含泥量、泥块含量、有害杂质和针片状颗粒含量等指标应符合规范的规定。

（4）水

混凝土拌合及养护用水的水质应符合现行《混凝土用水标准》JGJ 63 的有关规定。对于设计使用年限为100年的结构混凝土，氯离子含量不得超过500mg/L；对使用钢丝或经热处理钢筋的预应力混凝土，氯离子含量不得超过350mg/L。地表水、地下水、再生水的放射性应符合现行国家标准《生活饮用水卫生标准》GB 5749 的规定。

混凝土养护用水的水质检验项目包括 pH 值、Cl^-、SO_4^{2-}、碱含量（采用碱活性骨料时检验），可不检验不溶物和可溶物、水泥凝结时间和水泥胶砂强度。

（5）外加剂

外加剂是在混凝土拌合前或拌合时掺入，掺量一般不大于水泥质量的5%（特殊情况除外），并能按要求改善混凝土性能的物质。各种混凝土外加剂的应用改善了新拌合硬化混凝土的性能，促进了混凝土新技术的发展，促进了工业副产品在胶凝材料系统中更多的应用，还有助于节约资源和环境保护，已经逐步成为优质混凝土必不可少的材料。

1）混凝土外加剂的主要功能包括：

改善混凝土拌合物流变性能的外加剂。包括各种减水剂、引气剂和泵送剂等；

调节混凝土凝结时间、硬化性能的外加剂。包括缓凝剂、早强剂和速凝剂等；

改善混凝土耐久性的外加剂。包括引气剂、防水剂和阻锈剂等；

改善混凝土其他性能的外加剂。包括膨胀剂、防冻剂、着色剂等。

2）应用外加剂的主要注意事项

外加剂的使用效果受到多种因素的影响，因此，选用外加剂时应特别予以注意。

A. 外加剂的品种应根据工程设计和施工要求选择。应使用工程原材料，通过试验及技术经济比较后确定。所选用的外加剂应有供货单位提供的下列技术文件：①产品说明书，并应标明产品主要成分；②出厂检验报告及合格证；③掺外加剂混凝土性能检验报告。

B. 几种外加剂复合使用时，应注意不同品种外加剂之间的相容性及对混凝土性能的影响。使用前应进行试验，满足要求后，方可使用。如：聚羧酸系高性能减水剂与萘系减水剂不宜复合使用。

C. 严禁使用对人体产生危害，对环境产生污染的外加剂。用户应注意工厂提供的混凝土外加剂安全防护措施的有关资料，并遵照执行。

D. 对钢筋混凝土和有耐久性要求的混凝土，应按有关标准规定严格控制混凝土中氯离子含量和碱的数量。混凝土中氯离子含量和总碱量是指其各种原材料所含氯离子和碱含量之和。

E. 由于聚羧酸系高性能减水剂的掺加量对混凝土性能影响较大，用户应注意按照有关规定准确计量。

（6）掺合料

为改善混凝土性能、节约水泥、调节混凝土强度等级，在混凝土拌合时加入的天然的或人工的矿物材料，统称为混凝土掺合料。混凝土掺合料分为活性矿物掺合料和非活性矿物掺合料。非活性矿物掺合料基本不与水泥组分起反应，如磨细石英砂、石灰石、硬矿渣等材料。活性矿物掺合料本身不硬化或硬化速度很慢，但能与水泥水化生成的 $Ca(OH)_2$ 起反应，生成具有胶凝能力的水化产物，如粉煤灰、粒化高炉矿渣粉、硅灰、沸石粉等。

5.1.2 混凝土的技术性能

混凝土在未凝结硬化前，称为混凝土拌合物（或称新拌混凝土）。它必须具有良好的和易性，便于施工，以保证能获得良好的浇筑质量；混凝土拌合物凝结硬化后，应具有足够的强度，以保证建筑物能安全地承受设计荷载，并应具有必要的耐久性。

（1）混凝土拌合物的和易性

和易性是指混凝土拌合物易于施工操作（搅拌、运输、浇筑、捣实）并能获得质量均匀、成型密实的性能，又称工作性。和易性是一项综合的技术性质，包括流动性、黏聚性和保水性三方面的含义。流动性是指混凝土拌合物在自重或机械振捣的作用下,能产生流动,并均匀密实地填满模板的性能;黏聚性是指在混凝土拌合物的组成材料之间有一定的黏聚力,在施工过程中不致发生分层和离析现象的性能;保水性是指混凝土拌合物具有一定的保水能力,在施工过程中不致产生严重泌水现象的性能。

工地上常用坍落度试验来测定混凝土拌合物的坍落度或坍落扩展度,作为流动性指标,坍落度或坍落扩展度愈大表示流动性愈大。对坍落度值小于10mm的干硬性混凝土拌合物,则用维勃稠度试验测定其稠度作为流动性指标,稠度值愈大表示流动性愈小。混凝土拌合物的黏聚性和保水性主要通过目测结合经验进行评定。

影响混凝土拌合物和易性的主要因素包括单位体积用水量、砂率、组成材料的性质、时间和温度等。单位体积用水量决定水泥浆的数量和稠度,它是影响混凝土和易性的最主要因素。砂率是指混凝土中砂的质量占砂、石总质量的百分率。组成材料的性质包括水泥的需水量和泌水性、骨料的特性、外加剂和掺合料的特性等几方面。

(2) 混凝土的强度

1) 混凝土立方体抗压强度

按国家标准《普通混凝土力学性能试验方法标准》GB/T 50081,制作边长为150mm的立方体试件,在标准条件(温度20±2℃,相对湿度95%以上)下,养护到28d龄期,测得的抗压强度值为混凝土立方体试件抗压强度,以 f_{cu} 表示,单位为 N/mm² 或 MPa。

2) 混凝土立方体抗压标准强度与强度等级

混凝土立方体抗压标准强度(或称立方体抗压强度标准值)是指按标准方法制作和养护的边长为150mm的立方体试件,在28d龄期,用标准试验方法测得的抗压强度总体分布中具有不低于95%保证率的抗压强度值,以 $f_{cu,k}$ 表示。

混凝土强度等级是按混凝土立方体抗压标准强度来划分的,采用符号C与立方体抗压强度标准值(单位为MPa)表示。普通混凝土划分为C20,C25,C30,C35、C40,C45,C50,C55,C60,C65,C70,C75和C80共14个等级,C30即表示混凝土立方体抗压强度标准值 $30MPa \leqslant f_{cu,k} < 35MPa$。混凝土强度等级是混凝土结构设计、施工质量控制和工程验收的重要依据。

3) 混凝土的轴心抗压强度

轴心抗压强度的测定采用150mm×150mm×300mm棱柱体作为标准试件。试验表明,在立方体抗压强度 $f_{cu}=10 \sim 55MPa$ 的范围内,轴心抗压强度 $f_c=(0.70 \sim 0.80)f_{cu}$。

结构设计中混凝土受压构件的计算采用混凝土的轴心抗压强度,更加符合工程实际。

4) 混凝土的抗拉强度

混凝土抗拉强度只有抗压强度的1/20~1/10,且随着混凝土强度等级的提高,比值有所降低。在结构设计中抗拉强度是确定混凝土抗裂度的重要指标,有时也用它来间接衡量混凝土与钢筋的粘结强度等。我国采用立方体的劈裂抗拉试验来测定混凝土的劈裂抗拉强度 f_{ts},并可换算得到混凝土的轴心抗拉强度 f_t。

5) 影响混凝土强度的因素

影响混凝土强度的因素主要有原材料及生产工艺方面的因素。原材料方面的因素包括水泥强度与水灰比,骨料的种类、质量和数量,外加剂和掺合料;生产工艺方面的因素包括搅拌与振捣，养护的温度和湿度，龄期。

（3）混凝土的变形性能

混凝土的变形主要分为两大类：非荷载型变形和荷载型变形。非荷载型变形指物理化学因素引起的变形，包括化学收缩、碳化收缩、干湿变形、温度变形等。荷载作用下的变形又可分为在短期荷载作用下的变形；长期荷载作用下的徐变。

（4）混凝土的耐久性

混凝土的耐久性是指混凝土抵抗环境介质作用并长期保持其良好的使用性能和外观完整性的能力。它是一个综合性概念，包括抗渗、抗冻、抗侵蚀、碳化、碱骨料反应及混凝土中的钢筋锈蚀等性能，这些性能均决定着混凝土经久耐用的程度，故称为耐久性。

1）抗渗性。混凝土的抗渗性直接影响到混凝土的抗冻性和抗侵蚀性。混凝土的抗渗性用抗渗等级表示，分 P4、P6、P8、P10、P12 共五个等级。混凝土的抗渗性主要与其密实度及内部孔隙的大小和构造有关。

2）抗冻性。混凝土的抗冻性用抗冻等级表示，分 F10、F15、F25、F50、F100、F150、F200、F250 和 F300 共九个等级。抗冻等级 F50 以上的混凝土简称抗冻混凝土。

3）抗侵蚀性。当混凝土所处环境中含有侵蚀性介质时，要求混凝土具有抗侵蚀能力。侵蚀性介质包括软水、硫酸盐、镁盐、碳酸盐、一般酸、强碱、海水等。

4）混凝土的碳化（中性化）。混凝土的碳化是环境中的二氧化碳与水泥石中的氢氧化钙作用，生成碳酸钙和水。碳化使混凝土的碱度降低，削弱混凝土对钢筋的保护作用，可能导致钢筋锈蚀；碳化显著增加混凝土的收缩，使混凝土抗压强度增大，但可能产生细微裂缝，而使混凝土抗拉、抗折强度降低。

5）碱骨料反应。碱骨料反应是指水泥中的碱性氧化物含量较高时，会与骨料中所含的活性二氧化硅发生化学反应，并在骨料表面生成碱—硅酸凝胶，吸水后会产生较大的体积膨胀，导致混凝土胀裂的现象。

5.2 混凝土施工

（包括施工配比、计量、搅拌、运输和浇筑、施工缝和后浇带的留置、混凝土养护）

5.2.1 混凝土配料与拌制

《普通混凝土配合比设计规程》JGJ 55。

5.2.1.1 试配

首次使用的混凝土配合比应进行开盘鉴定，其工作性应满足设计配合比的要求。开始生产时应至少留置一组标准养护试件，作为验证配合比的依据。检查开盘鉴定资料和试件强度试验报告。

（1）进行混凝土配合比试配时应采用工程中实际使用的原材料。混凝土的搅拌方法，宜与生产时使用的方法相同。

(2)混凝土配合比试配时,每盘混凝土的最小搅拌量应符合表 5.2.1 的规定;当采用机械搅拌时,其搅拌量不应小于搅拌机额定搅拌量的 1/4。

混凝土试配的最小搅拌量　　　　　　　　　　表 5.2.1

骨料最大粒径（mm）	拌合物数量（L）
31.5 及以下	20
40	25

(3)按计算的配合比进行试配时,首先应进行试拌,以检查拌合物的性能。当试拌得出的拌合物坍落度或维勃稠度不能满足要求,或黏聚性和保水性不好时,应在保证水灰比不变的条件下相应调整用水量或砂率,直到符合要求为止。然后提出供混凝土强度试验用的基准配合比。

(4)混凝土强度试验时至少应采用两个不同的配合比。当采用两个不同的配合比时,其中一个应为本规程确定的基准配合比,另外两个配合比的水灰比,宜较基准配合比分别增加和减少 0.05;用水量应与基准配合比相同,砂率可分别增加和减少 1%。

当不同水灰比的混凝土拌合物坍落度与要求值的差超过允许偏差时,可通过增、减用水量进行调整。

(5)制作混凝土强度试验试件时,应检验混凝土拌合物的坍落度或维勃稠度、黏聚性、保水性及拌合物的表观密度,并以此结果作为代表相应配合比的混凝土拌合物的性能。

(6)进行混凝土强度试验时,每种配合比至少应制作 1 组(3 块)试件,标准养护到 28d 时试压。需要时可同时制作几组试件,供快速检验或较早龄期试压,以便提前定出混凝土配合比供施工使用。但应以标准养护 28d 强度规定的龄期强度的检验结果为依据调整配合比。混凝土试配的最小搅拌量,当粗骨料最大粒径≤31.5mm 时,最小搅拌的拌合物量取 20L,当粗骨料粒径为 40mm 时,可取最小拌合物量为 25L。

如果试拌的混凝土坍落度不能满足要求或保水性不好,应在保证水灰比条件下相应调整用水量或砂率,直到符合要求为止。然后提出供检验混凝土强度用的基准配合比。混凝土强度试块的边长,应不小于表 5.2.2 的规定。

混凝土立方体试块边长　　　　　　　　　　表 5.2.2

骨料最大粒径（mm）	试块边长（mm×mm×mm）
≤30	100×100×100
≤40	150×150×150
≤60	200×200×200

制作混凝土强度试块时,至少应采用三个不同的配合比,其中一个是按上述方法得出的基准配合比,另外两个配合比的水灰比,应较基准配合比分别增加或减少 0.05,其用水量应该与基准配合比相同,但砂率值可分别增加和减少 1%。

当不同水灰比的混凝土拌合物坍落度与要求值的差超过允许偏差时,可通过增、减用水量进行调整。

制作混凝土强度试件时,尚需试验混凝土的坍落度、黏聚性、保水性及混凝土拌合物的表观密度，作为代表这一配合比的混凝土拌合物的各项基本性能。

每种配合比应至少制作一组（3块）试件，标准养护28d后进行试压；有条件的单位也可同时制作多组试件，供快速检验或较早龄期的试压，以便提前提出混凝土配合比供施工使用。但以后仍必须以标准养护28d的检验结果为准，据此调整配合比。

5.2.1.2 施工配合比确定

混凝土生产时，砂、石的实际含水率可能与设计配合比存在差异。混凝土生产时，应实测含水率并相应地调整材料用量，提出施工配合比。

在施工现场，取一定重量的有代表性的湿砂、湿石（石子干燥时可不测），量测其实际含水率，并对材料用量进行调整。在施工配合比中，每立方米混凝土的材料用量如下：

1. 湿砂重：设计配合比中的干砂重×（1+砂含水率）。
2. 湿石重：设计配合比中的干石重×（1+石含水率）。
3. 水重：设计配合比中的[水重－干砂重×砂含水率－干石重×石含水率]。
4. 水泥、掺合料、外加剂重量与设计配合比中的重量相同。

5.2.1.3 原材料计量

混凝土质量取决于其拌合物中各种原材料的质量及数量，计量准确是保证混凝土质量的基本条件之一，对此关键工序应予控制。各种原材料的计量，除水和液体外加剂可按体积计量外，其他材料均应按重量计量。液体外加剂的储罐宜设搅拌装置，以防沉淀，影响外加剂的匀质性。规范对拌制混凝土时原材料的计量作出了规定，以搅拌时每盘原材料的称量允许偏差加以控制。

（1）称量的允许偏差

规范要求各种原材料称量的允许偏差不应超过表5.2.3第1行规定的范围。表中第2行为建议的累计计量允许偏差，是指预拌混凝土每一运输车中的各种材料的累积偏差，该项指标仅适用于采用微机控制、具有计量误差补偿程序的混凝土搅拌站。检查的频率是每个搅拌机、每个工作班检查不少于1次。一般在工作班开始时检查，符合要求以后即转入正常生产。

检查的方式可采用复称。对将要投入搅拌机的各种原材料（无论是人工称量还是自动称量）进行称量，然后计算其与施工配合比中规定量的偏差。由于混凝土的实际质量主要取决于其拌合物中各种原材料的质量及数量，因此计量准确是保证混凝土应有质量的基本条件，对此关键工序应加以控制。

原材料称量的允许偏差（%） 表5.2.3

原材料品种	水泥	骨料	水	外加剂	掺合料
每盘计量允许偏差	±2	±3	±2	±2	±2
累计计量允许偏差	±1	±2	±1	±1	±1

（2）计量器具的要求

计量器具应按计量法的规定定期检定，一般检定周期不得超过6个月。其间，应根据混凝土搅拌量及工艺等情况定期自校。每一工作班正式称量前，应对计量设备进行零点校核。生产过程中如发现（或怀疑）计量误差偏大，应及时进行自校。

对现场搅拌站,如采用散装水泥,需配置一机三磅(即一台搅拌机、三台磅秤,水泥、石子、砂各一台秤);如采用袋装水泥,需配置一机二磅(石子、砂各一台秤)。袋装水泥在进场时随机抽取20袋称量,重量误差不应超过2%,否则应采取相应措施。在混凝土生产过程中,应注意控制原材料计量偏差。

(3) 含水率的调整

混凝土生产过程中应测定骨料的含水率,每一工作班不应少于一次。当遇雨天或含水率有显著变化时,应增加测定次数,依据检测结果及时调整用水量和骨料用量。每次开盘前必须测定骨料的含水率,可以通过试验测定,亦可依据经验目测确定骨料含水率。首盘混凝土应通过坍落度试验以验证含水率与配合比的符合程度。

(4) 开盘鉴定

实际生产时,对首次使用的混凝土配合比(施工配合比)应进行开盘鉴定。开盘鉴定时,应检测混凝土拌合物的工作性、强度,有特殊要求还应包括混凝土工作性能。其检测结果应满足设计配合比相应的要求。此外,留置不少于2组试件,其中一组标养$3d$后试压,以便根据强度试验结果及时调整混凝土配合比;另一组标养28d后试压,以其结果验证混凝土的实际质量与设计要求的一致性。混凝土生产单位应注意积累相关资料,以利于提高混凝土配合比设计水平,控制好结构中混凝土质量。

5.2.2 混凝土搅拌、运输与浇筑

5.2.2.1 混凝土搅拌

1. 拌合物匀质性

混凝土的原材料应充分搅拌,使拌合物质量均匀,颜色一致,不得有离析和泌水现象。检查混凝土拌合物均匀性时,应在搅拌机卸料过程中从卸料流的1/4~3/4之间部位取样,进行试验。其检测结果应符合下列规定:

(1) 混凝土中砂浆密度两次测值的相对误差不大于0.8%;
(2) 单位体积混凝土中粗骨料含量两次测值的相对误差不大于5%。

如采用液体外加剂,外加剂储罐中宜设搅拌装置并定时搅拌,以防止沉淀,影响外加剂的匀质性。混凝土拌合物应符合表5.2.4、表5.2.5中的规定。

混凝土稠度的分级及允许偏差   表5.2.4

稠度的分类	级别名称	级别符号	测值范围	允许偏差
坍落度(mm)	低塑性混凝土	T1	10~40	±10
	塑性混凝土	T2	50~90	±20
	流动性混凝土	T3	100~150	±30
	大流动性混凝土	T4	≥160	±30
维勃稠度(s)	超干硬性混凝土	V0	≥31	±6
	特干硬性混凝土	V1	30~21	±6
	干硬性混凝土	V2	20~11	±4
	半干硬性混凝土	V3	5~10	±3

混凝土的含气量及其允许偏差表　　　　　　　　　　表 5.2.5

粗骨料最大粒径（mm）	混凝土含气量最大限值（%）	粗骨料最大粒径（mm）	混凝土含气量最大限值（%）
10	7.0	40	4.5
15	6.0	50	4
20	5.5	80	3.5
25	5	150	3

2. 搅拌时间

从原料全部投入搅拌机筒时起，至混凝土拌合料开始卸出时止，所经历的时间称作搅拌时间。通过充分搅拌，应使混凝土的各种组成材料混合均匀，颜色一致；高强度等级混凝土、干硬性混凝土更应严格执行。搅拌时间随搅拌机的类型及混凝土拌合料和易性的不同而异。在生产中，应根据混凝土拌合料要求的均匀性、混凝土强度增长的效果及生产效率几种因素，规定合适的搅拌时间。但混凝土搅拌的最短时间，应符合表 5.2.6 规定。

混凝土搅拌的最短时间（s）　　　　　　　　　　表 5.2.6

混凝土坍落度（mm）	搅拌机类型	搅拌机容积（L）		
		小于 250	250~500	大于 500
≤40	强制式	60	90	120
>40 且 <100	强制式	60	60	90
≥100	强制式	60		

注：掺有外加剂或矿物掺合料时，搅拌时间适当延长；采用自落式搅拌机，搅拌时间宜延长 30s。

在拌合掺有掺合料（如粉煤灰等）的混凝土时，宜先以部分水、水泥及掺合料在机内拌合后，再加入砂、石及剩余水，并适当延长拌合时间。

使用外加剂时，应注意检查核对外加剂品名、生产厂名、牌号等。使用时一般宜先将外加剂制成外加剂溶液，并预加入拌用水中，当采用粉状外加剂时，也可采用定量小包装外加剂另加载体的掺用方式。当用外加剂溶液时，应经常检查外加剂溶液的浓度，并应经常搅拌外加剂溶液，使溶液浓度均匀一致，防止沉淀。溶液中的水量，应包括在拌合用水量内。

混凝土用量不大，而又缺乏机械设备时，可用人工拌制。拌制一般应用铁板或包有白铁皮的木制板上进行操作，如用木制拌板时，宜将表面刨光，镶拼严密，使不漏浆。拌合要先干拌均匀，再按规定用水量随加水随湿拌至颜色一致，达到石子与水泥浆无分离现象为准。当水灰比不变时，人工拌制要比机械搅拌多耗 10%~15% 的水泥。

雨期施工期间要勤测粗细骨料的含水量，随时调整用水量和粗细骨料的用量。暑期施工时砂石材料尽可能加以遮盖，至少在使用前不受烈日曝晒，必要时可采用冷水淋洒，使其蒸发散热。冬期施工要防止砂石材料表面冻结，并应清除冰块。

混凝土拌合物需从搅拌地点经水平、垂直运输才能抵达施工入模地点。对传统的工地搅拌方式，运输问题相对简单。对预拌混凝土，搅拌地点与浇筑地点就可能有很长的距离。在混凝土运输过程中，应加强控制。

5.2.2.2　混凝土运输与输送

混凝土运输应符合以下要求：

1. 混凝土拌合物的运输方案应事先周密规划,应以最少的转载次数和最短的时间,从搅拌地点运至浇筑地点。运输要考虑交通条件,并应事先制订预案以应付意外情况。预拌混凝土运送距离一般控制在 15km 内。混凝土运输频率应能保证混凝土施工的连续性,不因间隔时间过长,造成混凝土接茬处出现冷缝。

2. 运送混凝土拌合物的容器或管道应不漏浆、不吸水,内壁光滑平整,能够保证卸料及输送通畅。暑期应有防晒、防雨措施。如露天气温超过 40℃时,还应有隔热措施。冬期应有防冻、防风雪的保温措施。

3. 混凝土拌合物经运输到浇筑地点,应仍能保持均匀性,不产生分层、离析等缺陷,满足施工工艺需要的稠度要求。

4. 混凝土拌合物送至浇筑地点后,如出现分层、离析现象,则应对混凝土拌合物进行二次快速搅拌。

5. 混凝土拌合物运输至浇筑地点时,应检测其稠度,稠度应符合设计和施工工艺的要求,坍落度偏差值不大于表 5.2.7 的规定。坍落度试验每 100m³ 混凝土或每个工作班一般不少于二次。

6. 预拌混凝土在卸料前需要掺加外加剂时,外加剂的掺量应按配合比通知书执行。掺入外加剂后,应快速搅拌,搅拌时间应根据试验确定。

7. 严禁在运输过程中向混凝土拌合物中任意加水。

8. 混凝土拌合物布料器出口至混凝土浇筑面自由倾落的高差不得超过 2m,以避免混凝土分层、离析。

9. 混凝土从搅拌机卸料到浇筑完毕的延续时间不宜超过表 5.2.8 的规定。当在混凝土中掺加缓凝型外加剂或采用快硬水泥时,延续时间应由试验确定。

坍落度允许偏差 表 5.2.7

坍落度范围(mm)	≤40	50~90	≥100
允许偏差(mm)	±10	±20	±30

混凝土从搅拌机卸料到浇筑入模的延续时间(min) 表 5.2.8

气温	条件	
	不掺外加剂	掺外加剂
≤25℃	90	150
>25℃	60	120

10. 混凝土拌合物运至浇筑地点时的温度宜控制在 5~35℃ 范围内。如遇不利情况,应采取温度控制措施。

11. 采用泵送混凝土时,应保证混凝土泵的连续工作,受料斗内应有足够的混凝土,泵送间歇时间不宜超过 15min。

混凝土输送可以采用泵送方式、吊车配备斗容器输送方式和升降设备配备小车输送等方式。主要要求为:

(1) 混凝土输送宜采用泵送方式。

(2) 输送混凝土的管道、容器、溜槽不应吸水、漏浆,并应保证输送通畅。输送混凝土时应根据工程所处环境条件采取保温、隔热、防雨等措施。

(3) 混凝土输送泵的选择及布置应符合下列规定：输送泵的选型应根据工程特点、混凝土输送高度和距离、混凝土工作性确定；输送泵的数量应根据混凝土浇筑量和施工条件确定，必要时宜设置备用泵；输送泵设置的位置应满足施工要求，场地应平整、坚实，道路应畅通；输送泵的作业范围不得有阻碍物；输送泵设置位置应有防范高空坠物的设施。

(4) 混凝土输送泵管的选择与支架的设置应符合下列规定：混凝土输送泵管应根据输送泵的型号、拌合物性能、总输出量、单位输出量、输送距离以及粗骨料粒径等进行选择；混凝土粗骨料最大粒径不大于25mm时，可采用内径不小于125mm的输送泵管；混凝土粗骨料最大粒径不大于40mm时，可采用内径不小于150mm的输送泵管；输送泵管安装接头应严密，输送泵管道转向宜平缓；输送泵管应采用支架固定，支架应与结构牢固连接，输送泵管转向处支架应加密。支架应通过计算确定，必要时还应对设置位置的结构进行验算；垂直向上输送混凝土时，地面水平输送泵管的直管和弯管总的折算长度不宜小于垂直输送高度的0.2倍，且不宜小于15m；输送泵管倾斜或垂直向下输送混凝土，且高差大于20m时，应在倾斜或垂直管下端设置直管或弯管，直管或弯管总的折算长度不宜小于高差的1.5倍；垂直输送高度大于100m时，混凝土输送泵出料口处的输送泵管位置应设置截止阀；混凝土输送泵管及其支架应经常进行过程检查和维护。

(5) 混凝土输送布料设备的选择和布置应符合下列规定：布料设备的选择应与输送泵相匹配；布料设备的混凝土输送管内径宜与混凝土输送泵管内径相同；布料设备的数量及位置应根据布料设备工作半径、施工作业面大小以及施工要求确定；布料设备应安装牢固，且应采取抗倾覆稳定措施；布料设备安装位置处的结构或施工设施应进行验算，必要时应采取加固措施。应经常对布料设备的弯管壁厚进行检查，磨损较大的弯管应及时更换；布料设备作业范围不得有阻碍物，并应有防范高空坠物的设施。

(6) 输送泵输送混凝土应符合下列规定：应先进行泵水检查，并应湿润输送泵的料斗、活塞等直接与混凝土接触的部位；泵水检查后，应清除输送泵内积水；输送混凝土前，应先输送水泥砂浆对输送泵和输送管进行润滑，然后开始输送混凝土；输送混凝土速度应先慢后快、逐步加速，应在系统运转顺利后再按正常速度输送；输送混凝土过程中，应设置输送泵集料斗网罩，并应保证集料斗有足够的混凝土余量。

(7) 吊车配备斗容器输送混凝土时应符合下列规定：应根据不同结构类型以及混凝土浇筑方法选择不同的斗容器；斗容器的容量应根据吊车吊运能力确定；运输至施工现场的混凝土宜直接装入斗容器进行输送；斗容器宜在浇筑点直接布料。

(8) 升降设备配备小车输送混凝土时应符合下列规定：升降设备和小车的配备数量、小车行走路线及卸料点位置应能满足混凝土浇筑需要；运输至施工现场的混凝土宜直接装入小车进行输送，小车宜在靠近升降设备的位置进行装料。

5.2.2.3　混凝土浇筑

混凝土浇筑前应完成下列工作：

(1) 隐蔽工程验收和技术复核；

(2) 对操作人员进行技术交底；

(3) 根据施工方案中的技术要求，检查并确认施工现场具备实施条件；

(4) 施工单位应填报浇筑申请单，并经监理单位签认。

浇筑前应检查混凝土送料单，核对混凝土配合比，确认混凝土强度等级，检查混凝土运输时间，测定混凝土坍落度，必要时还应测定混凝土扩展度，在确认无误后再进行混凝土浇筑。混凝土拌合物入模温度不应低于5℃，且不应高于35℃。混凝土运输、输送、浇筑过程中严禁加水；混凝土运输、输送、浇筑过程中散落的混凝土严禁用于结构浇筑。

混凝土应布料均衡。应对模板及支架进行观察和维护，发生异常情况应及时进行处理。混凝土浇筑和振捣应采取防止模板、钢筋、钢构、预埋件及其定位件移位的措施。

混凝土浇筑要点应符合以下规定：

1. 混凝土自高处倾落的自由高度，不宜超过2m。柱、墙模板内的混凝土浇筑倾落高度，粗骨料粒径＜25mm时，浇筑高度限值≤3m；粗骨料粒径≥25mm时，浇筑高度限值≤6m，当不满足要求时，应加设串筒、滑管、溜槽等装置。

2. 在浇筑竖向结构混凝土前，应先在底部填以50～100mm厚与混凝土内砂浆成分相同的水泥砂浆；浇筑中不得发生离析现象；当浇筑高度超过3m时，应采用串筒、溜管或振动溜管使混凝土下落。

3. 混凝土浇筑层的厚度，应符合表5.2.9的规定。

混凝土浇筑层厚度（mm） 表5.2.9

捣实混凝土的方法		浇筑层的厚度
插入式振捣		振捣器作用部分长度的1.25倍
表面振动		200
人工捣固	在基础、无筋混凝土或配筋稀疏的结构中	250
	在梁、墙板、柱结构中	200
	在配筋密列的结构中	150
轻骨料混凝土	插入式振捣	300
	表面振动（振动时需加荷）	200

4. 钢筋混凝土框架结构中，梁、板、柱等构件是沿垂直方向重复出现的，所以一般按结构层次来分层施工。平面上，如果面积较大，还应考虑分段进行，以便混凝土、钢筋、模板等工序能相互配合、流水进行。

5. 在每一施工层中，应先浇筑柱或墙。在每一施工段中的柱或墙应该连续浇筑到顶，每一排的柱子由外向内对称顺序进行，防止由一端向另一端推进，致使柱子模板逐渐受推倾斜。柱子浇筑完毕后，应停歇1～1.5h，使混凝土获得初步沉实，待有了一定强度以后，再浇筑梁板混凝土。梁和板应同时浇筑混凝土，只有当梁高1m以上时，为了施工方便，才可以单独先行浇筑。

6. 浇筑混凝土应连续进行。当必须间歇时，其间歇时间宜缩短，并应在前层混凝土凝结之前，将次层混凝土浇筑完毕。一般情况下混凝土运输、浇筑及间歇的全部时间不得超过表5.2.10的规定，当超过时应留置施工缝。在浇筑与柱和墙连成整体的梁和板时，应在柱和墙浇筑完毕后停歇1～1.5h，再继续浇筑；梁和板宜同时浇筑混凝土；拱高大于1m的梁等结构，可单独浇筑混凝土。在混凝土浇筑过程中，应经常观察模板、支架、钢筋、预埋件和预留孔洞的情况，当发现有变形、移位时，应及时采取措施进行处理。

混凝土运输、浇筑和间歇的时间（min）　　　　表5.2.10

混凝土强度等级	气温（℃）	
	≤25	>25
掺外加剂	240	210
不掺外加剂	180	150

注：当混凝土中掺有促凝或缓凝型外加剂时，其允许时间应通过试验确定。

7．混凝土浇筑后，在混凝土初凝前和终凝前宜分别对混凝土裸露表面进行抹面处理。

8．柱、墙混凝土设计强度等级高于梁、板混凝土设计强度等级时，混凝土浇筑应符合下列规定：

1）柱、墙混凝土设计强度比梁、板混凝土设计强度高一个等级时，柱、墙位置梁、板高度范围内的混凝土经设计单位同意，可采用与梁、板混凝土设计强度等级相同的混凝土进行浇筑；

2）柱、墙混凝土设计强度比梁、板混凝土设计强度高两个等级及以上时，应在交界区域采取分隔措施。分隔位置应在低强度等级的构件中，且距高强度等级构件边缘不应小于500mm；

3）宜先浇筑高强度等级混凝土，后浇筑低强度等级混凝土。

9．泵送混凝土浇筑应符合下列规定：

1）宜根据结构形状及尺寸、混凝土供应、混凝土浇筑设备、场地内外条件等划分每台输送泵浇筑区域及浇筑顺序；

2）采用输送管浇筑混凝土时，宜由远而近浇筑；采用多根输送管同时浇筑时，其浇筑速度宜保持一致；

3）润滑输送管的水泥砂浆用于湿润结构施工缝时，水泥砂浆应与混凝土浆液同成份；接浆厚度不应大于30mm，多余水泥砂浆应收集后运出；

4）混凝土泵送浇筑应保持连续；当混凝土供应不及时，应采取间歇泵送方式；

5）混凝土浇筑后，应按要求完成输送泵和输送管的清理。

10．型钢混凝土结构浇筑应符合下列规定：

1）混凝土粗骨料最大粒径不应大于型钢外侧混凝土保护层厚度的1/3，且不宜大于25mm；

2）混凝土浇筑应有充分的下料位置，浇筑应能使混凝土充盈整个构件各部位；

3）型钢周边混凝土浇筑宜同步上升，混凝土浇筑高差不应大于500mm。

11．钢管混凝土结构浇筑应符合下列规定：

1）钢管混凝土结构浇筑宜采用自密实混凝土浇筑，混凝土应采取减少收缩的措施；

2）在钢管适当位置应留有足够的排气孔，排气孔孔径不应小于20mm；浇筑混凝土应加强排气孔观察，并应在确认浆体流出和浇筑密实后再封堵排气孔；

3）当采用粗骨料粒径不大于25mm的高流态混凝土或粗骨料粒径不大于20mm的自密实混凝土时，混凝土最大倾落高度不宜大于9m；倾落高度大于9m时，应采用串筒、溜槽、溜管等辅助装置进行浇筑；

4）混凝土从管顶向下浇筑时，浇筑应有充分的下料位置，浇筑应能使混凝土充盈整个钢管；输送管端内径或斗容器下料口内径应小于钢管内径，且每边应留有不小于

100mm 的间隙；应控制浇筑速度和单次下料量，并应分层浇筑至设计标高；混凝土浇筑完毕后应对管口进行临时封闭。

5）混凝土从管底顶升浇筑时应符合下列规定：应在钢管底部设置进料输送管，进料输送管应设止流阀门，止流阀门可在顶升浇筑的混凝土达到终凝后拆除；合理选择混凝土顶升浇筑设备，配备上下通讯联络工具，有效控制混凝土的顶升或停止过程；应控制混凝土顶升速度，并均衡浇筑至设计标高。

12. 自密实混凝土浇筑应符合下列规定：

1）应根据结构部位、结构形状、结构配筋等确定合适的浇筑方案；

2）自密实混凝土粗骨料最大粒径不宜大于 20mm；

3）浇筑应能使混凝土充填到钢筋、预埋件、预埋钢构周边及模板内各部位；

4）自密实混凝土浇筑布料点应结合拌合物特性选择适宜的间距，必要时可通过试验确定混凝土布料点下料间距。

13. 清水混凝土结构浇筑应符合下列规定：

1）应根据结构特点进行构件分区，同一构件分区应采用同批混凝土，并应连续浇筑；

2）同层或同区内混凝土构件所用材料牌号、品种、规格应一致，并应保证结构外观色泽符合要求；

3）竖向构件浇筑时应严格控制分层浇筑的间歇时间。

14. 预应力结构混凝土浇筑应符合下列规定：

1）应避免预应力锚垫板与波纹管连接处及预应力筋连接处的管道移位或脱落；

2）应采取保证预应力锚固区等配筋密集部位混凝土浇筑密实的措施。

5.2.2.4 混凝土振捣

（1）混凝土振捣应能使模板内各个部位混凝土密实、均匀，不应漏振、欠振、过振。混凝土振捣应采用插入式振动棒、平板振动器或附着振动器，必要时可采用人工辅助振捣。每一振点的振捣延续时间，应使混凝土表面呈现浮浆和不再沉落。

（2）当采用插入式振捣器时，捣实普通混凝土的移动间距，不宜大于振捣器作用半径的 1.4 倍。捣实轻骨料混凝土的移动间距，不宜大于其作用半径；振捣器与模板的距离，不应大于其作用半径的 0.5 倍，并应避免碰撞钢筋、模板、预埋件等；振捣器插入下层混凝土内的深度应不小于 50mm。一般每点振捣时间为 20～30s，使用高频振动器时，最短不应少于 10s，应使混凝土表面成水平不再显著下沉，不再出现气泡，表面泛出灰浆为准。振动器插点要均匀排列，可采用"行列式"或"交错式"的次序移动，不应混用，以免造成混乱而发生漏振。

（3）采用表面振动器时，在每一位置上应连续振动一定时间，正常情况下在 25～40s，但以混凝土面均匀出现浆液为准，移动时应成排依次振动前进，前后位置和排与排间相互搭接应有 30～50mm，防止漏振。振动倾斜混凝土表面时，应由低处逐渐向高处移动，以保证混凝土振实。表面振动器的有效作用深度，在无筋及单筋平板中为 200mm，在双筋平板中约为 120mm。

（4）采用外部振动器时，振动时间和有效作用随结构形状、模板坚固程度、混凝土坍落度及振动器功率大小等各项因素而定。一般每隔 1～1.5m 的距离设置一个振动器。当混凝土成一水平面不再出现气泡时，可停止振动。必要时应通过试验确定振动时间。待混凝土入模后方可开动振动器，混凝土浇筑高度要高于振动器安装部位。当钢筋较密和构件断面较深较窄时，亦可采取边浇筑边振动的方法。外部振动器的振动作用深度在250mm左右，如构件尺寸较厚时，需在构件两侧安设振动器同时进行振捣。采用附着振动器应与模板紧密连接，设置间距应通过试验确定；附着振动器应根据混凝土浇筑高度和浇筑速度，依次从下往上振捣；模板上同时使用多台附着振动器时应使各振动器的频率一致，并应交错设置在相对面的模板上。

（5）混凝土分层振捣的最大厚度应符合表5.2.11的规定。

混凝土分层振捣的最大厚度　　　　　　　　　　表5.2.11

振捣方法	混凝土分层振捣最大厚度
振动棒	振动棒作用部分长度的1.25倍
表面振动器	200mm
附着振动器	根据设置方式，通过试验确定

（6）特殊部位的混凝土应采取加强振捣措施。宽度大于0.3m的预留洞底部区域应在洞口两侧进行振捣，并应适当延长振捣时间；宽度大于0.8m的洞口底部，应采取特殊的技术措施；后浇带及施工缝边处应加密振捣点，并应适当延长振捣时间；钢筋密集区域或型钢与钢筋结合区域应选择小型振动棒辅助振捣、加密振捣点，并应适当延长振捣时间；基础大体积混凝土浇筑流淌形成的坡顶和坡脚应适时振捣，不得漏振。

5.2.2.5　混凝土框架浇筑

1. 多层框架按分层分段施工，水平方向以结构平面的伸缩缝分段，垂直方向按结构层次分层。在每层中先浇筑柱，再浇筑梁、板。浇筑一排柱的顺序应从两端同时开始，向中间推进，以免因浇筑混凝土后由于模板吸水膨胀，断面增大而产生横向推力，最后使柱发生弯曲变形。

柱子浇筑宜在梁板模板安装后，钢筋未绑扎前进行，以便利用梁板模板稳定柱模和作为浇筑柱混凝土操作平台之用。

2. 浇筑混凝土时应连续进行，如必须间歇时，应按表5.2.10规定执行。

3. 浇筑混凝土时，浇筑层的厚度不得超过表5.2.9的数值。

4. 混凝土浇筑过程中，要分批做坍落度试验，如坍落度与原规定不符时，应予调整配合比。

5. 混凝土浇筑过程中，要保证混凝土保护层厚度及钢筋位置的正确性。不得踩踏钢筋，不得移动预埋件和预留孔洞的原来位置，如发现偏差和位移，应及时校正。特别要重视竖向结构的保护层和板、雨篷结构负弯矩部分钢筋的位置。

6. 在竖向结构中浇筑混凝土时，应遵守下列规定：

（1）柱子应分段浇筑，边长大于40cm且无交叉箍筋时，每段的高度不应大于3.5m。

（2）墙与隔墙应分段浇筑，每段的高度不应大于3m。

（3）采用竖向串筒导送混凝土时，竖向结构的浇筑高度可不加限制。

（4）凡柱断面在40cm×40cm以内，并有交叉箍筋时，应在柱模侧面开不小于30cm高的门洞，装上斜溜槽分段浇筑，每段高度不得超过2m。

（5）分层施工开始浇筑上一层柱时，底部应先填以5~10cm厚水泥砂浆一层，其成分与浇筑混凝土内砂浆成分相同，以免底部产生蜂窝现象。

在浇筑剪力墙、薄墙、立柱等狭深结构时，为避免混凝土浇筑至一定高度后，由于积聚大量浆水而可能造成混凝土强度不匀的现象，宜在浇筑到适当的高度时，适量减少混凝土的配合比用水量。

7. 肋形楼板的梁板应同时浇筑，浇筑方法应先将梁根据高度分层浇捣成阶梯形，当达到板底位置时即与板的混凝土一起浇捣，随着阶梯形的不断延长，则可连续向前推进（图 5.2.1）。倾倒混凝土的方向应与浇筑方向相反（图 5.2.2）。

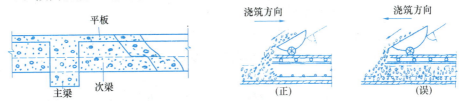

图 5.2.1　梁、板同时浇筑方法示意图　　　图 5.2.2　混凝土倾倒方向

当梁的高度大于 1m 时，允许单独浇筑，施工缝可留在距板底面以下 2~3cm 处。

8. 浇筑无梁楼盖时，在离柱帽下 5cm 处暂停，然后分层浇筑柱帽，下料必须倒在柱帽中心，待混凝土接近楼板底面时，即可连同楼板一起浇筑。

9. 当浇筑柱梁及主次梁交叉处的混凝土时，一般钢筋较密集，特别是上部负钢筋又粗又多，因此，既要防止混凝土下料困难，又要注意砂浆挡住石子不下去。必要时，这一部分可改用细石混凝土进行浇筑，与此同时，振捣棒头可改用片式并辅以人工捣固配合。

10. 梁板施工缝可采用企口式接缝或垂直立缝的做法，不宜留坡槎。

在预定留施工缝的地方，在板上按板厚放一木条，在梁上闸以木板，其中间要留切口通过钢筋。

5.2.3　混凝土养护

混凝土浇筑后的养护也是控制混凝土质量的关键工序。为保证已浇筑好的混凝土在规定龄期内达到设计要求的强度，并防止产生收缩裂缝，应按施工技术方案的要求，设专人负责养护。

5.2.3.1　初期处理

1. 混凝土在浇筑及浇筑后静置过程中，由于混凝土的离析泌水、骨料下沉，易产生塑性收缩裂缝，应在混凝土终凝前予以修整。如板类混凝土面层浇筑完毕后，应在初凝前后进行第二次抹压，可用木抹子磨平、搓毛二次以上，必要时可用铁滚筒碾压两遍。

2. 在浇筑完毕后的 12h 内，对混凝土加以覆盖并保湿养护。如遇高温、太阳暴晒、大风天气，浇筑后应立即用塑料膜覆盖，以避免混凝土表面结硬干裂。

5.2.3.2　养护要求

1. 保温、保湿养护，避免急剧干燥、温度急剧变化、振动以及外力的扰动。采用覆盖、洒水、喷雾或用薄膜保湿等养护措施。采用塑料布覆盖养护的混凝土，其敞露的全部表面应覆盖严密，并应保持塑料布内有凝结水。

2. 混凝土的养护时间

混凝土的养护时间应符合下列规定：

（1）采用硅酸盐水泥、普通硅酸盐水泥或矿渣硅酸盐水泥配制的混凝土，不应少于7d；采用其他品种水泥时，养护时间应根据水泥性能确定；

（2）采用缓凝型外加剂、大掺量矿物掺合料配制的混凝土，不应少于14d；

（3）抗渗混凝土、强度等级C60及以上的混凝土，不应少于14d；

（4）后浇带混凝土的养护时间不应少于14d；

（5）地下室底层墙、柱和上部结构首层墙、柱宜适当增加养护时间；

（6）基础大体积混凝土养护时间应根据施工方案确定。

3. 柱、墙混凝土养护方法

地下室底层和上部结构首层柱、墙混凝土带模养护时间，不宜少于3d；带模养护结束后可采用洒水养护方式继续养护，必要时也可采用覆盖养护或喷涂养护剂养护方式继续养护；其他部位柱、墙混凝土可采用洒水养护；必要时，也可采用覆盖养护或喷涂养护剂养护。

4. 浇水次数应能保证混凝土处于湿润状态。混凝土养护用水应与拌制用水相同。

5. 对底板和楼板等平面结构构件，混凝土浇筑收浆和抹压后，及时用塑料薄膜覆盖，防止表面水分蒸发。为防止混凝土受早期扰动而产生裂缝，待混凝土强度达到 1.2N/mm² 后方可上人揭去塑料薄膜，铺上麻袋或草帘，用水浇透。有条件时尽量蓄水养护。

6. 对截面较大的柱子，宜用湿麻袋围裹喷水养护，或用塑料薄膜围裹自身养护，也可涂刷养护液。

7. 墙体浇筑完毕，混凝土达到一定强度（1~3d）后，可及时松动两侧模板，留出的缝宽约3~5mm。在墙体顶部架设淋水管，喷淋养护。拆模后，应在墙两侧覆挂麻袋或草帘等覆盖物，避免阳光直照墙面。

8. 冬期施工时，混凝土浇筑后应立即用塑料薄膜和保温材料覆盖，养护时间不应少于14d。对墙体，带模板养护不应少于7d。冬期施工时，不能向裸露部位的混凝土直接浇水养护，应用塑料薄膜和保温材料（草包等）覆盖进行保温、保湿养护。

9. 大体积混凝土在养护期间必须严格控制其内外温差，根据气候条件采取温控措施，并按需要测定浇筑后的混凝土表面和内部温度，将温度控制在设计要求范围内。当设计无具体要求时，温差控制在25℃以下。温差控制是为了保持混凝土表面温度不至过快散失，减小混凝土表层的温度梯度，防止产生表面裂缝。此外，还需表面保湿，防止混凝土脱水而产生收缩裂缝。

10. 混凝土终凝后要避免早期扰动。混凝土强度未达 1.2N/mm² 时，不得在其上踩踏或安装模板及支架。混凝土强度达到 1.2N/mm² 的时间，与环境温度、混凝土用外加剂品种、用水量、水泥品种和用量、矿物掺合料的品种和用量等诸多因素有关，可通过试验确定。在正常情况下，大致有表5.2.12所列规律。

普通混凝土强度达到 1.2N/mm² 所需龄期　　　　表 5.2.12

环境温度	1~5℃	5~15℃	≥15℃
所需龄期（d）	2	1.5	—

5.2.3.3　养护条件

1. 洒水养护

在自然气温条件下（高于+5℃），对于一般塑性混凝土应在浇筑后10～12h内（炎夏时可缩短至2～3h），对高强混凝土应在浇筑后1～2h内，即用麻袋、草帘、锯末或砂进行覆盖，并及时浇水养护，以保持混凝土具有足够润湿状态。混凝土浇水养护日期可参照表5.2.13。

混凝土浇水养护时间　　　　　　　　　表5.2.13

分　类		浇水养护时间
拌制混凝土的水泥品种	硅酸盐水泥、普通硅酸盐水泥、矿渣硅酸盐水泥	不小于7d
	火山灰质硅酸盐水泥、粉煤灰硅酸盐水泥	不小于14d
	矾土水泥	不小于3d
抗渗混凝土、混凝土中掺缓凝型外加剂		不小于14d

注：1. 如平均气温低于5℃时，不得浇水。
　　2. 采用其他品种水泥时，混凝土的养护应根据水泥技术性能确定。

洒水养护宜在混凝土裸露表面覆盖麻袋或草帘后进行，也可采用直接洒水、蓄水等养护方式；洒水养护应保证混凝土处于湿润状态；当日最低温度低于5℃时，不应采用洒水养护。

混凝土在养护过程中，如发现遮盖不好，浇水不足，以致表面泛白或出现干缩细小裂缝时，要立即仔细加以遮盖，加强养护工作，充分浇水，并延长浇水日期，加以补救。

在已浇筑的混凝土强度达到1.2N/mm² 以后，始准在其上来往行人和安装模板及支架等。荷重超过时应通过计算，并采取相宜的措施。

2. 养护剂养护

养护剂养护又称喷膜养护，是在结构构件表面喷涂或刷涂养护剂，溶液中水分挥发后，在混凝土表面上结成1层塑料薄膜使混凝土表面与空气隔缝，阻止内部水分蒸发，而使水泥水化作用完成。养护剂养护结构构件不用浇水养护，节省人工和养护用水等优点，但28d龄期强度要偏低8%左右。适于表面面积大、不便浇水养护结构（如烟囱筒壁、间隔浇筑的构件等）地面、路面、机场跑道或缺水地区使用。

3. 喷涂养护剂养护

应在混凝土裸露表面喷涂覆盖致密的养护剂进行养护；养护剂应均匀喷涂在结构构件表面，不得漏喷；养护剂应具有可靠的保湿效果，保湿效果可通过试验检验；养护剂使用方法应符合产品说明书的有关要求。

4. 覆盖养护

覆盖养护宜在混凝土裸露表面覆盖塑料薄膜、塑料薄膜加麻袋、塑料薄膜加草帘进行；塑料薄膜应紧贴混凝土裸露表面，塑料薄膜内应保持有凝结水；覆盖物应严密，覆盖物的层数应按施工方案确定。

5.2.4　混凝土施工缝、后浇带留置与处理

施工缝是因设计要求或施工需要分段浇筑而在先、后浇筑的混凝土之间所形成的接

缝。后浇带是考虑环境温度变化、混凝土收缩、结构不均匀沉降等因素,将梁、板(包括基础底板)、墙划分为若干部分,经过一定时间后再浇筑的具有一定宽度的混凝土带。

施工缝和后浇带的留设位置应在混凝土浇筑之前确定。施工缝和后浇带宜留设在结构受剪力较小且便于施工的位置。受力复杂的结构构件或有防水抗渗要求的结构构件,施工缝留设位置应经设计单位认可。

5.2.4.1 混凝土施工缝和后浇带的留置规定

(1) 水平施工缝的留设位置应符合下列规定:

1) 柱、墙施工缝可留设在基础、楼层结构顶面,柱施工缝与结构上表面的距离宜为 0~100mm,墙施工缝与结构上表面的距离宜为 0~300mm(图 5.2.3);

2) 柱、墙施工缝也可留设在楼层结构底面,施工缝与结构下表面的距离宜为 0~50mm;当板下有梁托时,可留设在梁托下 0~20mm;

3) 高度较大的柱、墙、梁以及厚度较大的基础可根据施工需要在其中部留设水平施工缝;必要时,可对配筋进行调整,并应征得设计单位认可;

4) 特殊结构部位留设水平施工缝应征得设计单位同意。

(2) 垂直施工缝和后浇带的留设位置应符合下列规定:

1) 有主次梁的楼板施工缝应留设在次梁跨度中间的 1/3 范围内(图 5.2.4);

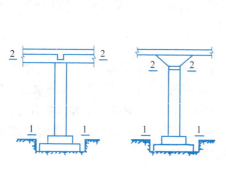

图 5.2.3 浇筑柱的施工缝位置图
1-1、2-2 表示施工缝位置

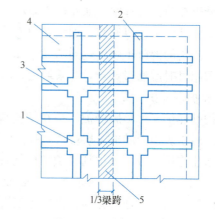

图 5.2.4 浇筑有主次
梁楼板的施工缝位置图
1—柱;2—主梁;3—次梁;4—楼板;
5—可留施工缝范围

2) 单向板施工缝应留设在平行于板短边的任何位置;

3) 楼梯梯段施工缝宜设置在梯段板跨度端部的 1/3 范围内;

4) 墙的施工缝宜设置在门洞口过梁跨中 1/3 范围内,也可留设在纵横交接处;

5) 后浇带留设位置应符合设计要求;

6) 特殊结构部位留设垂直施工缝应征得设计单位同意。

(3) 设备基础施工缝留设位置应符合下列规定:

1) 水平施工缝应低于地脚螺栓底端,与地脚螺栓底端的距离应大于 150mm;

2) 当地脚螺栓直径小于 30mm 时,水平施工缝可留设在深度不小于地脚螺栓埋入混凝土部分总长度的 3/4 处；

3）垂直施工缝与地脚螺栓中心线的距离不应小于 250mm，且不应小于螺栓直径的 5 倍。

（4）承受动力作用的设备基础施工缝留设位置应符合下列规定：

1）标高不同的两个水平施工缝，其高低接合处应留设成台阶形，台阶的高宽比不应大于 1.0；

2）在水平施工缝处继续浇筑混凝土前，应对地脚螺栓进行一次复核校正；

3）垂直施工缝或台阶形施工缝的垂直面处应加插钢筋，插筋数量和规格应由设计确定；

4）施工缝的留设应经设计单位认可。

（5）施工缝、后浇带留设界面应垂直于结构构件和纵向受力钢筋。结构构件厚度或高度较大时，施工缝或后浇带界面宜采用专用材料封挡。

（6）混凝土浇筑过程中，因特殊原因需临时设置施工缝时，施工缝留设应规整，并宜垂直于构件表面，必要时可采取增加插筋、事后修凿等技术措施。

（7）施工缝和后浇带应采取钢筋防锈或阻锈等保护措施。

5.2.4.2 施工缝的处理

在施工缝处继续浇筑混凝土时，已浇筑的混凝土抗压强度不应小于 $1.2N/mm^2$。混凝土达到 $1.2N/mm^2$ 的时间，可通过试验决定，同时，必须对施工缝进行必要的处理。

1. 在已硬化的混凝土表面上继续浇筑混凝土前，应清除垃圾、水泥薄膜、表面上松动砂石和软弱混凝土层，同时还应加以凿毛，用水冲洗干净并充分湿润，一般不宜少于 24h，残留在混凝土表面的积水应予清除。

2. 注意施工缝位置附近回弯钢筋时，要做到钢筋周围的混凝土不受松动和损坏。钢筋上的油污、水泥砂浆及浮锈等杂物也应清除。

3. 在浇筑前，水平施工缝宜先铺上 10～15mm 厚的水泥砂浆一层，其配合比与混凝土内的砂浆成分相同。

4. 从施工缝处开始继续浇筑时，要注意避免直接靠近缝边下料。机械振捣前，宜向施工缝处逐渐推进，并距 80～100cm 处停止振捣，但应加强对施工缝接缝的捣实工作，使其紧密结合。

5. 承受动力作用的设备基础的施工缝处理，应遵守下列规定：

（1）标高不同的两个水平施工缝，其高低接合处应留成台阶形，台阶的高度比不得大于 1；

（2）在水平施工缝上继续浇筑混凝土前，应对地脚螺栓进行一次观测校正；

（3）垂直施工缝处应加插钢筋，其直径为 12～16mm，长度为 50～60cm，间距为 50cm。在台阶式施工缝的垂直面上亦应补插钢筋。

5.2.4.3 后浇带的设置

后浇带是为在现浇钢筋混凝土结构施工过程中，克服由于温度、收缩而可能产生有害裂缝而设置的临时施工缝。该缝需根据设计要求保留一段时间后再浇筑，将整个结构连成整体。后浇带的设置距离，应考虑在有效降低温差和收缩应力的条件下，通过计算来获得。在正常的施工条件下，有关规范对此的规定是，如混凝土置于室内和土中，则为 30m；如在露天，则为 20m。

后浇带的保留时间应根据设计确定，若设计无要求时，一般至少保留 42d 以上。

后浇带的宽度应考虑施工简便，避免应力集中。一般其宽度为 80～100cm。后浇带内的钢筋应完好保存。后浇带的构造见图 5.2.5～图 5.2.10。

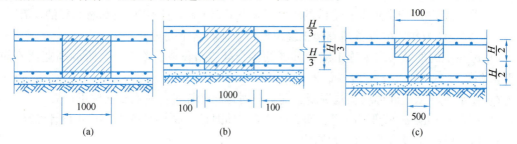

图 5.2.5　后浇带构造图

(a) 平接式；(b) 企口式；(c) 台阶式

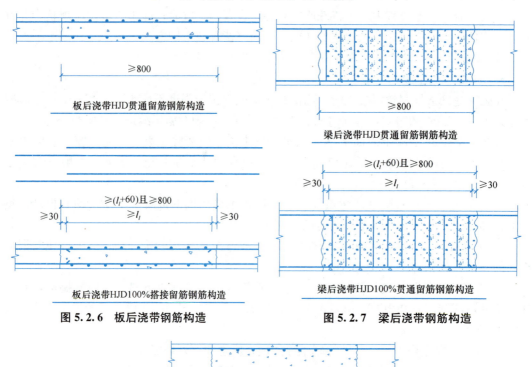

图 5.2.6　板后浇带钢筋构造　　　　图 5.2.7　梁后浇带钢筋构造

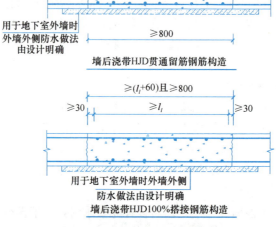

图 5.2.8　墙后浇带钢筋构造

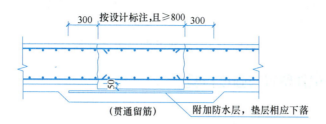

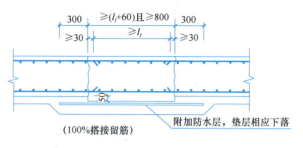

图 5.2.9 基础底板后浇带钢筋构造

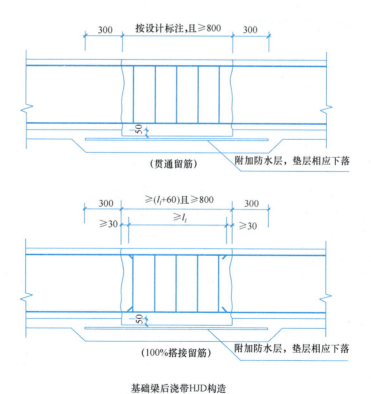

图 5.2.10 基础梁后浇带钢筋构造

后浇带在浇筑混凝土前,必须将整个混凝土表面按照施工缝的要求进行处理。填充后浇带混凝土可采用微膨胀或无收缩水泥,也可采用普通水泥加入相应的外加剂拌制,但必须要求填筑混凝土的强度等级比原结构强度提高一级,并保持至少15d的湿润养护。

5.2.5 混凝土试件留置与强度检验

5.2.5.1 混凝土取样与试件留置

结构混凝土的强度等级必须符合设计要求。用于检查结构构件混凝土强度的试件,应在混凝土的浇筑地点随机抽取。取样与试件留置应符合下列规定:

1. 每拌制100盘且不超过$100m^3$的同配合比的混凝土,取样不得少于1次;
2. 每工作班拌制的同一配合比的混凝土不足100盘时,取样不得少于1次;
3. 当一次连续浇筑超过$1000m^3$时,同一配合比的混凝土每$200m^3$取样不得少于1次;
4. 每一楼层、同一配合比的混凝土,取样不得少于1次;
5. 每次取样应至少留置1组标准养护试件,同条件养护试件的留置组数应根据实际需要确定,并按时检查施工记录及试件强度试验报告。

对有抗渗要求的混凝土结构,其混凝土试件应在浇筑地点随机取样。同一工程、同一配合比的混凝土,取样不应少于1次,留置组数可根据实际需要确定,并检查试件抗渗试验报告。

5.2.5.2 试件制作和强度检验

1. 试件制作

检查混凝土质量应做抗压强度试验。当有特殊要求时,还需做混凝土的抗冻性、抗渗性等试验。试件应用钢模制作。

(1) 试件强度试验的方法应符合现行国家标准《混凝土力学性能试验方法标准》GB 50081的规定。

(2) 每组3个试件应在同盘混凝土中取样制作,并按下列规定确定该组试件的混凝土强度的代表值。

每组3个试件应在同一盘混凝土中取样制作,其强度代表值按下述规定确定:

取3个试件试验结果的平均值,作为该组试件的强度代表值;

当1组试件中强度的最大值或最小值与中间值之差超过中间值的15%时,取中间值作为该组试件的强度代表值;

当1组试件中强度的最大值和最小值与中间值之差均超过中间值的15%时,该组试件不应作强度评定的依据。

2. 混凝土结构同条件养护试件强度检验

(1) 同条件养护试件的留置方式和取样数量,应符合下列要求:

1) 同条件养护试件所对应的结构构件或结构部位,应由监理(建设)、施工等各方根据其重要性共同选定;

2) 对混凝土结构工程中的各混凝土强度等级,均应留置同条件养护试件;

3) 同一强度等级的同条件养护试件,其留置的数量应根据混凝土工程量和重要性确定,不宜少于10组,且不应少于3组;

4）同条件养护试件拆模后，应放置在靠近相应结构构件或结构部位的适当位置，并应采取相同的养护方法。

（2）同条件养护试件应在达到等效养护龄期时进行强度试验。

等效养护龄期应根据同条件养护试件强度与在标准养护条件下 28d 龄期试件强度相等的原则确定。

（3）同条件自然养护试件的等效养护龄期及相应的试件强度代表值，宜根据当地的气温和养护条件，按下列规定确定：

1）等效养护龄期可取按日平均温度逐日累计达到 600℃·d 时所对应的龄期，0℃ 及以下的龄期不计入；等效养护龄期不应小于 14d，也不宜大于 60d；

2）同条件养护试件的强度代表值应根据强度试验结果，按现行国家标准《混凝土强度检验评定标准》GB/T 50107 的规定确定后，乘折算系数取用；折算系数宜取为 1.10，也可根据当地的试验统计结果做适当调整。

（4）冬期施工、人工加热养护的结构构件，其同条件养护试件的等效养护龄期可按结构构件的实际养护条件，由监理（建设）、施工等各方根据上述（2）条的规定共同确定。

检验评定混凝土强度用的混凝土试件的尺寸及强度的尺寸换算系数应按表 5.2.14 取用；其标准成型方法、标准养护条件及强度试验方法应符合现行国家标准《混凝土力学性能试验方法标准》GB 50081 的规定。

混凝土试件的尺寸及强度的尺寸换算系数　　　　表 5.2.14

骨料最大粒径（mm）	试件尺寸（mm×mm×mm）	强度的尺寸换算系数
≤31.5	100×100×100	0.95
≤40	150×150×150	1.00
≤63	200×200×200	1.05

注：对强度等级为 C60 及以上的混凝土试件，其强度换算系数可通过试验确定。

5.3 现浇混凝土结构分项工程质量检验

混凝土结构施工质量检查可分为过程控制检查和拆模后的实体质量检查。

5.3.1 一般规定

1. 现浇结构的外观质量缺陷，应由监理（建设）单位、施工单位等各方根据其对结构性能和使用功能影响的严重程度，按表 5.3.1 确定。

现浇结构外观质量缺陷　　　　表 5.3.1

名　称	现　象	严重缺陷	一般缺陷
露　筋	构件内钢筋未被混凝土包裹而外露	纵向受力钢筋有露筋	其他钢筋有少量露筋

续表

名 称	现 象	严重缺陷	一般缺陷
蜂窝	混凝土表面缺少水泥砂浆而形成石子外露	构件主要受力部位有蜂窝	其他部位有少量蜂窝
孔洞	混凝土中孔穴深度和长度均超过保护层厚度	构件主要受力部位有孔洞	其他部位有少量孔洞
夹渣	混凝土中夹有杂物且深度超过保护层厚度	构件主要受力部位有夹渣	其他部位有少量夹渣
疏松	混凝土中局部不密实	构件主要受力部位有疏松	其他部位有少量疏松
裂缝	缝隙从混凝土表面延伸至混凝土内部	构件主要受力部位有影响结构性能或使用功能的裂缝	其他部位有少量不影响结构性能或使用功能的裂缝
连接部位缺陷	构件连接处混凝土缺陷及连接钢筋、连接件松动	连接部位有影响结构传力性能的缺陷	连接部位有基本不影响结构传力性能的缺陷
外形缺陷	缺棱掉角、棱角不直、翘曲不平、飞边凸肋等	清水混凝土构件有影响使用功能或装饰效果的外形缺陷	其他混凝土构件有不影响使用功能的外形缺陷
外表缺陷	构件表面麻面、掉皮、起砂、沾污等	具有重要装饰效果的清水混凝土表面有外表缺陷	其他混凝土构件有不影响使用功能的外表缺陷

2. 现浇结构拆模后，应由监理（建设）单位、施工单位对外观质量和尺寸偏差进行检查，做出记录，并应及时按施工技术方案对缺陷进行处理。

5.3.2 外观质量

1. 主控项目

现浇结构的外观质量不应有严重缺陷。

对已经出现的严重缺陷，应由施工单位提出技术处理方案，并经监理（建设）单位认可后进行处理。对经处理的部位，应重新检查验收。

2. 一般项目

现浇结构的外观质量不宜有一般缺陷。

对已经出现的一般缺陷，应由施工单位按技术处理方案进行处理，并重新检查验收。

5.3.3 尺寸偏差

1. 主控项目

现浇结构不应有影响结构性能和使用功能的尺寸偏差。混凝土设备基础不应有影响结构性能和设备安装的尺寸偏差。

对超过尺寸允许偏差且影响结构性能和安装、使用功能的部位，应由施工单位提出技术处理方案，并经监理（建设）单位认可后进行处理。对经处理的部位，应重新检查验收。

2. 一般项目

现浇结构和混凝土设备基础拆模后的尺寸偏差应符合表 5.3.2、表 5.3.3 的规定。

现浇结构尺寸允许偏差和检验方法　　　　　表 5.3.2

项　目			允许偏差（mm）	检验方法
轴线位置	基础		15	钢尺检查
	独立基础		10	
	墙、柱、梁		8	
	剪力墙		5	
垂直度	层高	≤5m	8	经纬仪或吊线、钢尺检查
		>5m	10	经纬仪或吊线、钢尺检查
	全高（H）		$H/1000$ 且 ≤30	经纬仪、钢尺检查
标高	层高		±10	水准仪或拉线、钢尺检查
	全高		±30	
截面尺寸			+8，-5	钢尺检查
电梯井	井筒长、宽对定位中心线		+25，0	钢尺检查
	井筒全高（H）垂直度		$H/1000$ 且 ≤30	经纬仪、钢尺检查
表面平整度			8	2m 靠尺和塞尺检查
预埋设施中心线位置	预埋件		10	钢尺检查
	预埋螺栓		5	
	预埋管		5	
预留洞中心线位置			15	钢尺检查

注：检查轴线、中心线位置时，应沿纵、横两个方向量测，并取其中的较大值。

混凝土设备基础尺寸允许偏差和检验方法　　　　　表 5.3.3

项　目		允许偏差（mm）	检验方法
坐标位置		20	钢尺检查
不同平面的标高		0，20	水准仪或拉线、钢尺检查
平面外形尺寸		±20	钢尺检查
凸台上平面外形尺寸		0，-20	钢尺检查
凹穴尺寸		+20，0	钢尺检查
平面水平度	每米	5	水平尺、塞尺检查
	全长	10	水准仪或拉线、钢尺检查

续表

项　　目		允许偏差（mm）	检验方法
垂直度	每米	5	经纬仪或吊线、钢尺检查
	全高	10	经纬仪或吊线、钢尺检查
预埋地脚螺栓	标高（顶部）	+20, 0	水准仪或拉线、钢尺检查
	中心距	±2	钢尺检查
预埋地脚螺栓孔	中心线位置	10	钢尺检查
	深度	+20, 0	钢尺检查
	孔垂直度	10	吊线、钢尺检查
预埋活动地脚螺栓锚板	标高	+20, 0	水准仪或拉线、钢尺检查
	中心线位置	5	钢尺检查
	带槽锚板平整度	5	钢尺、塞尺检查
	带螺纹孔锚板平整度	2	钢尺、塞尺检查

注：检查坐标、中心线位置时，应沿纵、横两个方向量测，并取其中的较大值。

5.3.4　现浇结构外观缺陷原因分析与修整措施

1. 露筋

（1）原因分析：

1）钢筋保护层垫块放置过少或漏放，钢筋紧贴模板。

2）模板缝隙过大，混凝土漏浆。

3）混凝土离析，石子集中，和易性差，混凝土与钢筋接触部分缺浆。

4）混凝土振捣棒撞击钢筋，钢筋偏位。

5）混凝土振捣不密实，漏振。

6）拆模过早，混凝土受损，钢筋外露。

（2）修整措施：

1）对表面露筋，刷洗干净后，用1∶2或1∶2.5泥砂浆将露筋部位抹压平整，并认真养护。

2）如露筋较深，应将薄弱混凝土和突出的颗粒凿去，洗刷干净后，用比原来高一强度等级的细石混凝土填塞压实，并认真养护。

2. 蜂窝

（1）原因分析：

1）混凝土配合比的原材料称量偏差大，粗骨料多，和易性差。

2）浇筑混凝土时，石子集中，混凝土离析，振不出水泥浆。

3）混凝土搅拌时间短，拌合不均匀，和易性差。

4）混凝土振捣不密实，漏振。

5）模板缝隙大，混凝土漏浆。

（2）修整措施：

1) 对小蜂窝，用水洗刷干净后，用1∶2或1∶2.5水泥砂浆压实抹平。

2) 对较大蜂窝，先凿去蜂窝处薄弱松散的混凝土和突出的颗粒，刷洗干净后支模，用高一强度等级的细石混凝土仔细强力填塞捣实，并认真养护。

3) 较深蜂窝如清除困难，可埋压浆管和排气管，表面抹砂浆或支模灌混凝土封闭后，进行水泥压浆处理。

3. 孔洞

（1）原因分析：

1) 在钢筋密集处，预留孔或预埋件周围的混凝土振捣不密实或漏振。

2) 模板缝隙过大或胀模，混凝土漏浆。

3) 浇筑混凝土时，有杂物混入混凝土内。

（2）修整措施：

1) 对混凝土孔洞的处理，应经有关单位共同研究，制定修补或补强方案，经批准后方可处理。

2) 一般孔洞处理方法是：将孔洞周围的松散混凝土和软弱浆膜凿除，用压力水冲洗，支设带托盒的模板，洒水充分湿润后，用比结构高一强度等级的半干硬性细石混凝土仔细分层浇筑，强力捣实，并养护。突出结构面的混凝土，须待达到50%强度后再凿去，表面用1∶2水泥砂浆抹光。

3) 对面积大而深进的孔洞，按2)项清理后，在内部埋压浆管、排气管，填清洁的碎石粒径10～20mm，表面抹砂浆或浇筑薄层混凝土，然后用水泥压力灌浆方法进行处理，使之密实。

4. 夹渣

（1）原因分析：

1) 在浇筑混凝土前，施工缝处理不干净。

2) 混凝土振捣不密实或漏振。

3) 分段分层浇筑混凝土时，有杂物混入混凝土内。

4) 模板嵌入混凝土，拆模后留在混凝土内。

（2）修整措施：

将夹渣周围的混凝土和软弱浆膜凿去，用压力水冲洗，用高一级的细石混凝土拌合物仔细浇筑捣实，注意养护。

5. 疏松

（1）原因分析：

1) 混凝土配合比设计不当，砂率偏低，和易性差，坍落度偏小。

2) 混凝土振捣时间短，振捣不到位，有漏振的部位。

3) 混凝土平仓、压实工作不够，表面没压实，泛浆不足。

（2）修整措施：

1) 表面较浅的疏松脱落，可将疏松部分凿去，洗刷干净充分湿润后，用1∶2或1∶2.5水泥砂浆抹平压实。

2) 较深的疏松脱落，可将疏松和突出颗粒凿去，刷洗干净充分湿润后支模，用比结构高一强度等级的细石混凝土浇筑，强力捣实，并加强养护。

6. 裂缝

(1) 原因分析：

1) 混凝土浇筑时，平仓、滚压及收浆工序操作马虎，没有压实，混凝土收缩，产生裂缝。

2) 混凝土养护湿度不够，早期失水过多，混凝土产生收缩裂缝。

3) 已浇筑完毕的混凝土施工缝没有清理干净，新浇筑的混凝土没加接浆或没按技术方案施工，新浇筑的混凝土收缩后与已浇筑的混凝土没有结合牢固。

(2) 修整措施：

当裂缝较细，数量不多时，可将裂缝加以冲洗，用水泥浆抹补。如裂缝开裂较大较深时，应沿裂缝处凿去薄弱部分，并用水冲洗干净，用1：2或1：2.5水泥砂浆抹补。除了用水泥砂浆抹补外，目前也使用环氧树脂补缝，效果较好。

7. 连接部位缺陷

(1) 原因分析：

1) 预埋件或预埋螺栓的混凝土振捣不密实或漏振。在其周围混凝土有孔洞或蜂窝等。

2) 预埋件固定不牢，混凝土振捣时将其碰松或偏位。

(2) 修整措施：

1) 将预埋件或预埋螺栓的不密实混凝土剔除，用高一级混凝土重新浇筑捣实，并注意养护良好。

2) 重新留置预埋件，特别注意新浇筑混凝土的养护应良好。

8. 外形缺陷

(1) 原因分析：

1) 木模板在浇筑混凝土前未充分浇水湿润或湿润不够；混凝土浇筑后养护不好，棱角处混凝土的水分被模板大量吸收，造成混凝土脱水，强度降低，或模板吸水膨胀将边角拉裂，拆模时棱角被粘掉。

2) 拆模时，边角受外力或重物撞击，或保护不好，棱角被碰掉。

3) 混凝土浇筑未按操作规程分层进行，一次下料过多或用吊斗直接往模板内倾倒混凝土，或振捣混凝土时长时间振动钢筋、模板，造成跑模或较大变形。

4) 组合柱浇筑混凝土时利用半砖外墙作模板，由于该处砖墙较薄，侧向刚度差，使组合柱容易发生鼓胀，同时影响外墙平整。

(2) 修整措施：

1) 较小缺棱掉角，可将该处松散颗粒凿除，用钢丝刷刷干净，清水冲洗并充分湿润后，用1：2或1：2.5的水泥砂浆抹补齐整。

2) 对较大的缺棱掉角，可将不实的混凝土和突出的颗粒凿除，用水冲刷干净湿透，然后支模，用比原混凝土高一强度等级的细石混凝土填灌捣实，并认真养护。

3) 凡凹凸鼓胀不影响结构质量时，可不进行处理；如只需进行局部剔凿和修补处理时，应适当修整。一般再用1：2或1：2.5水泥砂浆或比原混凝土高一强度等级的细石混凝土进行修补。

4) 凡凹凸鼓胀影响结构受力性能时，应会同有关部门研究处理方案后，再进行处理。

9. 外表缺陷

(1) 原因分析：

1) 混凝土浇筑后，表面仅用铁锹拍平，未用抹子找平压光，造成表面粗糙不平。

2) 模板未支承在坚硬土层上，或支承面不足，或支撑松动，土层浸水，致使新浇筑混凝土早期养护时发生不均匀下沉。

3) 混凝土未达到一定强度时，上人操作或运料，使表面出现凹陷不平或印痕。

(2) 修整措施：

出现外表缺陷后可进行修补，修补前先将外表缺陷部位用钢丝刷加清水刷洗，并使外表缺陷部位充分湿润，然后用水泥素浆、1∶2 或 1∶2.5 的水泥砂浆抹平，以达到外观平整顺畅。

5.3.5 混凝土强度检测

混凝土强度应分批进行验收。同验收批的混凝土应由强度等级相同、龄期相同以及生产工艺和配合比基本相同且不超过三个月的混凝土组成，并按单位工程的验收项目划分验收批，每个验收项目应按现行国家标准《混凝土强度检验评定标准》GB/T 50107 确定。同一验收批的混凝土强度，应以同批内全部标准试件的强度代表值来评定。

1. 统计方法评定

(1) 当混凝土的生产条件在较长时间内能保持一致，且同一品种混凝土的强度变异性能保持稳定时，应由连续的 3 组试件组成一个验收批，其强度应同时满足下列要求：

$$m_{f_{cu}} \geqslant f_{cu,k} + 0.7\sigma_0 \tag{5.3.1}$$

$$f_{cu,min} \geqslant f_{cu,k} - 0.7\sigma_0 \tag{5.3.2}$$

当混凝土强度等级不高于 C20 时，其强度的最小值尚应满足下式要求：

$$f_{cu,min} \geqslant 0.85 f_{cu,k} \tag{5.3.3}$$

当混凝土强度等级高于 C20 时，其强度的最小值尚应满足下式要求：

$$f_{cu,min} \geqslant 0.90 f_{cu,k} \tag{5.3.4}$$

式中　$m_{f_{cu}}$——同一验收批混凝土立方体抗压强度的平均值（N/mm²）；

$f_{cu,k}$——混凝土立方体抗压强度标准值（N/mm²）；

σ_0——验收批混凝土立方体抗压强度的标准差（N/mm²）；

$f_{cu,min}$——同一验收批混凝土立方体抗压强度的最小值（N/mm²）。

(2) 验收批混凝土立方体抗压强度的标准差，应根据前一个检验期间同一品种混凝土试件的强度数据，按下式确定：

$$\sigma_0 = \frac{0.59}{m} \sum_{i=1}^{m} \Delta f_{cu,i} \tag{5.3.5}$$

式中　$\Delta f_{cu,i}$——第 i 批试件立方体抗压强度中最大值和最小值之差；

m——用以确定该验收批混凝土立方体抗压强度标准差的数据总批数。

注：上述检验期不应超过三个月，且在该期间内强度数据的总批数不得少于 15。

(3) 当混凝土的生产条件不能满足（1）条的规定，或在前一个检验期内的同一品种混凝土没有足够的数据用以确定验收批混凝土立方体抗压强度标准差时，应由不少于 10 组的试件代表一个验收批，其强度应同时满足下列要求：

$$m_{f_{cu}} - \lambda_1 \cdot S_{f_{cu}} \geqslant 0.9 f_{cu,k} \tag{5.3.6}$$

$$f_{cu,min} \geqslant \lambda_2 \cdot f_{cu,k} \tag{5.3.7}$$

式中　$S_{f_{cu}}$——同一验收批混凝土立方体抗压强度的标准差（N/mm²），当 $S_{f_{cu}}$ 的计算值小于 $0.06 f_{cu,k}$ 时，取 $S_{f_{cu}} = 0.06 f_{cu,k}$；

λ_1、λ_2——合格判定系数，按表 5.3.4 取用。

混凝土强度的合格判定系数　　　　　　　　　　表 5.3.4

试件组数	10～14	15～24	≥25
λ_1	1.70	1.65	1.60
λ_2	0.90	0.85	

混凝土立方体抗压强度的标准差 $S_{f_{cu}}$ 可按下列公式计算：

$$S_{f_{cu}} = \sqrt{\frac{\sum_{i=1}^{m} f_{cu,i}^2 - n^2 m f_{cu}}{n-1}} \tag{5.3.8}$$

式中　$f_{cu,i}$——第 i 组混凝土试件的立方体抗压强度值（N/mm²）；

n——一个验收批混凝土试件的组数。

2. 非统计方法评定

对零星生产的构件的混凝土或现场搅拌的批量不大的混凝土，可采用非统计方法评定。此时，验收批混凝土的强度必须同时满足下列要求：

$$m_{f_{cu}} \geqslant 1.15 f_{cu,k} \tag{5.3.9}$$

$$f_{cu,min} \geqslant 0.95 f_{cu,k} \tag{5.3.10}$$

3. 混凝土生产质量水平

预拌混凝土厂、预制混凝土构件厂和采用现场集中搅拌混凝土的施工单位，应定期对混凝土强度进行统计分析，控制混凝土质量，确定混凝土生产质量水平。

(1) 混凝土生产质量水平，可依据统计周期内混凝土强度标准差和试件强度不低于要求强度等级的百分率按表 5.3.5 划分。

混凝土生产质量水平　　　　　　　　　　表 5.3.5

评定指标		优良		一般		差	
		低于 C20	不低于 C20	低于 C20	不低于 C20	低于 C20	不低于 C20
混凝土强度标准差 σ（N/mm²）	预拌混凝土厂和预制混凝土构件厂	≤3.0	≤3.5	≤4.0	≤5.0	>4.0	>5.0
	集中搅拌混凝土的施工现场	≤3.5	≤4.0	≤4.5	≤5.5	>4.5	>5.5
强度不低于要求强度等级的百分率 P（%）	预拌混凝土厂、预制混凝土构件厂及集中搅拌混凝土的施工现场	≥95		≥85		≤85	

(2)在统计周期内混凝土强度标准差及不低于规定强度等级的百分率,可按下列两式计算:

$$\sigma = \sqrt{\frac{\sum_{i=1}^{N} f_{cu,i}^2 - N\mu_{fcu}^2}{N-1}} \quad (5.3.11)$$

$$p = \frac{N_0}{N} \times 100\% \quad (5.3.12)$$

式中 $f_{cu,i}$——统计周期内第 i 组混凝土试件的立方体抗压强度值(N/mm²);
N——统计周期内相同强度等级的混凝土试件组数,$N \geq 25$;
μ_{fcu}——统计周期内 N 组混凝土试件立方体抗压强度的平均值;
N_0——统计周期内试件强度不低于要求强度等级的组数。

(3)盘内混凝土强度的变异系数 δ_b 不宜大于5%,其值可按下式确定:

$$\delta_b = \frac{\sigma_b}{\mu_{f_{cu}}} \times 100\% \quad (5.3.13)$$

式中 δ_b——盘内混凝土强度的变异系数;
σ_b——盘内混凝土强度的标准差(N/mm²)。

(4)盘内混凝土强度的标准差可按下列规定确定:
在混凝土搅拌地点连续从 15 盘混凝土中分别取样,每盘混凝土试样各成型一组试件,根据试件强度按下式计算:

$$\sigma_b = 0.04 \sum_{i=1}^{15} \Delta f_{cu,i} \quad (5.3.14)$$

式中 $\Delta f_{cu,i}$——第 i 组三个试件强度中最大值与最小值之差(N/mm²)。

当不能连续从 15 盘混凝土中取样时,盘内混凝土强度标准差可利用正常生产连续积累的强度资料进行统计,但试件组数不应少于 30 组,其值可按下式计算:

$$\sigma_b = \frac{0.59}{n} \sum_{i=1}^{n} \Delta f_{cu,i} \quad (5.3.15)$$

式中 n——试件组数。

5.4 混凝土结构过程控制质量检查和实体质量检查

混凝土结构施工质量检查可分为过程控制检查和拆模后的实体质量检查。过程控制检查应在混凝土施工全过程中,按施工段划分和工序安排及时进行;拆模后的实体质量检查应在混凝土表面未做处理和装饰前进行。

5.4.1 混凝土结构过程控制质量检查

混凝土结构的质量过程控制检查宜包括下列内容:

(1) 模板宜包括下列内容：
1) 模板与模板支架的安全性；
2) 模板位置、尺寸；
3) 模板的刚度和密封性；
4) 模板涂刷隔离剂及必要的表面湿润；
5) 模板内杂物清理。
(2) 钢筋及预埋件宜包括下列内容：
1) 钢筋的规格、数量；
2) 钢筋的位置；
3) 钢筋的保护层厚度；
4) 预埋件（预埋管线、箱盒、预留孔洞）规格、数量、位置及固定。
(3) 混凝土拌合物宜包括下列内容：
1) 坍落度、入模温度等；
2) 大体积混凝土的温度测控。
(4) 混凝土浇筑宜包括下列内容：
1) 混凝土输送、浇筑、振捣等；
2) 混凝土浇筑时模板的变形、漏浆等；
3) 混凝土浇筑时钢筋和预埋件（预埋管线、预留孔洞）位置；
4) 混凝土试件制作；
5) 混凝土养护；
6) 施工载荷加载后，模板与模板支架的安全性。

5.4.2 混凝土结构实体质量检查

混凝土结构拆除模板后的实体质量检查宜包括下列内容：
(1) 构件的尺寸、位置
1) 轴线位置、标高；
2) 截面尺寸、表面平整度；
3) 垂直度（构件垂直度、单层垂直度和全高垂直度）。
(2) 预埋件
1) 数量；
2) 位置。
(3) 构件的外观缺陷；
(4) 构件的连接及构造做法。

混凝土结构质量过程控制检查、拆模后实体质量检查的方法与合格判定，应符合现行国家标准《混凝土结构工程施工质量验收规范》GB 50204 等的有关规定。有关标准未做规定时，可在施工方案中作出规定并经监理单位批准后实施。

5.5 大体积混凝土工程

大体积混凝土是指混凝土结构实体最小尺寸不小于1m的大体量混凝土，或预计会因混凝土中胶凝材料水化引起的温度变化和收缩而导致有害裂缝产生的混凝土。大体积混凝土施工前应编制施工组织设计或施工技术方案。

大体积混凝土的设计强度等级宜为C25~C50，并可采用混凝土60d或90d的强度作为混凝土配合比设计、混凝土强度评定及工程验收的依据；大体积混凝土的结构配筋除应满足结构承载力和构造要求外，还应结合大体积混凝土的施工方法配置控制温度和收缩的构造钢筋；大体积混凝土置于岩石类地基上时，宜在混凝土垫层上设置滑动层；设计中应采取减少大体积混凝土外部约束的技术措施；设计中应根据工程情况提出温度场和应变的相关测试要求。

1. 大体积混凝土施工组织设计

大体积混凝土施工组织设计，应包括下列主要内容：

（1）大体积混凝土浇筑体温度应力和收缩应力的计算；

（2）施工阶段主要抗裂构造措施和温控指标的确定；

（3）原材料优选、配合比设计、制备与运输；

（4）混凝土主要施工设备和现场总平面布置；

（5）温控监测设备和测试布置图；

（6）混凝土浇筑运输顺序和施工进度计划；

（7）混凝土保温和保湿养护方法，其中保温覆盖层的厚度可根据温控指标的要求按本规范计算；

（8）主要应急保障措施；

（9）特殊部位和特殊气候条件下的施工措施。

2. 大体积混凝土的浇筑方案

大体积混凝土浇筑时，浇筑方案可以选择整体分层连续浇筑施工或推移式连续浇筑施工方式，保证结构的整体性。混凝土浇筑宜从低处开始，沿长方向自一端向另一端进行。当混凝土供应量有保证时，也可多点同时浇筑。

3. 大体积混凝土的浇筑

大体积混凝土的浇筑工艺并应符合下列规定：

（1）混凝土的浇筑厚度应根据所用振捣器的作用深度及混凝土的和易性确定，整体连续浇筑时宜为300~500mm。

（2）整体分层连续浇筑或推移式连续浇筑（见图5.5.1），应缩短间歇时间，并在前层混凝土初凝之前将次层混凝土浇筑完毕。层间最长的间歇时间不应大于混凝土的初凝时间。混凝土的初凝时间应通过试验确定。当层间间隔时间超过混凝土的初凝时间时，层面应按施工缝处理。

（3）混凝土浇筑宜从低处开始，沿长边方向自一端向另一端进行。当混凝土供应量有

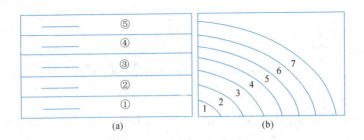

图 5.5.1　混凝土浇筑方案
(a) 整体分层连续浇筑施工；(b) 推移式连续浇筑施工

保证时，亦可多点同时浇筑。

（4）混凝土宜采用二次振捣工艺。

大体积混凝土施工采取分层间歇浇筑混凝土时，水平施工缝的处理应符合下列规定：

（1）清除浇筑表面的浮浆、软弱混凝土层及松动的石子，并均匀的露出粗骨料；

（2）在上层混凝土浇筑前，应用压力水冲洗混凝土表面的污物，充分润湿，但不得有积水；

（3）对非泵送及低流动度混凝土，在浇筑上层混凝土时，应采取接浆措施。

在大体积混凝土浇筑过程中，应采取措施防止受力钢筋、定位筋、预埋件等移位和变形，并及时清除混凝土表面的泌水。大体积混凝土浇筑面应及时进行二次抹压处理。

4. 大体积混凝土养护

（1）大体积混凝土应进行保温保湿养护，在每次混凝土浇筑完毕后，除应按普通混凝土进行常规养护外，尚应及时按温控技术措施的要求进行保温养护。

（2）应专人负责保温养护工作，并应按本规范的有关规定操作，同时应做好测试记录。

（3）保湿养护的持续时间不得少于 14d，应经常检查塑料薄膜或养护剂涂层的完整情况，保持混凝土表面湿润。

（4）保温覆盖层的拆除应分层逐步进行，当混凝土的表面温度与环境最大温差小于 20℃时，可全部拆除。

（5）在混凝土浇筑完毕初凝前，宜立即进行喷雾养护工作。

（6）塑料薄膜、麻袋、阻燃保温被等，可作为保温材料覆盖混凝土和模板，必要时，可搭设挡风保温棚或遮阳降温棚。在保温养护过程中，应对混凝土浇筑体的里表温差和降温速率进行现场监测，当实测结果不满足温控指标的要求时，应及时调整保温养护措施。

（7）高层建筑转换层的大体积混凝土施工，应加强进行养护，其侧模、底模的保温构造应在支模设计时确定。

（8）大体积混凝土拆模后，地下结构应及时回填土；地上结构应尽早进行装饰，不宜长期暴露在自然环境中。

5. 大体积混凝土防裂技术措施

大体积混凝土宜采用保温保湿养护为主体，抗防兼施为主导的大体积混凝土温控措施。应在大体积混凝土工程设计、构造处理、混凝土强度要求、材料选择、配比设计、制备、运输、施工、养护以及混凝土浇筑硬化过程中温控监测等技术环节，采取适宜的技术措施。

规范规定大体积混凝土施工应编制施工组织设计或施工技术方案。在大体积混凝土工程除应满足设计规范及生产工艺的要求外，尚应符合下列要求：

(1) 大体积混凝土的设计强度等级宜在 C25～C40 的范围内，并可利用混凝土 60d 或 90d 的强度作为混凝土配合比设计、混凝土强度评定及工程验收的依据；

(2) 大体积混凝土的结构配筋除应满足结构强度和构造要求外，还应结合大体积混凝土的施工方法配置控制温度和收缩的构造钢筋；

(3) 大体积混凝土置于岩石类地基上时，宜在混凝土垫层上设置滑动层；

(4) 设计中宜采用减少大体积混凝土外部约束的技术措施；

(5) 设计中宜根据工程的情况提出温度场和应变的相关测试要求。

大体积混凝土工程施工前，宜对施工阶段大体积混凝土浇筑体的温度、温度应力及收缩应力进行试算，并确定施工阶段大体积混凝土浇筑体的升温峰值，里表温差及降温速率的控制指标，制定相应的温控技术措施。温控指标宜符合下列规定：

(1) 混凝土浇筑体在入模温度基础上的温升值不宜大于 50℃。

(2) 混凝土浇筑块体的里表温差（不含混凝土收缩的当量温度）不宜大于 25℃。

(3) 混凝土浇筑体的降温速率不宜大于 2.0℃/d。

(4) 混凝土浇筑体表面与大气温差不宜大于 20℃。

(5) 所用水泥在搅拌站的入机温度不应大于 60℃。

大体积混凝土应选用中、低热硅酸盐水泥或低热矿渣硅酸盐水泥，大体积混凝土施工所用水泥其 3d 天的水化热不宜大于 240kJ/kg，7d 天的水化热不宜大于 270kJ/kg。配置混凝土可掺入缓凝、减水、微膨胀的外加剂。超长大体积混凝土应选用留置变形缝、后浇带或采用跳仓法施工控制结构不出现有害裂缝。结合结构配筋，配置控制温度和收缩的构造钢筋。浇筑时宜采用二次振捣工艺，浇筑面应及时进行二次抹压处理，减小表面收缩裂缝。

学习情境 5 附录　后浇带施工工艺

1.1　总则

为使建筑工程的后浇带做到技术先进、工艺合理、施工规范，满足建筑功能要求，确保结构受力安全和后浇带处无渗漏现象，避免不可预见因素对后浇带施工质量的影响，杜绝后浇带施工质量通病的发生，特制定本工艺标准。

1.1.1　适用范围

本工艺标准的适用范围为：可适用于房屋建筑工程地下室底板、外墙、内墙、顶板、楼层的楼板、房屋及大型构筑物的基础以及大型设备基础的后浇带；不适用于工程竣工后仍有可能存在变形的结构工程。

1.1.2　编制参考标准及规范

1. 地下工程防水技术规范　　　　　　　　GB 50108
2. 混凝土强度检验评定标准　　　　　　　GB/T 50107
3. 混凝土外加剂应用技术规范　　　　　　GB/T 50119

4. 混凝土质量控制标准　　　　　　　　　　　GB 50164
5. 混凝土结构工程施工质量验收规范　　　　　GB 50204
6. 地下防水工程质量验收规范　　　　　　　　GB 50208

1.2　术语、符号

1.2.1　后浇带：是一种混凝土刚性接缝，适用于不宜设置柔性变形缝以及后期变形趋于稳定的结构。

1.2.2　自粘性膨胀橡胶止水条：是一种具有自粘功能，遇水后在一定时间内体积可以膨胀以达到止水效果的橡胶质止水条。

1.2.3　补偿收缩混凝土：是在混凝土中添加一定比例膨胀剂或外加剂（按设计掺量）后，使混凝土在凝固过程中产生适度体积膨胀，以补偿混凝土收缩的一种混凝土。

1.3　基本规定

1.3.1　后浇带的留置必须依据设计要求的位置与尺寸，宽度宜为 800～1000mm；若后浇带位置因施工需要移动，必须经过设计院同意；后浇带混凝土施工的时间必须符合设计要求及工程实际施工情况要求。若设计无要求时，应在其两侧混凝土龄期 42d 后再施工，但高层建筑的后浇带应在结构顶板浇筑混凝土 14d 后进行。

1.3.2　后浇带所使用的材料必须满足现行规范和设计要求。

1.3.3　后浇带的施工必须符合《混凝土结构工程施工工艺标准》。

1.3.4　后浇带混凝土浇筑应留置混凝土强度检验试块及抗渗强度检验试块（设计有抗渗要求），后浇带的强度等级不得低于其两侧混凝土，应提高一个强度等级，同时应符合设计要求。

1.3.5　后浇带处结构主筋不宜在缝中断开，若必须断开，则主筋搭接长度应大于 45 倍主筋直径，接头应按规范要求错开，并应按设计要求设附加钢筋。

1.4　施工准备

1.4.1　技术准备

1. 后浇带施工前应对材料、施工时间、现场状况进行检查核对，以确定对设计与规范的符合性，预测施工后对功能的有效性，并做好核对记录。

2. 确定施工方案，针对后浇带不同的部位，不同的功能要求，不同的现场情况，编制满足设计规范和工艺要求的施工技术措施。

3. 对施工操作人员进行书面技术交底，其主要内容为：施工前、施工中、施工后应注意的事项和操作要求，细部构造及技术质量要求。

4. 应熟悉设计图纸、本施工工艺标准及相关技术规程，对后浇带的做法、位置、配筋进行了解，以确定后浇带上述内容的合理性，并确定是否提出修改建议。

1.4.2　材料要求

1. 品种规格

1）后浇带混凝土所用碎石应根据所浇后浇带的钢筋密度确定，一般为 5～31.5mm，含泥量不得大于 1.0%，泥块含量不得大于 0.5%。

2）后浇带的砂子应采用中砂，含泥量不得大于 3.0%，泥块含量不得大于 1.0%。

3）中埋式止水钢板宜用 3mm 厚 400mm 宽的折形钢板条。

4）遇水膨胀止水条有 10000mm×20mm×10mm、10000mm×30mm×10mm、

5000mm×30mm×20mm 等几种规格。

5) 橡胶外贴式止水带宜用 300×8 型,但外墙宜用 400×8 型。

6) 钢丝网宜采用密目钢丝网和 30×30 型钢丝网,两种钢丝网配套使用。

2. 质量要求:

1) 碎石应满足试配强度要求且检验结果应符合《普通混凝土用碎石或卵石质量标准及检验方法》JGJ 53。

2) 砂子应采用河砂或山砂,不得用海砂,且检验结果应符合《普通混凝土用碎石或卵石质量标准及检验方法》JGJ 53。

3) 粉煤灰应用 II 级以上。

4) 外加剂必须用合格一等品。

5) 水泥应用 32.5R 以上的普通水泥或硅酸盐水泥。

6) 拌合用水应用饮用水或水质符合国家现行标准《混凝土拌合用水标准》JGJ 63 的规定的水源。

7) 止水带表面不允许有开裂、缺胶、海绵等影响使用的缺陷,中心孔偏心不允许超过管状断面厚度的 1/3;止水带表面允许有深度不大于 2mm、面积不大于 16mm² 的凹痕,气泡、杂质、明疤等缺陷不超过 4 处;止水带的尺寸公差应符合《地下防水工程质量验收规范》GB 50208 中的要求,其物理性质应符合《地下防水工程质量验收规范》GB 50208 中的要求;止水带现场抽样数量以每月同标记的止水带产量为一批抽样。

8) 选用的遇水膨胀橡胶止水条应具有缓胀性能,其 7d 的膨胀率应不大于最终膨胀率的 60%。当不符合时,应采取表面涂缓膨胀剂措施;其物理性质应符合《地下防水工程质量验收规范》GB 50208 附录 A 中表 A.0.5 的要求;遇水膨胀橡胶止水条现场抽样数量以每月同标记的止水带产量为一批抽样。

1.4.3　主要机具

1. 自拌混凝土:混凝土搅拌机、混凝土坍落度桶、天平、插入与平板振动器、手推车等。

2. 商品混凝土:混凝土坍落度桶、插入与平板振动器、手推车等。

3. 其他机具:电焊机、剪刀、锒头等。

1.4.4　作业条件

1. 后浇带的留置

(1) 后浇带的位置、宽度应符合设计要求,应场地平整,放线无误,垫层施工完毕。

(2) 后浇带的型式,保证成型的措施应按施工方案进行落实。

2. 后浇带混凝土浇筑

(1) 后浇带两侧混凝土面上的浮浆、松散混凝土应予凿除,并用压力水冲洗干净,涂刷混凝土界面处理剂或水泥砂浆。地下室底板后浇带施工时不得有积水。

(2) 后浇带处的钢筋应进行除锈,应将钢筋调整平直。

(3) 后浇带的模板应封闭严密,且应保证混凝土施工后新旧混凝土没有明显的接槎。

(4) 应将止水条或止水带固定牢固,确保位置准确。

1.5　材料和质量要点

1.5.1　材料的关键要求

1. 所使用的混凝土应有配合比报告单。
2. 应采用比后浇带两侧混凝土提高一个等级的补偿收缩混凝土。在满足强度要求及工艺要求的情况下，其坍落度宜尽可能小一些。
3. 商品混凝土应有"混凝土开盘鉴定证明"。
4. 防水材料、遇水膨胀橡胶止水条、膨胀剂和外加剂等材料均应有合格证，且复检合格后方可使用。

1.5.2　技术关键要求

1. 新旧混凝土界面应先放与所浇混凝土同强度等级的砂浆。
2. 模板应严密、稳固，混凝土施工时不得漏浆与变形。
3. 膨胀剂和外加剂掺量应符合设计及产品性能要求。
4. 止水条安装好后，应尽快安排后浇带混凝土浇筑。

1.5.3　质量关键要求

1. 混凝土的浇筑应密实，成型应精确，应特别注意新旧混凝土界面处的混凝土密实度。
2. 混凝土浇筑后应覆盖保湿养护。
3. 防水后浇带的施工应注意界面的清理及止水条、止水带的保护，并保证防水功能技术措施的落实。严禁后浇带处有渗漏现象。

1.6　施工工艺

1.6.1　工艺流程

1. 后浇带的留置

（1）地下室底板防水后浇带留置

地下室底板防水施工→底板底层钢筋绑扎→后浇带两侧钢板止水带下侧先用短钢筋头（钢筋间距400mm）与板筋点焊→绑扎双层钢丝网于钢筋头上，钢丝网放置在先浇混凝土一侧→钢板止水带安置→钢板止水带上侧短钢筋头点焊及绑扎双层钢丝网于钢筋头上→后浇带两侧混凝土施工→后浇带处混凝土余浆清理→后浇带两侧混凝土养护→后浇带盖模板保护钢筋。

注：若采用止水条时，模板采用木模支撑侧模，保证混凝土侧面平整、密实，以使止水条与混凝土表面粘贴牢固，更好发挥止水条的止水效果。

（2）地下室外墙防水后浇带留置

外墙常规钢筋施工→钢板止水带安置→钢板处柱分离箍筋焊接（附图1.6.1-1）→焊短钢筋头于止水钢板上和剪力墙竖筋上→绑扎双层钢丝网于钢筋头上，钢丝网放置在先浇混凝土一侧→封剪力墙外模，并加固牢固→后浇带两侧混凝土浇筑→后浇带两侧混凝土养护。

（3）楼板面后浇带施工

后浇带模板支承（应独立支撑）→楼板钢筋绑扎→焊短钢筋应于板面筋和底筋上→绑扎双层钢丝网于钢筋头上，钢丝网放置在先浇混凝土一侧→后浇带两侧混凝土浇筑→后浇带处混凝土余浆清理→后浇带两侧混凝土养护→后浇带盖模板保护钢筋。

（4）地下室底板大梁后浇带模板支撑详见附图1.6.1-2。

附图 1.6.1-1　止水钢板处箍筋做法　　　附图 1.6.1-2　后浇带梁侧支模图

2. 后浇带混凝土浇筑

（1）地下室底板后浇带混凝土浇筑

凿毛并清洗混凝土界面→钢筋除锈、调整→抽出后浇带处积水→安装止水条或止水带→混凝土界面放置与后浇带同强度砂浆或涂刷混凝土界面处理剂→后浇带混凝土施工→后浇带混凝土养护。

（2）地下室外墙防水后浇带混凝土浇筑

清理先浇混凝土界面→钢筋除锈、调直→放置止水条或止水带（若采用钢板止水带则无此项）→封后浇带模板，并加固牢固→浇水湿润模板→后浇带混凝土浇筑。

（3）楼板面后浇带混凝土浇筑

清理先浇混凝土界面→检查原有模板的严密性与可靠性→调整后浇带钢筋并除锈→浇筑后浇带混凝土→后浇带混凝土养护。

1.6.2　操作工艺

1. 地下室底板防水后浇带的施工见附图 1.6.2-1～附图 1.6.2-5。

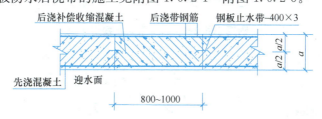

附图 1.6.2-1　后浇带防水构造 1

2. 地下室外墙防水后浇带的施工参照附图 1.6.2-1 和附图 1.6.2-2 施工。

3. 楼板面防水后浇带的施工可参照附图 1.6.2（1.1）条取消止水钢板施工；楼板面非防水后浇带的施工可参照附图 1.6.2（2.2）条，取消止水条进行施工。

1.7　质量标准

1.7.1　主控项目

（1）后浇带所用止水带、遇水膨胀止水条和中埋式止水带和填缝材料必须符合设计

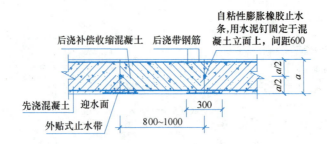

附图 1.6.2-2　后浇带防水构造 2

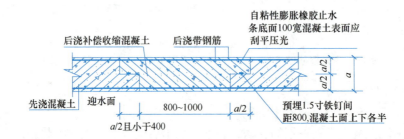

附图 1.6.2-3　后浇带防水构造 3

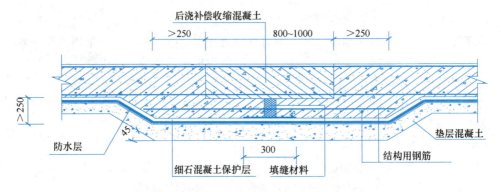

附图 1.6.2-4　后浇带防水构造 4

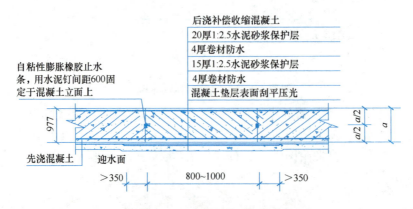

附图 1.6.2-5　后浇带防水构造 5

要求。

（2）后浇带、埋设件等细部作法须符合设计要求，严禁有渗漏；若设计无要求时，可选用本工艺标准中的一种，经设计确认后施工。

（3）混凝土必须内实外光，对出现的缺陷应有书面处理方案或措施，并保存处理记录。

1.7.2　一般项目

1. 后浇带的模板必须稳固、密封、平整，具有足够强度、刚度及稳定性，以确保混凝土的成型几何尺寸。

2. 后浇带的钢筋必须除锈干净，位置正确，绑扎质量应符合设计及规范要求。

3. 止水带、止水条应固定牢靠、平直、不得有扭曲现象。

4. 接缝处混凝土表面应密实、洁净、干燥。

1.8　成品保护

1.8.1　后浇带浇筑完毕应在12h以内加以覆盖，保湿养护，养护时间不得少于28d，当日平均气温低于5℃时，不得浇水。

1.8.2　在混凝土强度达到$1.2N/mm^2$前不得在其上踩踏或其他作业。

1.8.3　后浇带混凝土未浇筑前宜有保护钢筋的措施，可用模板盖住钢筋（附图1.8-1）；防止地下室大梁和设备基础后浇带处有积水锈蚀钢筋，应预留截面为350mm×350mm，深度比梁或基础底标高低250mm的小积水坑，以便可用潜水泵及时把积水抽出。

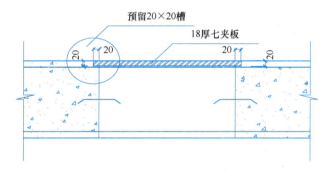

附图1.8-1　后浇带筋保护示意图

1.9　质量记录

1.9.1　混凝土施工记录

1.9.2　混凝土试块强度报告（混凝土试块抗渗强度报告）

1.9.3　混凝土配合比报告单

1.9.4　混凝土中水泥、砂、石、掺合料、外加剂、遇水膨胀橡胶止水条、止水带、膨胀剂和防水材料的合格证或检验报告。

1.9.5　混凝土外观质量检查记录

1.9.6　现浇结构外观质量缺陷处理方案记录表

1.9.7　后浇带隐蔽检查记录

1.9.8　检验批质量验收记录

混凝土工程施工工艺框图

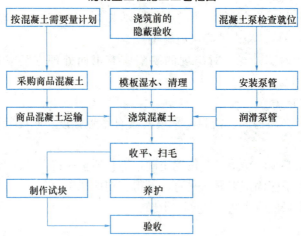

参 考 文 献

[1] 陈青来. 钢筋混凝土结构平法设计与施工规则[M]. 北京：中国建筑工业出版社，2007.

[2] 陈达飞. 平法识图与钢筋计算释疑[M]. 北京：中国建筑工业出版社，2007.

[3] 北京广联达软件技术有限公司. 透过案例学平法钢筋平法实例算量和软件应用－墙、梁、板、柱[M]. 北京：中国建材工业出版社，2007.

[4] 中华人民共和国住房和城乡建设部. 混凝土结构设计规范：GB 50010—2010[S]. 北京：中国建筑工业出版社.

[5] 中华人民共和国住房和城乡建设部. 建筑与市政工程抗震通用规范：GB 55002—2021[S]. 北京：中国建筑工业出版社.

[6] 中华人民共和国住房和城乡建设部. 混凝土结构施工图平面整体表示方法制图规则和构造详图（现浇混凝土框架、剪力墙、梁、板）：22G101-1[S]. 北京：中国计划出版社，2022.

[7] 中华人民共和国住房和城乡建设部. 混凝土结构施工图平面整体表示方法制图规则和构造详图（现浇混凝土板式楼梯）：22G101-2[S]. 北京：中国计划出版社，2022.

[8] 中华人民共和国住房和城乡建设部. 混凝土结构施工图平面整体表示方法制图规则和构造详图（独立基础、条形基础、筏形基础及桩基承台）：22G101-3[S]. 北京：中国计划出版社，2022.

[9] 中华人民共和国住房和城乡建设部. 混凝土结构施工钢筋排布规则与构造详图（现浇混凝土框架、剪力墙、梁、板）：18G901-1[S]. 北京：中国计划出版社.

[10] 中华人民共和国住房和城乡建设部. 混凝土结构施工钢筋排布规则与构造详图（现浇混凝土板式楼梯）：18G901-2[S]. 北京：中国计划出版社.

[11] 中华人民共和国住房和城乡建设部. 混凝土结构施工钢筋排布规则与构造详图（独立基础、条形基础、筏形基础、桩基础）：18G901-3[S]. 北京：中国计划出版社.

[12] 中华人民共和国住房和城乡建设部. 工程结构通用规范：55001—2021[S]. 北京：中国建筑工业出版社，2021.

[13] 中华人民共和国住房和城乡建设部. 混凝土结构通用规范：GB 55008—2021[S]. 北京：中国建筑工业出版社，2021.

[14] 中华人民共和国住房和城乡建设部. 建筑与市政地基基础通用规范：GB 55003—2021[S]. 北京：中国建筑工业出版社，2021.

[15] 中华人民共和国住房和城乡建设部. 建筑与市政工程抗震通用规范：GB 55002—2021[S]. 北京：中国建筑工业出版社，2021.

[16] 中华人民共和国住房和城乡建设部. 铝合金模板：JG/T 522—2017[S]. 北京：中国标准出版社，2017.

[17] 中华人民共和国住房和城乡建设部. 施工脚手架通用规范：GB 55023—2022[S]. 北京：中国建筑工业出版社，2022.

[18] 中华人民共和国住房和城乡建设部. 混凝土结构耐久性设计标准：GB/T 50476—2019[S]. 北京：中国建筑工业出版社，2019.

[19] 中华人民共和国住房和城乡建设部，高层混凝土结构技术规程：JGJ 3—2010[S]. 北京：中国建筑工业出版社，2010.

[20] 中华人民共和国住房和城乡建设部. 大体积混凝土施工标准：GB 50496—2018[S]. 北京：中国计划出版社.

[21] 谢建民，肖备. 施工现场设施安全计算手册[M]. 北京：中国建筑工业出版社.

[22] 姜正荣．建筑施工计算手册[M]．北京：中国建材工业出版社．

[23] 杜荣军．建筑施工脚手架实用手册[M]．北京：中国建筑工业出版社．

[24] 中华人民共和国住房和城乡建设部．钢框胶合板模板技术规程：JGJ 96—2011[S]．北京：中国建筑工业出版社，2011．

[25] 钢结构通用规范 GB 55006．

[26] 《建筑施工手册(第五版)》编委会．建筑施工手册，第五版．北京：中国建筑工业出版社，2012．

[27] 混凝土结构工程(质量验收与施工工艺对照手册)，北京：知识产权出版社，2007．

[28] 徐有邻，程志军．混凝土结构工程施工质量验收规范应用指南[M]．北京：中国建筑工业出版社，2006．

[29] 中华人民共和国住房和城乡建设部．混凝土结构工程施工质量验收规范：GB 50204—2015[S]．北京：中国建筑工业出版社．

[30] 中华人民共和国住房和城乡建设部．混凝土外加剂应用技术规范：GBJ 50119—2012[S]．北京：中国建筑工业出版社．

[31] 中华人民共和国住房和城乡建设部．混凝土泵送施工技术规范：JGJ/T 10—2011[S]．北京：中国建筑工业出版社，2011．

[32] 中华人民共和国住房和城乡建设部．混凝土结构工程施工规范：GB 506666—2011[S]．北京：中国建筑工业出版社，2012．

[33] 中华人民共和国住房和城乡建设部，建筑施工扣件式钢管脚手架安全技术规范：JGJ 130—2011．

[34] 余流，施工临时结构设计与应用[M]．北京：中国建筑工业出版社．

[35] 中华人民共和国国家质量监督检验检疫总局，中国国家标准化管理委员会．钢筋混凝土用钢带肋钢筋：GB 1499.2—2018[S]．北京：中国标准出版社，2018．